住房和城乡建设部"十四五"规划教材

教育部高等学校建筑类专业教学指导委员会建筑学专业教学指导分委员会规划推荐教材

高等学校建筑类专业城市设计系列教材

丛书主编　王建国

Urban Design
Vocabulary Analysis

城市设计
语汇解析

李昊　叶静婕　吴珊珊　编著

U0172964

中国建筑工业出版社

图书在版编目（CIP）数据

城市设计语汇解析 = Urban Design Vocabulary
Analysis / 李昊，叶静婕，吴珊珊编著 . —北京：中
国建筑工业出版社，2021.11
住房和城乡建设部"十四五"规划教材　教育部高等
学校建筑类专业教学指导委员会建筑学专业教学指导分委
员会规划推荐教材　高等学校建筑类专业城市设计系列教
材 / 王建国主编
ISBN 978-7-112-26620-3

Ⅰ.①城…　Ⅱ.①李…②叶…③吴…　Ⅲ.①城市规
划—建筑设计—高等学校—教材　Ⅳ.① TU984

中国版本图书馆 CIP 数据核字（2021）第 191343 号

策划编辑：高延伟
责任编辑：王　惠　陈　桦
责任校对：赵　菲

为了更好地支持相应课程的教学，我们向采用本书作为教材的教师提供课件，有需要者可与出版社联系。
建工书院：http：//edu.cabplink.com
邮箱：jckj@cabp.com.cn　电话：(010)58337285
教师 QQ 群：885376094

住房和城乡建设部"十四五"规划教材
教育部高等学校建筑类专业教学指导委员会建筑学专业教学指导分委员会规划推荐教材
高等学校建筑类专业城市设计系列教材
丛书主编　王建国

城市设计语汇解析
Urban Design Vocabulary Analysis
李昊　叶静婕　吴珊珊　编著
*
中国建筑工业出版社出版、发行（北京海淀三里河路9号）
各地新华书店、建筑书店经销
北京雅盈中佳图文设计公司制版
北京中科印刷有限公司印刷
*
开本：880毫米×1230毫米　1/16　印张：17　字数：341千字
2022年1月第一版　2022年1月第一次印刷
定价：**95.00**元（赠教师课件）
ISBN 978-7-112-26620-3
　（38142）

总序

    在 2015 年 12 月 20 日至 21 日的中央城市工作会议上，习近平总书记发表重要讲话，多次强调城市设计工作的意义和重要性。会议分析了城市发展面临的形势，明确了城市工作的指导思想、总体思路、重点任务。会议指出，要加强城市设计，提倡城市修补，加强控制性详细规划的公开性和强制性。要加强对城市的空间立体性、平面协调性、风貌整体性、文脉延续性等方面的规划和管控，留住城市特有的地域环境、文化特色、建筑风格等"基因"。2016 年 2 月 6 日，中共中央、国务院印发了《关于进一步加强城市规划建设管理工作的若干意见》，提出要"提高城市设计水平。城市设计是落实城市规划、指导建筑设计、塑造城市特色风貌的有效手段。鼓励开展城市设计工作，通过城市设计，从整体平面和立体空间上统筹城市建筑布局，协调城市景观风貌，体现城市地域特征、民族特色和时代风貌。单体建筑设计方案必须在形体、色彩、体量、高度等方面符合城市设计要求。抓紧制定城市设计管理法规，完善相关技术导则。支持高等学校开设城市设计相关专业，建立和培育城市设计队伍"。

    为落实中央城市工作会议精神，提高城市设计水平和队伍建设，2015 年 7 月，由全国高等学校建筑学、城乡规划学、风景园林学三个学科专业指导委员会在天津共同组织召开了"高等学校城市设计教学研讨会"，并决定在建筑类专业硕士研究生培养中增加"城市设计专业方向教学要求"，12 月制定了《高等学校建筑类硕士研究生（城市设计方向）教学要求》以及《关于加强建筑学（本科）专业城市设计教学的意见》《关于加强城乡规划（本科）专业城市设计教学的意见》《关于加强风景园林（本科）专业城市设计教学的意见》等指导文件。

    本套《高等学校建筑类专业城市设计系列教材》是为落实城市设计的教学要求，专门为"城市设计专业方向"而编写，分为 12 个分册，分别是《城市设计基础》《城市设计理论与方法》《城市设计实践教程》《城市美学》《城市设计技术方法》《城市设计语汇解析》《动态城市设计》《生态城市设计》《精细化城市设计》《交通枢纽地区城市设计》《历史地区城市设计》《中外城市设计史纲》等。在 2016 年 12 月、2018 年 9 月和 2019

年 6 月，教材编委会召开了三次编写工作会议，对本套教材的定位、对象、内容架构和编写进度进行了讨论、完善和确定。

本套教材得到教育部高等学校建筑类专业教学指导委员会及其下设的建筑学专业教学指导分委员会以及多位委员的指导和大力支持，并已列入教育部高等学校建筑类专业教学指导委员会建筑学专业教学指导分委员会的规划推荐教材。

城市设计是一门正在不断完善和发展中的学科。基于可持续发展人类共识所提倡的精明增长、城市更新、生态城市、社区营造和历史遗产保护等学术思想和理念，以及大数据、虚拟现实、人工智能、机器学习、云计算、社交网络平台和可视化分析等数字技术的应用，显著拓展了城市设计的学科视野和专业范围，并对城市设计专业教育和工程实践产生了重要影响。希望《高等学校建筑类专业城市设计系列教材》的出版，能够培养学生具有扎实的城市设计专业知识和素养、具备城市设计实践能力、创造性思维和开放视野，使他们将来能够从事与城市设计相关的研究、设计、教学和管理等工作，为我国城市设计学科专业的发展贡献力量。城市设计教育任重而道远，本套教材的编写老师虽都工作在城市设计教学和实践的第一线，但教材也难免有不当之处，欢迎读者在阅读和使用中及时指出，以便日后有机会再版时修改完善。

主任：王建国

教育部高等学校建筑类专业教学指导委员会

建筑学专业教学指导分委员会

2020 年 9 月

前言

　　城市设计以城市空间的场所营造为核心目标，空间形态是场所的外在表征，也是人们认知城市和开展活动的基本依据。城市空间形态伴随着人类社会的历史发展不断演进变化，有其自身的发展规律和组织法则。从其实质的内涵而言，它是一种复杂的人类政治、经济、社会、文化活动在历史发展过程中交织作用的物化，是在特定的建设环境条件下，人类各种活动和自然因素相互作用的综合反映，是技术能力与功能要求在空间上的具体体现。

　　城市设计作为提升城市物质空间环境品质和生活品质的重要工具，需要深入理解不同地域、文化、经济发展背景下城市空间形态的发生机理、演进规律和组织法则。城市设计语汇就是在理解城市形态发生规律的基础上，结合人对空间环境形态认知机制，从城市空间模式、范式和样式等方面，对城市空间形态组织手法的归纳与整理。尽管空间形态语言有其自身的逻辑体系，它依然是根植于特定地点、承载人类活动的空间场所的外在形式，因此，形态语汇并非自独立的封闭系统，需要因时、因地、因人分析其契合的设计观念和适宜的空间场所。

　　对于建筑设计来说，设计观念通过具体的形态语汇被传达出来，包括建筑空间的基本要素和组织手法。城市空间设计的方法类似，但问题的复杂程度、所涉及的形态语汇类型和具体应用的尺度是有极大差异的。城市设计师需要系统的语汇库储备，能够落实设计目标，在面对同一设计问题时有不同的空间形式选择，使设计能更好地回应不同城市、区域、场地的需求。就空间尺度而言，城市设计包括总体城市设计和局部城市设计，本教材应对建筑学专业的城市设计教学特点，主要开展中微观尺度城市设计语汇解析。

　　在城市设计教学中，我们发现建筑学学生进入形态设计环节后，常常有无从下手的困惑感和迷失感，"三无设计"时有出现。第一、就形式论形式，目中无人；第二、凭感觉做设计，手下无境；第三、按套路学样子，心里没数。针对上述问题，本教材强调"三有设计"的价值观和方法论，即眼中有人、手下有境、心里有数。

　　第一，眼中有人：关切需求的审美。形态设计应致力于人本尺度的场所营造，"好"并非意味着优秀的设计理念和惊艳的空间场景，而是设计者、管理者和使用者审美的共识，更是对市民日常生活的关怀和空间品质的提升。一定范围的城市空间，人们在其中生活的过程中，通过记忆、感官、意识、情感、想法的相互交织，赋予其情感上和功能上的内涵，产生了在地属性，演化成截然不同的另一个场景，这一场景便成为当地人文风情和传统风尚的载体。

第二，手下有境：根植场地的形式。在地文化是形态设计不可忽视的一部分，城市中人类的长期生活与文化的不断积淀，使得人们对城市产生了地方认同感和依恋感，城市也具有了独特的地方性和价值内涵，设计最终由"回应此地"转变成为"适应此地"。形态设计应站在城市内涵与日常生活的角度，将功能技术理性的设计思想转向对城市人文价值的关怀，回归此地、弘扬传统、传承文化。

第三，心里有数：着力创造的语言。时代在不断发展变化，人们日常的生活方式和审美观念也随之改变，这导致既有城市空间环境不能完全匹配新的物质与精神需要。新的需要是设计的出发点，创造性则是设计的艺术追求。设计应积极地响应变化中的价值观念和审美情趣，满足当代人的精神追求与文化品位，创造属于这个时代的作品。面对杂糅拼贴的既有空间、密集异质的城市人口和多元复合的当代生活，形态的创造性具有更多元的概念来源、实现路径和形态支持，而非凭空想象的形式臆测。

围绕"三有"设计，本教材在框架结构的安排上强调"人对形态的认知""形态的语义""空间的语法""表达的手法"四个递进关系，在内容上具有以下几个方面的特点。第一，注重形态规律性，总结国内外有代表性的城市形态案例，探讨城市形态的在地属性。第二，注重案例先进性，积极吸纳国内外城市设计领域已获得广泛认可的最新设计案例，将之总结提取。第三，强调形态设计方法论，系统阐述城市空间形态的设计方法论，以"认知"为先导，"规律"为基础，综合"语法"，归纳"语汇"，最后学习优秀"案例"。第四，强调语汇图示化，尽量采用简洁清晰的图示语言来表述不同类型的案例，便于学生学习。

本教材的编写工作历时三年多，编写组结合城市设计实践工作和课程教学的实际需求形成初步框架。初稿在中国建筑工业出版社和王建国院士的指导下，经高等学校建筑类专业城市设计系列教材编委会的反复讨论，最后经东南大学韩冬青教授主审，汇集各方意见修订成稿。

目录

第1章
设计语汇基础
城 市 空 间 的 发 展 与 特 征

本章导读

01 本章知识点

- 人的认知机理；
- 空间环境的形态认知；
- 城市空间形态特征；
- 总体城市设计语汇；
- 局部城市设计语汇。

02 学习目标

在了解人对空间环境形态认知机理、城市空间形态特征的基础上，理解城市设计语汇的形成原理以及主要城市设计实践类型的语汇构成，为进一步学习不同层次的城市设计语汇打下理论和概念基础。

03 学习重点

理解人对空间环境形态认知机理的相关内容。

04 学习建议

- 本章内容是本书的概念基础，包括城市设计语汇的认知机理与城市设计语汇的基本构成两部分内容。第一部分从人的认知机理、空间环境形态认知、城市空间形态认知三个方面出发，对城市设计语汇的形成机制进行了系统的介绍。第二部分主要就"什么是城市设计语汇？""我们为什么要学习城市设计语汇？""掌握城市设计语汇对城市设计学习有什么帮助？"等问题展开论述。
- 本章需要相关知识背景的拓展阅读，理解人和城市空间环境的认知关联，这是空间设计的基本站点之一。
- 对本章的学习可以参考各类型城市设计实践工作，进一步理解城市设计语汇可能涉及的类型内容。

1.1 人对空间环境的形态认知

城市空间环境作为承载居民活动的物质载体，满足人们功能使用、形态认知和艺术审美需求。城市设计以人性场所营造为核心目标，需要了解人与空间环境的关联机制，掌握人对城市空间形态认知的内在机理，运用恰当的形态语汇来组织空间环境，塑造美好的人居场所。"人们如何感知和理解空间形态"是学习空间环境形态语汇的基础，首先需要了解人类感知系统的基本特点以及人的环境定位特征；其次了解人对空间环境的信息、符号、格式塔及视觉思维的认知特点；最后理解人在城市整体空间环境中所形成的动态、意向、类型、场所等认知特征。

1.1.1 人的认知机理

城市空间环境由自然环境和建成环境共同构成，空间形态作为其外在表征，是人们行为活动发生的基础，人通过形态认知建立和空间环境的关联，特别是近人尺度的街区与建筑空间形态。由人体感官系统的物理感觉获得外界信息，经神经系统的信号传导进入大脑中枢进行知觉转化，并进一步进行对象的属性判断或意义解释，外部信息在这个过程当中进行传递、加工和识别，最终完成认知过程。

1. 感觉、知觉与认知的发生过程

物理感觉是认知的开端，通过视觉、听觉、嗅觉、味觉、肤觉等收集外部刺激，经个体感官的特殊传导通路，把信息投射在大脑皮层的相应区域而产生对接触到的事物个别属性的反映。它所反映的事物，在时间上是此刻的，在空间上是人体感觉器官所能直接触及的范围。感觉所反映的是客观事物的个别属性，例如不同感官对光、声、温度等事物个别特性的分别反映，而不是对事物的整体或全貌的反映。感觉因人而异，因时而异，不存在完全一模一样的感觉。

感觉的产生主要是由外界刺激形成的，接受外界刺激是人身心健康成长的必要条件，当外界刺激在"感觉阈限"范围内，人就能获得正常感受，过弱或过强的刺激都不适合。当人们持续接受某种刺激时，会出现感觉加强或弱化的现象。日常的空间环境存在大量的信息，个体的特征和刺激物的对比强度、状态、新异性等共同决定了客观事物是否能够引起人的注意，引起人的注意是产生刺激的前提。

视觉刺激在其中发挥主要作用，生活中依赖视觉来识别和获得的信息高达 80% 左右，城市空间形态的认知大部分依赖视觉系统。人眼构造决定了视觉感知的特点，由视网膜中央凹形成的视野范围呈圆锥状，水平和垂直视角均为 2°。当人观看物象时，中央凹沿点划式轨迹扫描，可以迅速了解全局，停顿注视可以深入局部。对于空间环境而言，眼睛的扫描规律与感知密切相关。视网膜的黄斑和周围视觉与中央凹共同作用，虽然没有中央凹精细，但运动的感觉相对加强，形成对视觉环境的整体判断（图 1-1）。

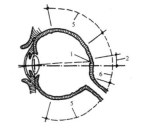
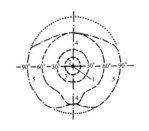
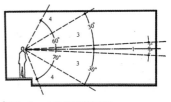

图 1-1 人的眼睛和视野
1- 中央凹；2- 黄斑；3- 近周围；
4- 远周围；5- 边缘单眼视觉；
6- 色彩和细部视觉

"眼睛不是被动的，而是主动的仪器，它是为大脑服务的，而大脑必须具备有选择性，否则选择就会对大量的难以把握的信息应接不暇。"看见"的过程是包括寻找、比较、理解与忽略一些东西等的活动。"——[英]E·H·贡布里希.理想与偶像[M].范景中等，译.上海：上海人民美术出版社，1996.

知觉是依赖大脑皮层联合区的机能而实现的，是大脑对不同感官通道的信息进行综合加工的结果。知觉在很大程度上依赖于主体的知识经验和认知系统。感觉与知觉是密不可分的，感觉是知觉的基础、前提和组成成分，只有在丰富、精确感觉基础上，才能产生全面、正确的知觉。知觉与感觉同样都是对客观事物的直接反映，但知觉反映的并不是事物的某一种属性，而是事物的整体和全貌。

知觉是在感觉的基础上产生的，没有对事物个别属性的反映，就不能形成对该事物的整体印象。但知觉超出了感觉的范围，它是对感觉所获得的事物各种属性的综合反映，它的反映比感觉要深入和完整。知觉的反映要借助于过去的经验，有记忆和思维的参与，个人的知识、经验、兴趣，别人的言语或环境暗示，会促使知觉判断的心理活动具有某种倾向性，即知觉定式。在特定条件下，由于外界刺激造成某种固定倾向的并受到主观歪曲的知觉被称为视错觉，比如米开朗琪罗利用透视错觉设计的罗马市政广场大台阶。

认知指的是获得知识的过程，包括感知、表象、记忆、思维等，而思维是其核心。认知是作用于我们的刺激物的意义化过程，知觉认知在四个方面发挥作用，首先是认识性的，即包括思考、组织和保留信息等来帮助人们理解环境；其次是情感性的，即人的情绪，它可以影响人们对环境的认知；再次是解释性的，即包含源自环境的意义和联想，人们往往将自己的记忆作为与新刺激的环境信息进行比较的出发点；最后是判断性的，包含了价值和偏爱以及对好坏的判断。不同于简单的生物过程，知觉的形成还与社会文化有关，尽管每个人的直观感受可能相似，但人们怎样过滤、反应、组织和评价这些感知会因社会文化环境而不同。

2. 知觉体验的相互影响

人们通过所有感觉器官感受外界刺激、获得信息，视觉首当其冲，其他知觉体验同时发挥作用。当差异化的感觉并置时，负面的体验会造成对视觉体验的削弱或破坏，比如公共空间的噪声、污浊的空气、燥热的温度等，会降低视觉体验获得的感知。因此，环境体验并不等于以视觉为主的、多种知觉的加权之和，某种体验达不到合格标准会造成整体感受的大幅度下降。与此对应的是各种知觉体验的相互加强和协同，当多种知觉体验提供同一类信息和意义指向时，就会形成更为强烈的整体印象，如在传统风貌的商业街区中，宜人尺度的格局巷道，风味小吃的独特香味，临街商铺的吆喝叫卖等，能够强化对人的影响，共同形成对整个街区的体验，见图1-2。

知觉体验之间也会形成相互的补偿和替代。由于生理或心理原因，人的某一感觉能力降低，其他感觉能力就会强化，最明显的就是盲人，对声音、气味的感知就会更加强烈。因此，在空间环境设计中，针对局部知觉感知有障碍的人群，如盲人、儿童、老人等，应强化多类型的知觉体验，形成刺激补偿，营造适宜的场所。不同种类的知觉还可以相互替代，并且在不同尺度的城市空间中发挥的作用也不尽相同，设计中需要恰当运用，形成丰富易识别的环境和宜人的场所环境。

图1-2 多种感知下的城市环境

3. 具身认知的身心关联

19 世纪中期以来，由于实验心理学和人类学的兴起，空间从形而上学问题变成实证性问题。心理学通过对个体的空间知觉的实验研究，证明各种空间形式是人与周围环境互动的结果。人类学通过对不同民族、不同文化的比较研究，证明存在截然不同的空间意识。由此，哲学家们反对心物二元而倡导主体与世界的不可分离特性。法国身体现象学的代表人物梅洛－庞蒂在其代表作《知觉现象学》一书中提出了具身哲学的思想。主张知觉的主体是身体，而身体嵌入世界之中，就像心脏嵌入身体之中，知觉、身体和世界是一个统一体。此外，皮亚杰和维果茨基也着重分析了认知和其他高级心理机能对外部活动的依赖性，这些理论观点都强调了身体活动（感知运动）的内化对思维和认知过程的作用，给具身认知的思想家以启示，促进了具身认知研究思潮的形成。

具身认知可以从三个方面加以理解。

第一，通过深度知觉的研究。认知过程进行的方式和步骤实际上是被身体的物理属性所决定的。对于深度知觉来说，最重要的影响因素是导源于两眼视差的双眼网膜映像的差异。但是这种差异同身体和头部的转动有很大的关系，头部的转动和身体的前后运动实际上构成了深度知觉信息加工的步骤。人的感知能力，如知觉的广度、阈限，可感知的极限等都是身体的物理属性决定的。

第二，认知的内容也是身体提供的。人类的抽象思维大多利用隐喻性的推理，通常用熟悉的事物去理解不熟悉的事物。人们最初熟悉的事物就是我们的身体，我们的身体以及身体同世界的互动提供了我们认识世界的最原始概念。以身体为中心，我们把上面的、接近的视为积极的，把下面的、远离我们的，视为消极的，所以有了亲密、疏远、中心、边缘等术语，这些术语追根溯源都与身体的位置或活动有关。

第三，认知是具身的。认知、身体和环境组成一个动态的统一体，认知并非始于传入神经的刺激作用，结束于中枢提供给外导神经的信息指令。相反。认知过程或认知状态似应扩展至认知者所处的环境。之所以如此，是因为"外部世界是与知觉、记忆、推理等过程相关的信息储存地。认知过程是个混血儿，既有内部的动作，也有外部的操作"。在认知操作中，我们利用存在于大脑中的信息。这种认知操作理所当然地被视为认知过程的一个部分。

具身认知强化了身体体验与认知的内在关联，注重运用个体经验并直接面对事物本身去认知环境的意识，同时还提供了一种将意识与事物、主观与客观世界相联系的思想，对于我们全面认知空间环境具有重要的启发，见图 1-3。

1.1.2 空间环境形态认知

人们对空间环境的感知符合人对形态认知的基本特点，需要从形状、色彩、质感等若干方面开展。但是，由于空间环境具有复杂的功能类型、文化传统和社会人

德国哲学家海德格尔曾试图以"存 在"（Being-in-the-world）的概念超越二元世界的划分。存在是在世界中的存在，在这里，没有主体和客体的划分，主客的界限是模糊的。人认识世界的方式是用我们的身体以合适的方式与世界中的其他物体互动，在互动的过程中获得对世界的认识。

从心理学发展史的角度来看，具身思想可追溯至杜威和詹姆斯的机能主义。杜威指出，把经验和理性截然分开是错误的，一切理性思维都是以身体经验为基础。詹姆斯的情绪理论更是直接提出了身体在心智和情绪形成中所发挥的作用。

图 1-3 苏州艺圃：游走在同一场景的动态体验

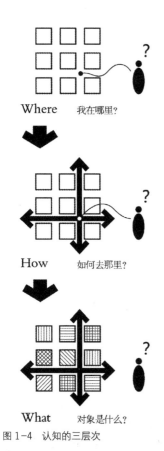

Where　我在哪里?

How　如何去那里?

What　对象是什么?

图 1-4　认知的三层次

文属性,空间环境的形态认知需要综合更多的因素,建立整体的认识,解决我在哪里——环境定位问题,空间环境是怎样的——信息认知问题,这些信息具有什么特征——符号认知问题,见图 1-4。

1. 空间定位

人生活在随其运动而不断变化的空间环境当中,形成了自身的空间定位系统,迷失方向会造成人的恐慌,这与人的基本安全需求有关,是维系生存和保持精神健全的基本生物条件。拉普卜特指出,环境定位涉及一系列的行为,包括:①自身正处在什么地方;②如何去要去的地方;③如何确定已到达目的地。环境定位就是从认知角度对所在环境进行空间辨识,然后把他们组织成一个"导航"系统,建立位置感、方向感和距离感。为此,需要知道自身在环境当中的相对位置,需要了解环境的性质、各组成元素之间的方向、路径和距离、路途中的指引标志。明确的环境定位系统有助于改善人在环境中的移动,增加对行为结果和环境的控制。这个系统由人体感知系统共同作用,包括基本定位系统、听觉系统、触觉系统、味嗅觉系统和视觉系统。视觉系统在其中扮演主要角色,需要通过对空间环境整体的状况、主次空间的相互关系、标志物的相对位置、远近前后景物的关系获得判断。

2. 环境信息

当代城市物质空间环境在社会生产力和科技革命的推动下发生了巨大变化,物质空间的多元化、多类型特征显著;同时,作为复杂巨系统的当代城市已经无法离开现代信息系统的标识职能。人们所能感知到的信息量更大,变化更多,构成元素也更为复杂,因此环境信息认知涉及认知主体、认知途径、任何环境信息的交互作用等多个方面(图 1-5)。环境信息具有以下几个方面的特点(表 1-1)。

图 1-5　当代城市:美国纽约

表 1-1　环境信息的要点与特征

要点	特征
广来源	在时空方面没有固定的范围限制
多渠道	通过所有感觉渠道向人提供信息
富信息	环境所能提供的信息比人能处理的多得多
因人而异	接受何种信息主要依据感知者的功能
行动依据	环境所提供的信息是行为发生的前提
影响情绪	环境刺激对人的情绪具有直接的影响
象征属性	具有象征性
审美特性	具有审美性质

3. 格式塔认知

格式塔是德文"整体"的译音，作为西方现代心理学的主要流派之一，主张以整体的观点来描述意识与行为。格式塔学派关于知觉卓有成效的研究成为知觉心理学理论中不可或缺的部分，影响着现代心理学关于知觉理论的建构。格式塔认知的最大特点在于强调主体知觉具有主动性和组织性，整体大于部分之和，整体决定部分的知觉，整体是在部分之前被知觉的，具体而言包括七个原则。

格式塔心理学的研究表明，人们的审美观对整体与和谐具有一种基本的要求（表 1-2）。简单地说，视觉形象首先是作为统一的整体被认知的，而后才以部分的

表 1-2　格式塔认知的七个原则

原则	特征	图示
形与背景	人们本能地将对象视为前景或背景，有些对象凸显出来形成图形，有些对象退居到衬托地位而成为背景，图形和背景之间的关系在一定场合中是互相变动的	
接近性	靠在一起的东西比间隔更远的东西更相关。比如某些距离较短或相互接近的部分，容易组成整体，和那些距离较远的相区别	
相似性	当事物看起来彼此相似时，我们就会将其组合在一起，或者认为它们具有相同的功能，形状、色彩、大小、强度的相似都会强化相似对象之间的关联	
闭合性	人们会尽可能把一个图形看作是一个好图形。好图形的标准是匀称、简单而稳定的，即把不完全的图形看作是一个完全的图形，把无意义的图形看作是一个有意义的图形	
连续性	当发现一个视觉规律时，倾向将对象按规律延续下去。如果一个图形的某些部分可以被看作是连接在一起的，那么这些部分就相对容易被我们知觉为一个整体	
简单性	人们对一个复杂对象进行知觉时，只要没有特定的要求，就会常常倾向于把对象看作是有组织的简单规则图形	
共同区域	当物体位于同一个封闭区域内时，我们将它们视为分组在一起，彼此相属的部分容易组合成整体，反之，彼此不相属的部分，则容易被隔离开来	

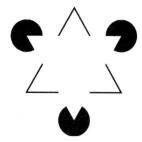

图1-6　格式塔知觉理论

形式被认知。通俗地讲我们先"看见"一个构图的整体，然后才"看见"组成这一构图整体的各个部分。在很大程度上，我们能感知到什么，取决于背景眼睛的功能。在观察事物时，我们总是不自觉的把过去的经验运用到眼前事物的观察中，知觉对象被不自觉地归类到原有的分类网络，并服从于已有的结构和秩序。意识经验中显现的结构性或整体性就是格式塔知觉所阐述的"完型"，见图1-6。

1.1.3　城市空间整体认知

人的知觉认知机理和空间环境特征是城市认知的基础，历史人文、社会经济、政策制度等多种因素叠加作用的城市空间环境更为复杂和综合，经过20世纪以来对人的主体认知和认知过程的深入研究，城市空间环境形态的整体认知具有以下四个方面的特点。

1. 类型认知

分类意识起源于人们对世界的感知经验，是人类理性活动的根本特征，是认识事物的一种方式。心理学研究表明，人类认识事物具有多维度的视野和丰富的层次，认识过程本身就是类型化的，由此产生庞杂的分类系统。聚落出现之初，面对相同的生存要求和环境条件的限制，适应和满足特定条件和要求的建筑类型就产生了。从居住建筑类型出现，手工作坊、集市、教堂、宫殿等不同类型的建筑随着聚落扩大和城市发展相继产生。工业革命之后，城市迅速扩张，建筑功能类型更加多样，建筑"类型"概念在发展演变过程中，成为认识和思考建筑的基本方式。作为当代建筑理论的中心词汇之一，与"原型""范型"等概念关联，在新理性主义和新地域主义的研究与实践中扮演着重要角色。

城市作为建筑的集合体，城市空间环境的形态研究和建筑类型不可分割。城市形态根据不同建筑和空间等级、类型、结构和形式划分；建筑类型根据城市功能分区、阶层划分、地理条件和形态分类加以区分。因此，城市形态与建筑类型是辩证而统一的。阿尔多·罗西在其《城市建筑学》一书中强调已确定的建筑类型在其发展中对建筑形态的结构所起的重要作用，将类型学的概念扩大到风格和形式要素、城市的组织和结构要素、城市的历史和文化要素，甚至涉及人的生活方式，赋予类型学以人文的内涵（图1-7）。卢森堡建筑师R·克里尔在他的《城市空间》（*UrbanSpace*，1975）和《建筑构图》（*Architectural Composition*，1988）应用类型学方法讨论城市空间的形态和空间类型，从形态上探讨建筑与公共领域，实体与空间之间的辩证关系。L·克里尔则从城市街区与街道广场的形态组织关系区分城市空间的基本类型。

2. 意象认知

意向是个人经验和价值过滤环境刺激因素这一过程的结果。博尔丁在1956年提出，所有的行为都依赖于意象，而意象可定义为个人全部集聚的、组织起来

图1-7　罗西《城市建筑学》类型认知

的、关于自己和世界的知识——主观的知识，同时也存在着许多公共的意象，即广泛共享的意象。此后，有关意象的研究在"集体记忆"的历史生成学方面得到延续，在阿尔多·罗西等人的论著中获得意义空间的转换，并通过诺伯特·舒尔茨的阐释融进存在空间论，从而在城市空间形态的形势分析和生成机制分析方面获得统一。

凯文·林奇认为，环境意象是一个人与环境互动的过程，环境中的有形物体之间存在区别和联系，观察者进行选择、组织、赋予所见以意义。林奇对"可意象性"的定义："有形物体蕴含的、对于任何观察者都很可能唤起强烈意象的特性。"他认为"有效性"环境意象需要三个特征。个性，是物体作为一个独立实体与其他事物的区别。结构：物体与观察者以及其他物体的空间关联。意义，物体对于观察者的意义，包括实用的和情感的。

林奇对于城市意象的揭示为后人提供了实际运用的途径，他以图解的方式，即心智地图（mental map）表达人们对于城市环境的认知，总结出人们对城市意象的认知模式具有类似的构成要素，通过路径、边界、区域、节点和地标五个要素构成共同的城市意象（图 1-8）。阿莫斯·拉普卜特则提出，心智地图是一系列的心智转换，通过这些转换，人们学习、储存、回忆关于空间环境的构成部分、相对位置、距离方向和总体结构等信息。每一个人构造心智地图时，并不是只考虑物质空间的形式要素，象征体系、涵义、社会文化以及无形要素、活动和形式的和谐、文脉、潜在的或显现的活动习惯、安全、不同类型的人等，都会在此过程中发挥作用。

3. 动态认知

人们在城市中的出行通常伴随一系列的运动系统，如坐着小汽车驶过快速路，或者搭乘公交车，或者骑自行车以及步行。人们必然会有种种依次出现的场景感受，并且这种空间感受是连续的，以不同的速率、不同的模式为基础，共同形成出行的总印象。在城市的商业街区里，人们以步行的方式感受整个片区，开合变化的街区场景让人们建立对片区的空间感知。城市空间环境承载的社会生活行为绝大部分都是以动态方式发生的，人们只有通过在空间中的移动获得动态体验才能建立对城市空间的完整认识，城市也在以动态的、不断浮现变化的场景被体验。

培根（Edmund Bacin）强调空间与运动的关系，"建筑就是空间的表现，就是要使身临其境者产生一个与先行的和后继的空间有关的明确的空间感受"。戈登·卡伦（Gordon Cullen）在《城市景观》（*The Concise Townscaoe*，1961）一书中认为，理解空间不仅仅在看，而且应通过运动穿过它，因此，城镇景观不是一个静态情景，而是一种空间意识的连续画面。

卡伦认为，当人们以恒定的速度通过城镇空间时，城镇的景观总以一系列各种各样的方式出现，即序列场景。序列场景的意义在于可以巧妙处理城镇中各种要素

路径

边界

区域

节点

地标

图 1-8　凯文林奇城市设计五要素

以激发人们的情感，使城镇在更深层次上可以被识别。从视觉角度出发，可将城镇场景分为现有的景观和浮现的景观，设计师可以通过空间处理手法，将其设计为一系列连贯的、具有不同特征的场景，引导良好的城市整体空间环境（图1-9）。

4. 场所认知

场所是由自然环境和人造环境相结合构成的有意义的整体，源自"结构主义"，旨在透过表面上独立存在的具体客观体，透过"以要素为中心"的世界和表层结构来探究"以关系为中心"的世界和深层结构（图1-10、图1-11）。诺伯特·舒尔茨将结构主义用于研究人类生存环境以及人们的环境经历与意义，出版了一系列著作，《场所精神》（1980）一书表明，除了注重物质层次属性外，也包括较难确知体验的文化联系和人类在漫长时间跨度内因使用而使之具有的某种环境氛围。

爱德华·雷尔夫（1976）在其著作《场所与无场所》中指出，不管如何"不定形"和"难以感觉"，无论我们何时感受或认识空间，都会产生与场所概念的联系。场所是从生活经验中提炼出来的意义的本质中心。大卫·坎特（1977）曾经从爱德华·雷尔夫的工作中得出这样的结论：场所是"活动"加上"物质属性"加上"概念"共同作用的结果。

约翰-庞特（1991）和约翰·蒙哥马利（1998）则在坎特和雷福尔的理论基础上，把场所感的构成放在城市设计思想中。这些图标说明了城市设计活动怎样建立和增强场所感的。成功的场所通常具有生气和活力，并以人气旺为主要特征。"公共空间计划"（The project for public space, 1999）说明四个塑造成功场所的关键：舒适和意象，到达与联接，使用和活动以及社交性（表1-3）。

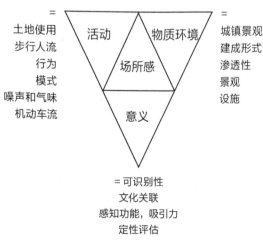

图1-9　动态认知

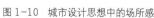

图1-10　城市设计思想中的场所感

表 1-3 成功场所的关键特性

关键特性	无形品质		措施
舒适和意象	安全	可坐憩	犯罪统计
	吸引力	适宜步行	卫生评价
	历史	绿化	建筑条件
	魅力	清洁	环境数据
	精神性	—	—
到达与连接	可读性	亲近	交通数据
	可靠性	便利	公共交通用途
	适宜步行	连通性	形式上的分离
	连续性	可达性	步行活动
	—	—	停车模式
使用与活动	真实	活动	不动产价值
	可持续性	有效性	租金水平
	专门	庆典	土地使用模式
	独特性	活力	零售
	支付能力	本土性	本地商业所有权
	趣味	"自产"品质	—
社交性	合作	闲谈	街道生活
	睦邻	多样性	社交网络
	管理员	讲故事	晚间使用
	自豪	友好	使用志愿者
	受欢迎的	交互性	女人、小孩和老人的数量

图 1-11 威尼斯圣玛格丽特

1.2 城市空间形态与城市设计语汇

城市设计以城市空间的场所营造为核心目标，空间形态既反映了场所的内在特质，也是人们认知城市和开展活动的依据。城市空间形态有其自身的发展规律，城市设计语汇是对其布局模式和组织法则的归纳与整理。城市设计涵盖宏观的城市区域、中观的城市片区和局部的城市地段（如公共中心、居住社区、步行街、城市广场、公园）以及微观的建筑和环境细部，跨越了从城市总体规划、片区控制性详细规划、街区修建性详细规划到具体地段街道家具设计的广泛领域，因此，包括大、中、小不同尺度的设计语汇。

1.2.1 城市空间形态

空间是人类存在的基本维度，有不同的科学范畴和界定方式。就建成环境领域而言，主要关注自然环境空间和人造物质空间两个基本向度，房屋、街道和城市等人造空间与自然空间共同构成的物质空间环境是建成环境领域相关学科研究和实践的主体内容（图1-12）。形态包括"形状"和"状态"两个层次，既指确定的物质形式，如构建形态的材料、结构、色彩、形式、表面肌理等，也包括人们所感受的物质状态，如场所主题的情绪、氛围、关联、时间等因素。

人造空间从人类最早的住屋营建开始，人们选择适宜的自然环境建造住屋满足安全与庇护需要，原始的住屋形态自然特征明显。群居的生活方式要求住屋集中在一起，氏族聚落形成，之后逐渐演化为乡村聚落，大多呈现为顺应自然地形的自由形态。城市在生产力变革的催生下诞生，与自然状态的乡村完全不同，强调管控与集约的空间效能，一方面给人们了提供了更多的设施，另一方面也更加趋向人工特征，在形态上与自然空间日渐疏离。不同社会和文化背景下的城市形态差异巨大，无论是古代的小城镇，还是现代的大都市，都是地球上最为独特的人类景观，这些独特的城市聚落既是人类社会区别于自然世界的重要标志，也是地域文化基因的重要载体。城市空间在历史发展进程中逐渐形成了自身的模式、结构、逻辑、组构等形态语汇，并伴随社会发展持续演进，是城市空间研究与实践操作的核心内容。

1. 物质形态

"形态"一词中的"形"指形象、外貌，"态"指姿容、情态。形态就是形象和神态。物质的形象通过物体外形的各种因素表现出来。而物体的神态，则由其外形、外形的各种因素，以及这些因素的组合呈现出来。"形"和"态"综合地反映出物体的品位和性情。所以，形态也可以说是物体的内涵和神韵。无论是自然物还是人造物，都存在形态。形态产生的机理与人的思维有关，如上一章所言，面对不同的物体，之所以会产生不同的感受，主要基于两个方面的原因：其一，是物体通过其形

图1-12 从自然空间向人工空间的过渡

象和动作表现出来的形态。再者，是人们的经验和经历。初生牛犊不怕虎，正是因为没有获得"老虎凶猛"的经验。有了经验，不论是直接的还是间接的，都会储备在脑子里。看见了物体的形象，通过回忆、联想和比较，得出感受，做出反应。其基本的程序是：物体自身各种因素表现出来的信息，经由人的认知系统获得，通过回忆、联想等途径对照人的直接经验或者间接经验得到认知，影响情绪并做出相应的反应。

2. 建筑形态

与物质形态一样，建筑形态被感知的基本过程就是：人们通过对建筑的观察、鉴赏以及在建筑内、外的活动，从而感受到建筑空间形态诸因素给他们的刺激。接收这些信息后，把它们传递到大脑中，进行综合、整理。再通过回忆、联想与其经历过的情景进行对照、比较，进而感悟到建筑的形态，形成观感，产生相应的情绪，最终进入建筑的特定氛围里。

建筑空间是从自然空间中分割出来的由建筑各个界面围合成的领域，具有相对的独立性，见图 1-13。与自然空间相比，建筑空间具有人造性和功能性特征，如老子在道德经中所言"埏埴以为器，当其无，有器之用。凿户牖以为室，当其无，有室之用。故有之以为利，无之以为用"。作为有目的性的物质空间载体，其形态的生产就是以材料、结构、色彩、轮廓、肌理等"形"的因素构造情绪、意念、环境、时间等"态"的因素的主题表达过程表达。"形"的要素具有可变性、可组织性，是物质的、客观的；"态"的定义是来自于人的需求和感受，是变化的参数，是主观的、心理的。

图 1-13　劳吉埃尔《论建筑》1753 年，卷首插画

建筑空间形态伴随人类社会文化观念与科学技术的发展不断演变进化。原始社会的人类在自然环境中寻找安身之所，那时的建筑空间主要集中在内部，空间功能质朴而纯粹，建筑材料取自自然，形态也趋近自然。早期的建筑空间适应当时相对简单的建造技术和功能要求，空间形式较为单一，即便是高等级的宫殿和神庙，也多呈单一的矩形平面。随着功能要求的日益复杂化，空间形式也相应的复杂起来，但这种变化在农业社会时期基本上属于量的增长，生发于特定自然与文化环境中的建筑，在相对封闭的地理空间内生长，地域性特征明显。

工业革命之后，随着社会生产力和科学文化水平的发展，建设规模和建筑类型剧增，人们对建筑空间的功能要求更加多样。建筑空间形式也发生了显著的变化，一方面是建筑内部空间更加开放流动，外部形态更加丰富多元；另一方面，现代主义建筑大行其道，在世界各地蔓延，地域性建筑遭受严重的侵扰，建筑形态的趋同性特征增强。科技的进步与社会生产力的高速发展加速了人类文明的进程，随着工业 4.0 时代的到来，整个世界正面临着新的转型。科学技术的飞速发展不仅推动着生产力的大幅度提高，而且全面深刻地影响着社会生活和人们的价值观念，建筑形态伴随生活方式、设计手段、建造技术等的巨大变化，表现为前所未有的形态爆炸，见图 1-14。

图 1-14　城市不同时期的建筑形态

带状

网格状

环形放射状

组团式

星状

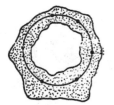

环状

卫星状

图1-15 城市形态类型

建筑形态是建筑空间的外在表现，作为一种人为创造的物质形态，是由人们对建筑形态基本元素（体、面、线、点）、基本要素（形、色、质、量、场），以及建筑形态的载体、处理技法等的观看、联想，从而在脑子里产生出来的综合感受。基本元素是组成建筑形态最基本的物质，它们携带着形态的信息、表达情意，是建筑形态的物质基础。基本要素是抽象的，是人们的观感，并非实体物质。这类因素依附在实体物质上、作用于人们的感官中，反映在人们的脑子里，从而激发出情感来，直接使人们感受到建筑的形态。

3. 城市形态

城市物质空间形态的感知和建筑感知类似，只是感知的空间领域和时间跨度更大，所获得的信息更多，是人们开展城市生活的基本依据和空间基础。广义的城市形态由城市的物质形态和非物质形态两部分组成。前者与城市物质空间环境介质相关，即城市中各种有形要素的空间布置方式；而后者的内涵更为丰富，包括了行为空间、社会空间、象征空间、心理空间和文化空间等多重含义。

从城市形态的本质特征看，包括有形形态和无形形态。有形的城市形态即狭义的城市形态概念，一般是指城市各种有形要素的空间布置方式以及呈现于人们知觉的全部表现形式。无形的城市形态主要是城市在某一时间内，"社会、文化等各种无形要素的空间分布形式，如城市生活方式、文化观念和价值观念等形成的城市社会精神面貌、社会群体、政治形式和经济结构所产生的社会分层现象和社区的地理分布特征，以及由此而形成的城市生态结构"。——拉普卜特《文化特性与建筑设计》。从形态学研究的角度出发，如果将城市作为有机体，就如凯文·林奇所言，城市形态并非通过对其有形要素进行反复的形式推敲和机械的设计生成的，而是各种无形要素（文化、社会、经济、制度等）通过特定的作用机制，与有形要素紧密相连，进而相互适应与作用形成的结果。

城市形态的双重属性构造了城市空间的表层形态和深层结构，与表层的空间对象发生关系的形态反映了外在的空间形式及形态秩序；而与深层的社会文化要素发生关系的结构形态反映了结构的意义及无形的结构关联。可以说，城市形态就是内在结构与外在形式的统一，是深层和表层相连的过程——一种双重的构造过程。如果说内在结构是指事物要素之间"形成或发现的关系，如人与人之间、事物与事物之间、思想与思想之间、网络与网络之间、地区间和地点之间的关系"——奥斯瓦德《网络城市》，那么外在形式则强调城市与所在自然环境形成的整体格局、城市本身的平面形式、空间边界、道路组织、布局结构、轮廓高度、公共空间分布、建筑风格等非常具体直观的表象特征，见图1-15。

城市设计是在把握城市内在规律和深层结构的基础上，对城市表层形态开展的设计工作，以期达成良好的空间场所，承载人们的各项城市生活。

1.2.2　城市设计语汇

　　城市设计语汇就是从城市空间模式、范式和样式等方面，对城市空间形态组织手法的归纳与整理，分析其契合的观念和适宜的场所。对于建筑设计来说，设计观念通过具体的空间语汇被传达出来，包括建筑空间的基本空间要素以及空间组织的手法，城市空间设计的方法类似，但问题的复杂程度、所涉及的设计语汇类型和具体应用的尺度是有极大差异的。城市设计师需要系统的语汇库储备，能够落实设计目标，在面对同一设计问题时有不同的空间形式选择，使设计能更好地回应不同城市、区域、场地的需求。

　　城市设计的对象范围很广，从宏观的整个城市到局部的城市地段如公共中心、居住社区、步行街、城市广场、公园乃至单幢建筑和城市细部。按照柯瑞（G.Crane）的说法："城市设计是研究城市组织结构中各主要要素相互关系的那一级设计。"从空间层次上讲，城市设计跨越了从城市总体规划到修建性详细规划的甚至街道家具设计的广泛领域。城市还是一个新陈代谢的客体，建筑对于城市来说是相对静止的存在，而城市空间随着时间和人的干预在不停地进行变化，这种干预反应在空间上会出现城市形态结构的叠加或是新的生长模式的出现，这是一种过程的、隐形的时间语汇。因此我们认为城市设计的语汇包含了空间要素、关系要素和时间要素。

　　不过，城市设计的设计对象还是可以大致分为两个层次，即总体城市设计和局部城市设计，不同层次的城市设计的内容有着不同的侧重（表 1-4）。

表 1-4　城市设计的层次和对象

	总体城市设计	局部城市设计
工作对象	宏观尺度下的城市新区或城市建成区的整体片区	中观尺度下完整的区段、街区、地块以及特定的建设项目等
研究重点	研究城市山水格局、形体结构、发展意象、景观体系、公共空间的整体组织	处理设计对象与所在城市及周边地段的关系，开展建筑群组、景观系统、开放空间等具体地段的场所营造
对应阶段	城市总体规划和分区规划	城市控制性详细规划、修建性详细规划、工程项目
研究内容	包括城市区域范围内的生态、文化、历史在内的用地形态、空间景观、空间结构、道路格局、开放空间体系和艺术特色以及城市天际轮廓线	1.旧城改造和更新中的复合生态问题（自然、社会、文化等）； 2.功能相对独立的特别领域，如城市中心地段、具有特定主导功能的历史地段、商业中心、大型公共建筑的规划设计安排等； 3.处理建筑群组与公共空间的形式、风格、色彩、尺度、空间组织及其与城市文脉结构、整体的空间肌理、组织的协调共生关系
设计目标成果	为城市规划各项内容的决策和实施提供一个基于公众利益的形体设计准则，成果具有政策取向的特点	分析片区对于城市整体的价值，为保护或强化该地区已有的自然环境和人造环境的特点和开发潜能，提供并建立适宜的操作技术和程序。能够具体落实的设计图纸及文本

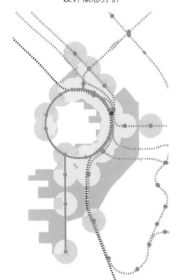

设计概念分析

公共空间分布

交通系统分析

图 1-16 深圳前海新城概念性城市设计分析图

1. 总体城市设计语汇

总体城市设计的研究对象包括整个城市或城市分区，就是在梳理城市自然生态基底和历史演进机理的基础上，探究城市形态结构以及空间意向等宏观尺度的城市形态的技术工作。总体城市设计伴随城市总体规划的开展研究城市的形态与结构，建立自然和人文环境的景观体系，构造城市公共活动的空间系统，组织及考虑城市总体轮廓和其他构成系统的设计框架，从而把握城市的整体格局，提炼城市意象与特色。城市空间系统是总体城市设计的工作重点，如山水格局、形态结构、景观体系、公共空间等的框架性和原则性内容构成了总体城市设计语汇。具体包括体现城市生态、文化、历史特征的用地形态、空间景观、空间结构、道路格局、开放空间体系和艺术特色以及城市天际轮廓线标志性建筑布局等内容，见图1-16。

总体城市设计需要开展广泛而系统的调查研究，深入挖掘城市空间的潜力与资源，通过分析现实问题与发展诉求，凝练城市空间特色，形成发展目标，在此基础上制定适宜的发展策略和行动方案。总体城市设计可以作为城市总体规划组成部分中的专题子项内容，也可以作为独立的专题研究，作为总体规划的参考或深化。无论是何种方式，总体城市设计应与城市总体规划保持一致。每个城市有着各自不同的资源和特色，这一方面在总体规划确定的城市性质中得以体现，另一方面，需要通过总体城市设计将其特点反映在城市物质空间形态上。一般来说主要包括以下任务（图1-17~图1-19）：

第一，研究城市的历史与现状，发现存在的问题；

第二，确立城市自然、人文环境与空间发展对策；

第三，城市的总体格局、空间结构和形态特征；

第四，城市景点、景观带、景区等自然与人文景观环境的总体构想；

第五，城市公共活动的组织与公共空间系统布局；

第六，城市交通出行和旅游观光等运动系统的组织和布局；

第七，城市特色分区与重点地区的风貌控制与空间意向。

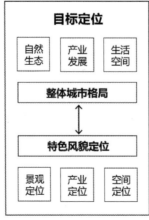

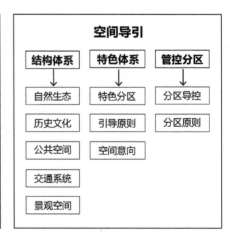

图 1-17 总体城市设计

图 1-18　深圳前海新城概念性城市设计（设计团队：OMA）

图 1-19　阿尔巴尼亚地拉那整体城市设计（设计师：Cino Zucchi Architetti）

总体城市设计语汇构成

·**城市形态、空间体系**
　总体城市形态、大遗址格局
　城市生态廊道、山水格局
　城市空间结构
　城市风貌分区、轴线
　城市门户节点、地标系统
　城市高度分区、城市轮廓线

·**城市景观**
　城市景观系统的总体结构
　城市公园、城市绿地系统
　城市景观视廊、视域

·**城市开放空间和公共活动**
　城市公共空间结构
　重要开放空间分布

·**城市交通系统**
　城市主要交通骨架、路网格局
　城市步行系统结构
　城市旅游观光体系

·**城市特色分区和重要地区**
　城市特色分区
　城市重要地段形态
　建筑风貌意向

2. 局部城市设计语汇

主要涉及城市中功能相对独立的和具有相对环境整体性的街区和地块。其目的是，基于城市总体规划及上位控制性详细规划确定的用地性质和基本原则，分析现实条件下该地区对城市整体的价值，为保护或强化该地区已有的自然环境和人造环境的特点和开发潜能，适应现实与发展需求，提供并建立适宜的操作技术和设计程序。局部城市设计语汇既包括了总体城市语汇中关于形态结构等框架型语汇内容，还涉及建筑群组、空间界面、公共空间、外部景观、更新改造等内容，见图1-20。通过城市设计研究，可以指明下一阶段优先开发实施的地段和具体项目，操作中可与详细规划结合进行。

局部城市设计包括的类型较多，研究的重点和工作路径各有不同，一般分为开发型、更新型和住区型。开发型城市设计指功能相对独立的特别领域，如城市中心区、具有特定主导功能的主题街区、商业中心、大型公共建筑（如城市建筑综合体、综合医院、大学校园、工业园区、世界博览会）的规划设计安排。更新型需要重点考虑旧城改造和更新中的复合生态问题（自然、社会、文化等）。住区型城市设计主要解决居住生活和配套服务设施的综合需要。还有针对特定项目的微小型城市设计。一般包括以下任务（图1-21~图1-23）：

第一，研究地段的历史与现状，明确地段的特征与在城市中扮演的角色；

第二，确定地段的功能组织、道路格局、空间结构和整体空间方案；

第三，落实各项景观资源的保护范围和界限，明确街区的景观组织；

第四，确定建筑开发强度、形态、风貌等控制性指标和意象；

第五，研究地段人群公共活动的组织与公共空间的位置、大小、形态；

第六，研究解决地段内道路交通体系、步行、停车等的布局组织；

第七，确定外部开放空间环境设施的组织与意象。

梳理地段水系

构建轴线体系

确定空间开合

确定地段核心

设计空间形态

图1-20　闵行莘庄商务中心局部城市设计分析图

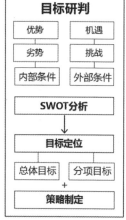

图1-21　局部城市设计

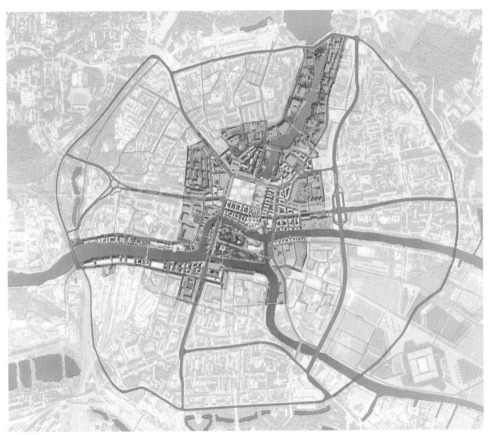

图 1-22　俄罗斯加里宁格勒整体城市设计（设计团队：OFF the grid 工作室）

图 1-23　闵行莘庄商务中心城市设计（设计团队：上海同济城市规划设计研究院）

局部城市设计语汇构成

· **城市形态结构**

　　形态结构和功能分区

　　主要轴线和重要节点

　　轮廓线、建筑高度、地标

　　道路网络和空间布局

· **城市景观**

　　景观区域的分布和保护

　　城市公园、绿地、广场等布局

　　对视廊、视域等视线组织

· **公共开放空间**

　　公共开放空间形态

　　公共开放空间环境设计意向

· **建筑形态**

　　建筑群组组织

　　建筑体量、沿街后退

　　建筑高度、界面、色彩

　　建筑材质、风格

　　重要建筑群和地标意向

· **道路交通**

　　道路交通组织

　　公交站点、停车场

　　主要道路的宽度、断面、界面

　　步行系统的组织

· **重点节点**

　　重要节点的形态

　　重要节点相邻地块意向

　　重要节点意向

· **环境设施**

　　环境设施的类型

　　环境设施意向

课后思考

1. 城市空间形态与人的知觉认知之间的关联是什么?
2. 人对城市空间环境的认知流程是怎样的?
3. 城市空间形态的典型特征是什么?
4. 总体城市设计与局部城市设计有哪些差别?
5. 城市设计语汇与城市空间形态的关系是什么?

推荐阅读

[1] [英]G·卡伦著.城市景观艺术[M].刘杰等,译.天津:天津大学出版社,1992.

[2] [英]Matthew Carmona编著.城市设计的维度[M].冯江等,译.南京:江苏科学技术出版社,2005.

[3] [美]阿摩斯·拉普卜特.建成环境的意义:非语言表达方式[M].黄兰谷,译.北京:中国建筑工业出版社,2003.

[4] 胡正凡,林玉莲.环境心理学[M].北京:中国建筑工业出版社,2012.

[5] 沈克宁.建筑类型学与城市形态学[M].北京:中国建筑工业出版社,2010.

[6] 徐苏宁.城市设计美学[M].北京:中国建筑工业出版社,2007.

[7] [挪]诺伯舒兹.场所精神:迈向建筑现象学[M].施植明,译.武汉:华中科技大学出版社,2010.

[8] [美]迪鲁·A·塔塔尼主编,李文杰译.城和市的语言:城市规划图解词典[M].北京:电子工业出版社,2012.

[9] [美]马克·吉罗德.城市与人——一部社会与建筑的历史[M].郑炘,等,译.北京:中国建筑工业出版社,2008.

[10] [美]凯文·林奇.城市形态[M].林庆怡,译.北京:华夏出版社,2001.

[11] 陈治邦,陈宇莹.建筑形态学[M].北京:中国建筑工业出版社,2006.

[12] [德]格哈德·库德斯.城市结构与城市造型设计[M].秦洛峰等,译.北京:中国建筑工业出版社,2007.

第 2 章
整体形态解读
城 市 空 间 的 发 展 与 特 征

本章导读

01 本章知识点

- 城市空间的形态内核;
- 城市空间的认知肌理;
- 城市空间的认知内容、认知特征和认知方式;
- 社会关系与空间联系;
- 政策干预与空间规划;
- 城市空间特色要素。

02 学习目标

在理解城市空间形态内核的基础上,明确各类影响城市空间形态的要素以及相互之间的关系,了解城市空间的认知内容、机理和路径。

03 学习重点

理解城市空间形态内核的相关内容。

04 学习建议

- 本章介绍城市空间形态形成的深层机制及人们认知城市形态的基本过程和原理,包括影响城市空间形态的要素、城市空间形态如何演进、城市空间结构类型和城市空间形态表征四部分内容。第一部分从自然环境、社会人文、经济技术、制度政策四个不同方面出发,对影响城市空间形态的要素进行了介绍展开。第二部分主要就"城市空间平面形态的如何发展?""城市的形态肌理是如何演变的?""城市肌理遵循哪些秩序?"等问题开展论述。第三部分以世界典型城市为例,以结构的自然生长形、放射形、网格形、带形、混合形为线索,介绍城市形态结构语汇。第四部分通过对城市空间表现出的若干形态秩序整理,帮助大家进一步理解城市空间形态组织的重点。
- 本章需要相关知识理论的拓展阅读,理解城市形态的变迁历程和当下城市空间类型研究的基本方法。
- 对本章"整体形态解读"的学习可以参考城市设计结构、城市形态研究的相关文章和读物,深刻理解城市整体形态语汇涉及的类型内容。这是城市设计工作开展的重要视角和整体理论基础。

2.1　城市空间的影响要素

城市空间环境是城市社会中各类相互关系的物化以及城市大系统在土地上的投影，它是城市存在的物质形态。实体环境系统的各组成要素、实体和空间的形式、风格、布局等有形的表现有其规律，从其实质的内涵而言，它正是一种复杂的人类政治、经济、社会、文化活动在历史发展过程中交织作用的物化，是在特定的建设环境条件下，人类各种活动和自然因素相互作用的综合反映，是技术能力与功能要求在空间上的具体体现。因此，仅从空间本身的形体、形态上解决问题显然是片面的。不能从根本上解决问题。探讨城市实体环境——城市空间的问题，首先要考究城市空间所蕴含的城市社会、经济、政治问题。

2.1.1　自然环境与空间建构

自然环境包括天然存在的第一自然和人类生产实践形成的人化自然物——第二自然，它们都是城市空间建构的基本前提。第一自然是人类聚落产生和发展的生态本底，直接决定了聚落空间形态，第二自然是城市空间持续发展的物质本底，影响城市空间建构。

1. 第一自然与空间形态

人类聚落自诞生之日起，就离不开自然环境，从完全适应自然环境的乡村聚落到利用并改造自然环境的城市聚落，地理水文和自然气候特征是影响城市空间形态的首要因素。平原地区用地开阔舒展，城市空间拓展的自由度较大，形态各异，山地地形复杂，城市建设受制较多，大多因形就势；温暖湿润地带适宜人们生活，城镇数量较多，而寒冷干燥地区城镇少，在极地、荒漠等生态恶劣地区几乎无法产生城市。不同的气候产生不同的建筑形式和组群形态，形成各自的城市空间特征。城市的空间结构、形态特征也多产生于自然环境，大部分城市都是沿河发展的，上海的黄浦江，巴黎的塞纳河，罗马的台伯河，河流成为这些城市形态的代表性特征。河流、湖泊、海岸、港湾、山脉、高地等特殊地形、地貌与城市结合，造就独特的城市景观，如水网纵横的苏州、半城山水的杭州、七丘之城的古罗马、六爻之地的唐长安等。城市所处的自然条件特色是产生城市空间特征的主要因素之一（图 2-1~ 图 2-3）。

图 2-1　上海黄浦江　　　　图 2-2　巴黎塞纳河　　　　图 2-3　罗马台伯河

2. 第二自然与空间建构

第二自然指城市中非自然形成的人造环境，包括已建成的道路、广场、公园、建筑、构筑物等。城市是一个连续生长和不断更新的有机体，不同阶段、不同时期和不同地点、功能的城市，其建成环境部有其自身的特点，由此形成不同的空间肌理和建筑形态。传统城市由于交通形式、营建技术和生产、生活方式等形成了细密和均质的空间肌理，工业革命之后的现代城市形成了新的空间肌理特征，大多以居住区、商业区、行政区、文化区、工业区等进行功能划分，每个区内的建筑密度、高度、体量、布局方式等也都有所差异，形成了整体不均质、粗犷的空间肌理，并且在不同的空间层次都有新的变化。这说明空间肌理具有明显的时代特征，与社会、生产、生活和技术相适应。但是，在城市空间的发展演进中，每一种新的空间肌理的产生，必然受到已有的建成环境的制约，如空间的大小、道路的宽窄、城墙的留存、功能的分区、楼层的高低、居住的形式、景观的保护、交通的组织等，每一项的变化都会与建成环境发生矛盾，城市空间的建构与肌理就是在这种矛盾运动中演进的。人类在发展，演进是必然的，然而如何对待这种矛盾运动，涉及规划和设计的历史观和文化观，不同的观念将使城市的建成环境因素在城市空间的发展进程中以不同的形式体现。这些不同的形式又反过来影响生活在其中的居民，从而产生不同的结果（图 2-4~ 图 2-6）。

图 2-4　北京西直门立交　　　图 2-5　纽约曼哈顿 CBD　　　图 2-6　深圳福田区城中村

2.1.2　社会人文与空间模式

社会生活影响着城市空间的形成与发展，城市空间也是社会生活的反映，其关系与社会关系密切相关。从"国家"这个概念出现开始，社会结构就从深层影响着空间的整体结构，同时影响着城市的发展。城市体现特定人群与特定空间、地点之间的关系，并由此生发出来的一系列土地的使用方式、使用土地的人们之间的社会关系与社会结构等。

1. 社会关系与空间布局

东、西方国家的社会关系差异反应在城市发展的各个阶段和各个层级之中。我国社会呈现出的典型的自上而下的发展模式是与长期延续的宗族聚居制度分不开的。

在我国，传统的社会关系是按照血缘、亲缘关系划分的，由家庭而家族、由家族而宗族、由宗族而部落。姓氏、家族是社会抵御风险的最小基础单元。权力对社会发展的驱动远远大于财富，形成了等级鲜明，规模严格的金字塔形结构体系。这种社会体系反映在城市和空间上，就形成了中国传统住宅和城市中家国同构的空间现象，城市构成以坡屋顶建筑和院落组合为原型，按照等级变化逐步简化形式和规模大小，宫殿、衙府、民居等级清晰，布局严整（图 2-7）。

而在欧洲，城市最初是作为乡村经济的补充而出现的，是所在农村地区的工商业活动中心，经过几次社会大分工，城市终于完全脱离乡村成为独立存在。欧洲城市的社会阶层并不以血缘关系为组织，而是以社会地位和社会分工为划分，平民、贵族、中产等财富分层，大地主、商人、手工业者、农民等社会分工，通过不同的方式影响着城市经济和社会。在欧洲城市，家庭是社会的基本经济单位，一个一个的家庭组成国家，市民精神主导的个体意识使得个体权益与集体权益分离，社会经济与政治权力分离。这种深层的社会关系表现在欧洲城市中，即主导城市发展的方式是一种自下而上的空间生长特征。这种机制具有较强的活力与自发性，促使了许多功能性城市，尤其是港口和商业城市的发展（图 2-8、图 2-9）。

图 2-7　北京故宫　　　　图 2-8　意大利锡耶纳　　　　图 2-9　威尼斯圣马可广场

2. 文化观念与空间模式

城市、地区的文化价值观念代代相传，形成共有的社会广泛认同的生活方式和社会行为准则，这种准则和生活方式是城市社会空间的核心构成。城市空间演进是城市文化再生产的一种社会演化机制，构成对原有城市文化生产资源再分配和在空间形态上的再格局化的要求。无法满足这种要求，就可能诱发城市空间中的文化再生产的矛盾与冲突，这个过程是城市作为一种有机生命体的自然成长过程。

在每一个特定的地区，种族群体的文化传统及其演进对城市空间的组织与发展产生影响，形成了城市空间的文化特色，空间的文化特色主要表现为城市空间物质形态因历史积淀而延续，同时也随居民整体观念调整和社会文化变迁而发展变化。空间结构形成后又反过来影响生活在其中的居民行为方式和文化价值观念。正如中国传统的"天圆地方"和"天人感应"，五行、阴阳和周易学说思想，对城市空间结构产生了重要影响（图 2-10）。

图 2-10　北京天坛

2.1.3 经济技术与空间发展

经济的发展是生产力和生产关系的共同发展,包括生产方式、经济制度、产业结构、经济流通等方面,这些无一不对区域和城市的空间形态产生影响。

1. 经济规律与空间发展

城市空间结构受城市生产方式影响。世界上许多早期的城市形态都是以防御为主的方形结构或是在地形影响下的变形结构,这是受农耕文明时期耕作半径和划分土地的方式影响,当时土地常常被直线划分为若干个栅格,这种栅格形影响了早期的聚落和城市形态。比如我国早期的井田制,体现在土地界划和分配制度上就是方格网状,与其相适应的军事制度、宅居制度等对早期城市形态的影响较大。聚落防卫的壕沟、城墙和城内整齐的划分,构成了中国古代城市的基本空间特征。到了 12 世纪的南宋,城市社会中不仅有国家官僚及其部署,而且拥有诸多从事贸易的群众,随着经济生活的扩展,北宋时取消了里坊制城市,发展为坊巷制,自此阡陌的街巷成为我国传统城市的又一重要特征。到了近代,我国进入工业化时期,城市的面临从农业社会手工业和商业为主的城市向工业为主的生产性城市的转变。因此城市中出现了若干特定功能的新空间,受现代主义功能分区的规划的影响,传统的职能简单,前店后宅式的居住、手工业和商业混合的城市空间被打破。而当下,生态环境问题、全球化的发展问题,新兴物联网、互联网产业的交织等问题使今天的城市面临新的挑战,生产方式再次调整,城市的空间形态也将迎来新的转变(图 2-11~ 图 2-13)。

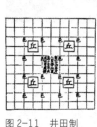
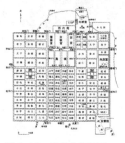

图 2-11 井田制   图 2-12 唐长安平面图   图 2-13 西安明城区平面图

2. 科技水平与空间形式

城市是社会化大分工的结果,新的生产力变革不停地影响着城市这一人们生活的物质空间。科学技术发展来带新的材料、新的营造方式直接作用于城市结构、建筑和外部环境建造之中。在城市的水平发展方向上,对城市结构影响最大的技术当数汽车的广泛应用。它拓宽了城市的边界,加快了城市内部交换的频率。众所周知,现代主义城市中,因汽车产生的车行道路空间形态决定城市空间结构骨架,同时交通的公私分化进一步影响城市的公共属性,城市中公共生活范畴日益明确,影响城市设计的品质。

在城市的垂直发展方向上,电梯的诞生和高层建筑建造技术的应用,极大地改变了今天的城市面貌,追逐更高的建筑成为一定时期内城市发展的标志。城市单位地块的密度获得了极大的提高，使城市形态产生了质的飞跃。同时技术的发展还带来了建筑的材料、部件的工业标准化生产，这种标准化使得"方盒子"等同质性城市空间广泛流行，城市建设的速度不断加快。也导致了今天城市千城一面、特色丧失等现象（图2-14～图2-16）。

图 2-14　四川绵阳

图 2-15　英国英格兰

图 2-16　中国上海

2.1.4　制度政策与空间行为

无论是最初的产生还是之后的发展演变，城市空间形态的每次变化都与政治、政策息息相关，行政区划、投资区位、城市化战略、城建政策、经济政策等无不是政治制度的投射反馈。为了说明问题，从以下几方面阐述城市空间发展的政治、政策因素。

1. 政治制度与空间行为

自古以来中国城市就受到政治统治大一统思想的影响，这种思想意识也反馈在城市空间的等级之中，传统城市以政治和军事管理为目的，城墙是围合的圈层结构，是典型的城市空间模式。同时，轴线、序列、等级规模的区分都再次强化了空间的行政意向。世界其他知名城市也是如此，古希腊的城邦制，城市呈格网状布局，广场和公共建筑作为城市核心；罗马帝国的城市中广场群、铜像、凯旋门、纪功柱是亨氏空间的核心与焦点；中世纪城市的中心是教堂和公共建筑，城市有机发展；绝对军权时期的放射轴线街道和规整对称的布局等无一不体现着制度对于城市空间的控制和影响（图2-17、图2-18）。

之后伴随现代主义城市的出现，逐渐发展出一套较完整的城市建设管理制度，以政治、经济制度作为背景，城市规划管理制度和土地利用制度是其内容。同时，城市发展状况的变化，新需求的不断提出使得城市规划作为技术支持作用于城市建设管理制度，也通过这个制度得以实现。其中，征地制度是这种机制的关键，城市空间的发展演变即基于这种制度机制，并因此形成了一种规律的有机渐变特征。

过去的中国城市依靠官员和工匠规划设计，集中的皇权是干预城市管理和形态的重要因素。当代城市的政治制度主要基于政府—规划师—开发商—公众的规划干预和规划政策执行反馈。设计师处在承上启下的关键位置，肩负着整合资源、优化布局、空间设计、民众教育等重要责任，如何正确处理权力和智力的关系，是确保政府制度干预和制度治理的重要保障。

图 2-17　雅典卫城

图 2-18　北京故宫

图 2-19　营造法式封面

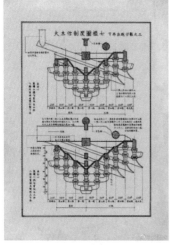

图 2-20　梁思成手绘注释

2. 政策法规与空间建设

城市的发展理念和设计很大程度上依赖城市规划的技术政策和技术法规予以实现，同时政策法规还在整合城市资源、确定城市发展方向、提高城市经济文化发展上具有重大作用（图 2-19、图 2-20）。我们可以看到在我国城市的发展过程中，大到区域的联合发展，城市的等级、特区等级的确定，小到城市某一片区的发展、建筑景观设计的实施，都受到政策法规的影响和管控，政策的偶发性或者是持续性作用都反应在城市空间中。比如深圳从小渔村变成今天中国东南角最重要的金融、商业、制造业城市，比如政府出台措施收缩土地供给调控影响房价，再比如控制街道开放程度影响街道活力等，都反映着政策法规对于城市空间的影响。我们可以把各国的地方政策法规分为两类，一类是以美国、加拿大等为代表，把规划的技术政策和技术法规统一成一个法律。一般包括以下内容：区域法（Zoning Ordinances）、正式地图规则（Official map Ordinances）、土地细分规则（subdivision regulations）、建造规程（building and construction codes）、建筑的管制（architectural controls）等。这些规划文件都有其特别用途，是实现城市规划和设计的工具。第二类以英国和法国等欧洲国家为代表，在立法中确立规划技术政策的法律地位，使之成为一个法律文件。其余法规是这个法律文件的补充。

设计师更多接触的技术政策制定需要有科学的基础，主要包括两方面的内容：其一，政策制定的依据必须准确可靠，要有系统、完整、客观的调查资料和报告。其二，针对问题制定的政策要切实可行，并且体系完整、明确，具有指导意义和针对性。针对现代城市发展复杂多样，我国从国家到地方出台了一系列的法规、办法，从用地规模、用地性质、建设时序、建筑体量、朝向、间距、道路宽度、绿地面积方面控制管理城市空间（图 2-21~图 2-23）。

图 2-21　中国深圳

图 2-22　日本东京

图 2-23　英国伦敦

通过本节对空间发展深层结构的讨论，我们认识到，空间的发展是由内在的、多种深层结构共同作用和交织形成的，在特定的历史时空中和特定的外在干预下，某种结构起到了决定性的作用，从而产生各具特色、千姿百态的城市空间。对空间深层结构的充分认识，有利于我们进一步探讨区域和城市空间发展的规律；有利于我们在规划设计中从多方面入手，而不仅仅从空间表面形式入手；同时也有利于我们主动地运用空间对社会、经济、文化等反作用特性，更好地达到空间设计为人服务的根本目的。

2.2 城市空间的形态演进

最早拉丁语中 "forma" 一词指的是女士的美丽面容。直到文艺复兴时期，"form" 一词的现代含义才开始出现，即形状、形态、结构、模式、组织以及关系体系。城市的形态由该城市的空间和社会模式构成、这使我们能够在二维、三维、四维等空间和时间维度上使用几何学和层级体系描述建筑空间和虚空间，寻找空间形成的隐性规律。城市可见的外部形态体现了人们无法看到的城市系统的结构规律，我们应将形态作为城市动态系统的一部分来理解。系统的结构由其组成部分及决定各组成部分间相互作用的关系共同确定，并被划分为不同层级。不同城市因社会模式和自然条件的不同，城市空间形态展现出巨大差异。

图 2-24 北京南锣鼓巷地区空间肌理

2.2.1 城市的形态发展

城市是由街道、建筑物组成的地段和公共绿地等组成的规则或者不规则的几何形态。城市肌理是对城市几何形态特征的描述，主要表现为建筑的密度、高度、体量、布局方式及建筑实体与空间的关系等多方面。体现城市从过去到现在，在不同文化、社会经济背景、建造方式及行为模式影响下发展的历史进程，组成城市发展的脉络。

城市的形态、功能、城市部件之间有着复杂的关系，而城市肌理就像是城市的皮肤，是内部复杂关系的外在表现。通过城市肌理能够观察到城市的总体布局、城市形态和结构，由此，可探索城市的发展规律，遵循历史规律来开展未来的城市建设。按照空间尺度不同，城市肌理分为以下不同的层次：区域＞街区（街坊）＞建筑。城市肌理在不同尺度下观察出来的空间形态、结构和特征也不同（表 2-1）。

图 2-25 北京大栅栏地区空间肌理

表 2-1 不同尺度的城市肌理

尺度	肌理内容
城市/区域	宏观上反映城市的形态结构，是对城市整体空间意向特征的反应
街道/街区	中观尺度的肌理层次，是对城市空间边界使用和地块组织方式的呈现
建筑/地块	微观尺度的城市肌理，是城市街区肌理的最小组成单位

每个城市都有独具特征的宏观、中观、微观肌理，东、西方城市，历史、当代城市，山地、平原城市都因其形态背景呈现出较大空间差异（图 2-24~ 图 2-26）。

图 2-26 城市肌理的分异

1. 中国传统城市的连续嵌套逻辑

中国传统的方形院落是城市布局结构的写照和模型，其建筑原则包含了围护、定向和轴向，这与传统空城市空间的组织形态相吻合。

城市嵌套围护式结构
中国城市空间的逻辑是连续嵌套同时也是有节奏的阴阳交替，每层空间与邻层相比均有不同解读，具有交替的互补性。

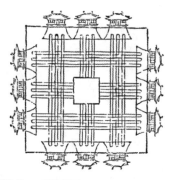

围护结构——周王城图
围墙提供了对中间空地的聚焦，并从这里像同心波一样向四周散发着和谐的韵律。

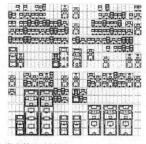

城市嵌套符号式结构
中国城市符号化结构即从中心点开始，一个巨大的表意符号通过一连串的嵌套式结构不断演变，最终创造出一座分型布局的城市。

符号结构——四合院
四面围合的院落空间是中国传统城市表意符号的基础，在中国南北方、官式建筑与民间建筑中根据地形、等级等要素进行符号演绎和形态拓展。

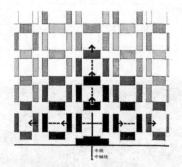

城市嵌套轴线式结构
中国城市轴线式结构为多组的建筑群的院与院间有纵的联系，也有横的联系，成为一个交叉的交通路线网。

轴线结构——故宫
宫殿建筑作为东方城市的权力中心和几何中心，往往成为城市主要、次要轴线的组成部分，而轴线进一步成为城市构形的重要骨架。

2. 西方城市的几何构型逻辑

传统西方城市起源于多角防御结构，在西方现代主义城市中，传统围合的街坊走向解体，现代主义以行列式为特征的城市空间被建立起来。

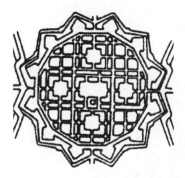

理想城市多角形防御结构
西方城市结构的起源主要为斯卡莫其的理想城市模型。城市平面呈多角形，城角设棱堡，路网为方格状。

理想城市结构——帕尔马洛城
16 世纪建造的帕尔马洛城因其堡垒平面规划与结构而闻名。许多近代以来的军事建筑师都模仿该城建设其他军事防御工事。

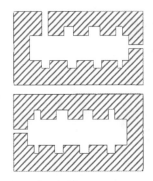

城市典型几何符号式结构
西方城市符号化结构即以道路两侧的联排建筑为主要形式，沿城市道路生长，最终形成几何形态的城市。

美国纽约中央公园旁住宅结构
几何规整的路网对城市空间整齐分割，建筑沿街道严整布置，朝向明确，形成了完善整体的城市空间形态意向。

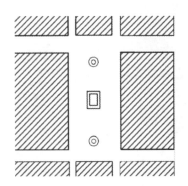

城市广场围合式结构
西方城市广场围合式结构即以城市主要广场为核心，建筑从两边依次排开，中间形成大尺度的公共空间。

广场围合结构——锡耶纳坎波广场
在西方古老的城市中重要的空间节点多为建筑紧密围合而成的城市广场。道路都以这里为起点或终点展开，影响城市形态。

3. 传统城市的连贯性肌理与现代城市的集中聚集

现代城市环境中存在着两种不同的设计倾向。一定程度上来看，现代主义运动通过破坏公共空间而毁掉城市秩序。这种秩序被建筑物之间的无固定形态空间取代，能够在城市空间肌理中切实地辨别出两种肌理的区别（图2-27~图2-30）。

 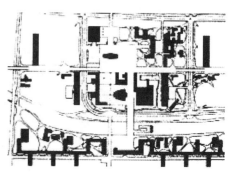

传统城市的连贯性肌理
在传统公共空间属性决定的空间肌理中，占主导地位的，引人瞩目的是连续性的街道、围合性的广场、标志性的建筑以及整体性的街廓；它们组成了连续的公共空间意象。

现代城市的集中聚集
在现代主义城市中，街道的空间连续性降低、广场围合性弱化、街廓整体性消退，更多的是建筑实体凸现在城市环境中，城市经常由水平方向改向垂直方向发展的点状塔楼、集合住宅等，创造出形态迥异的城市空间。

左图2-27　帕尔马，平面图

右图2-28　勒·柯布西耶，Saint-Die项目

左图2-29　巴黎

右图2-30　北京

在两座城市中800m×800m方格为选区，沿主干道路选取典型区域，呈现城市的肌理变化。

巴黎的街道模式展现的是分形层级模式，众多辐射网经由奥斯曼时期规划的林荫大道编织成一张巨网，涵盖了17世纪及中世纪的街道，纹理细密的城市肌理保留了下来。

北京的城市肌理中既有狭窄的胡同尺度也有现代大楼广场之间的冲突，建筑和街道的鱼骨状分布逐步让位于超大尺度的城市公共建筑，高速的城市与传统生活的慢节奏形成鲜明对比。

2.2.2　城市肌理的分类

　　大体而言城市肌理被分为两类：匀质和异质的。我们的研究对象集中在元素的重复和元素间的空间形态，重复是决定性的，当重复的可识别部分占统治地位时，肌理才能出现了。我们选取了若干 1000m×1000m 的典型城市空间来研究城市肌理分类。当今的大多数城市其实都呈现出异质的整体和匀质的局部。完全是匀质肌理的城市非常少，巴塞罗那是其中的典型代表。同样，完全异质肌理的城市往往自下而上生长形成，反应出城市随时间和政治政策变化产生的混合形态，其中东京非常典型。

1. 匀质的肌理

　　当构成结构的元素相同或相近，元素的间距和几何空间组织完全一样或近似时，匀质的肌理就产生了。匀质肌理指的是密度均匀，无明显等级结构的城市空间，空间呈现出较强的整体性的特点（图 2-31）。

图 2-31　匀质的肌理代表西班牙，巴塞罗那

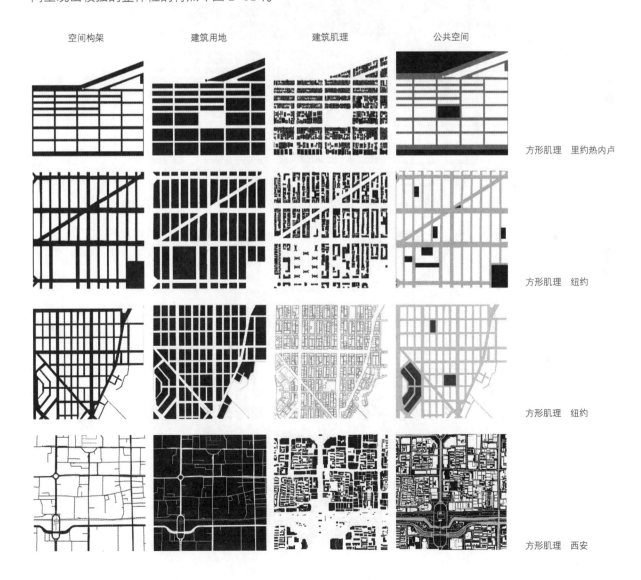

空间构架　　建筑用地　　建筑肌理　　公共空间

方形肌理　里约热内卢

方形肌理　纽约

方形肌理　纽约

方形肌理　西安

	空间构架	建筑用地	建筑肌理	公共空间
迷宫状肌理　巴黎				
迷宫状肌理　罗马				
网络状肌理　纽约				
放射状肌理　重庆				
方格与放射肌理　巴塞罗那				
方格与自然肌理　上海				

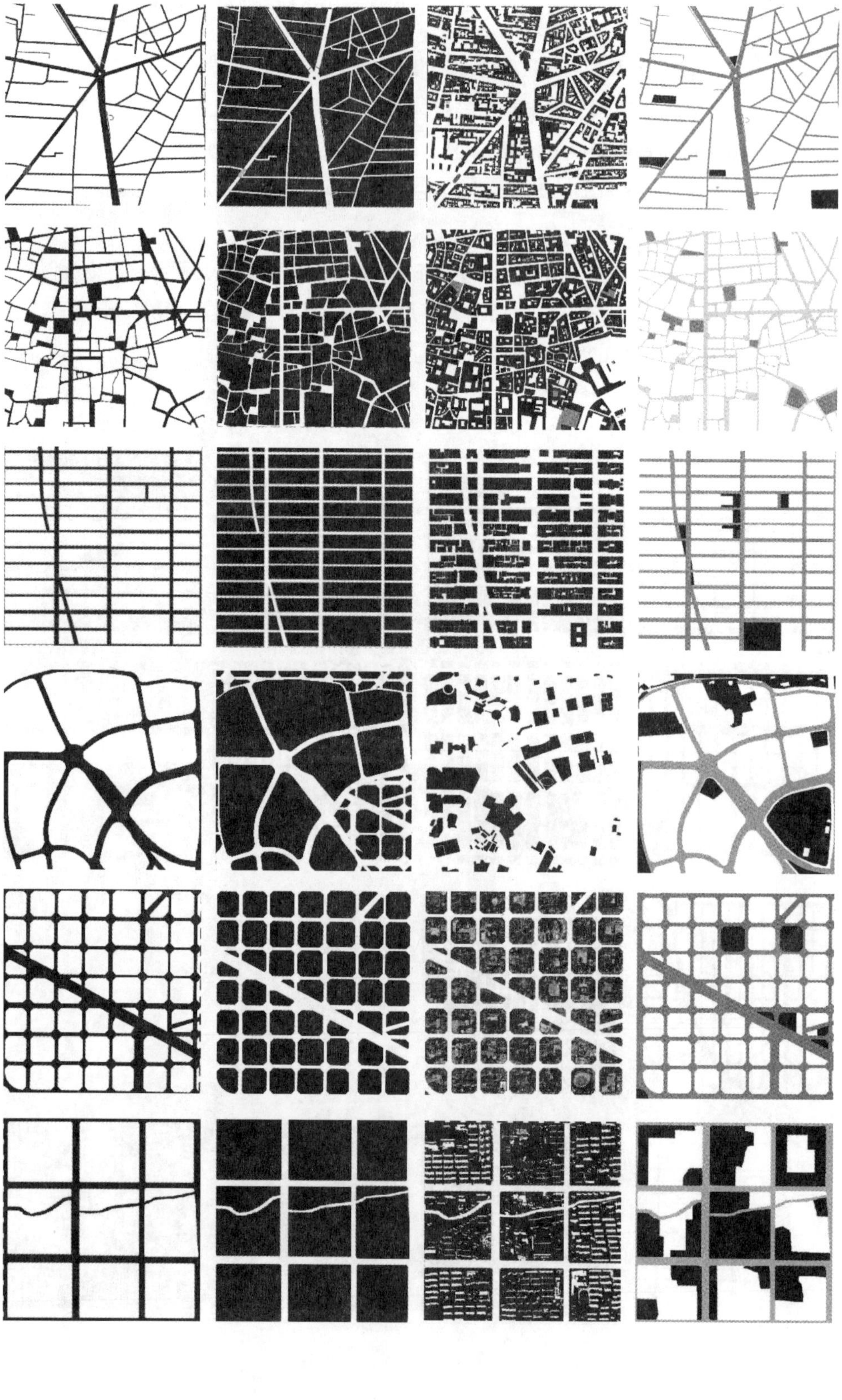

2. 异质的肌理

异质肌理是城市空间无论是在形态还是在密度上都有较为明显变化，呈现空间凌乱破碎或空间结构等级分化趋势明显的特点。其构成元素及其中间空间的区别大于共性时，我们的视觉感知难以形成可展优势的识别规则（图 2-32、图 2-33）。

图 2-32　异质的肌理形态

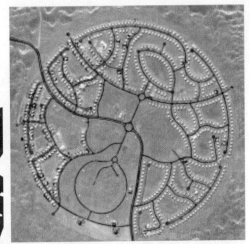

图 2-33　异质的肌理代表——阿拉伯联合酋长国，阿布扎比

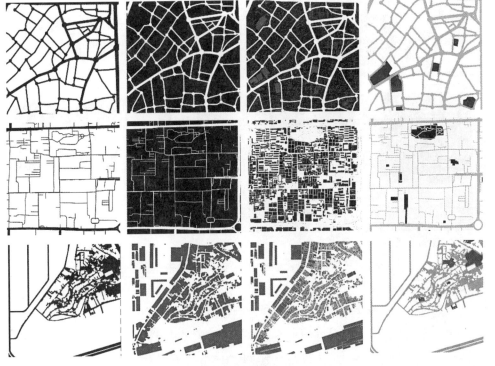

异质肌理　东京

异质肌理　西安

异质肌理　里约热内卢

除此以外，城市肌理还包括变形、变体、肌理断裂、边缘、区域 / 中心区域、形象等模式，共同形成城市中的肌理特征。

2.2.3　城市形态肌理的组织

不同国家的不同城市在不同设计思想和岁月长河的演变中产生了不同的城市肌理形态，主要归纳为"规则的几何式肌理"和"不规则的有机式肌理"两大类，东西方城市自然基底不同、社会经济背景不同、制度背景不同，所形成的城市肌理各具特征。以下主要介绍这东西方的代表城市——美国纽约和中国西安。我们可以直观感受到纽约和西安的城市、建筑、街道空间在组成形式上的差异性，而导致这种差异性的除了人口密度和城市规划因素外，文化差异也是一个重要原因。每个城市的特征都是人们对于环境的不断反馈和选择产生的，这种特征反映在显性上，就是我们能看到的形态肌理。一个城市的发展必须实事求是，因地制宜地走区域化、本土化、人性化、合理化、可持续化的路线，只有这样才能真正地从长远的角度来发展城市的整体空间布局与建设（图 2-34）。

1. 肌理的原型

纳赫姆·科恩（Nahoum Cohen）曾言："城市形成的过程就是采用地理空间上相似的韵律重复自身的过程。"从二维空间上阅读城市，肌理的形成始于一个基本原型，随时间推移而不断进行着自我复制，单元之间的相似性产生了肌理的特征，这也意味着一定区域内建筑空间形式的协调统一。因此，肌理原型作为城市形态的"基因"，是城市空间在街区构成中最显著的特征。东西方城市的原型各不相同。东方城市西安原有的以院落为核心的城市原型在现代主义发展过程中逐步被行列式的建筑所取代。而西方城市的代表纽约其两种肌理原型分别为点状的高层建筑和带前院的住宅。

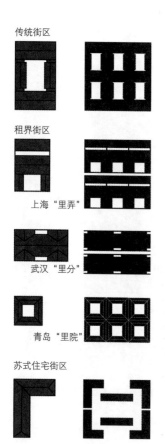

传统街区

租界街区

上海"里弄"

武汉"里分"

青岛"里院"

苏式住宅街区

图 2-34　我国常见肌理原型分类

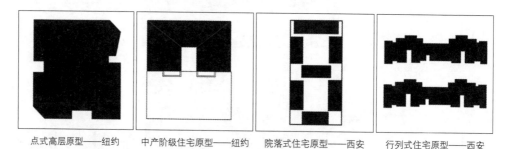

点式高层原型——纽约　　中产阶级住宅原型——纽约　　院落式住宅原型——西安　　行列式住宅原型——西安

2. 微观要素的重复变化

按照斯皮罗·科斯托夫（S.Kostof）的研究，可以依据历史的形成动因，将街区建筑肌理的空间原型，分为由某一时刻规定形成的机械性肌理和长时期演化形成的增长性肌理两类。其中机械性肌理在城市中最常见，是指经过规划、设计或者"创造"出来的肌理单元，这种空间组织在某个特殊的历史时期被确立下来，体现出一定的计划和清晰的目的性，代表着权力在城市空间中的运作，并且无一例外地表现为某种规则的几何性的图形，在西安和纽约的建筑肌理中，都可以清晰地看到这种自上而下的"规划"痕迹（图 2-35、图 2-36）。

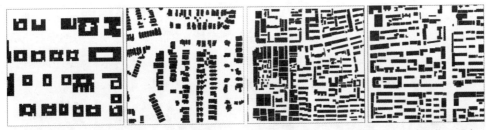

点式高层原型——纽约　　中产住宅集合——纽约　　院落式住宅集合——西安　　行列式住宅集合——西安

图 2-35　机械性肌理的重复变化

3. 建立混合的秩序

秩序是独立元素之间与意义的总体关系，这个独立的概念既指人的个体，也指建筑和地块，当空间里的人和建筑达到一定数量之后，有必要建立共同发展和建造的原则，城市的秩序就这样诞生了。不同于现代主义早期城市强调的功能分区理论，今天城市在快速变化时期，难以维持原先结构的完整性。过去几十年，欧洲城市为了保持历史城市的结构完整保护，将这种城市结构的增长变化转移到城市的其他区域，但在增长特别快的国家地区，单一的历史结构很难维持。这直接导致另一种理论视角的诞生：局部混合的片区维系了城市的多样性与变化的可能，混合性秩序成为城市新生形态的载体。在西安的老城区中这种混合非常常见，也直接反应的城市的形态中，并且影响到城市路网的格局。在纽约，路网形态却较为良好轻松地消化了这种混合，形成了较为同一的秩序（图 2-37）。

图 2-36　增长性肌理的重复变化

图 2-37　西安 - 纽约城市混合秩序

  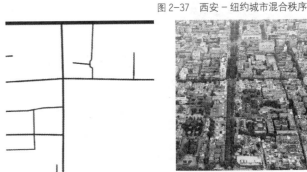 

城市形态片段——西安　　不同体量的混合——西安　　不同尺度道路的混合——西安　　城市片段鸟瞰——西安

城市形态片段——纽约　　不同体量的混合——纽约　　不同尺度道路的混合——纽约　　城市片段鸟瞰——纽约

图 2-38 《天空与水》

图 2-39 《自由》

荷兰艺术家埃舍尔的图形绘画。其中《自由》这幅版画也称"存在的时间表现",画中白鸟的存在是由黑色来决定的,反之白鸟的存在又决定了黑鸟。如果将图形指涉进行转换,鸟的黑与白关系就是肌理中建筑与外部空间的关系:外部空间的存在是由建筑群来决定的,反过来外部空间又影响建筑群的生存。

4. 建立正空间与负空间的秩序关系

街道就像是城市肌理中的血脉,而建筑则市城市的骨架,每个城市都拥有不同的肌理。要了解城市的规模大小、内部规划和结构,最直观的方法就是对街道和建筑的黑白比重进行分析(图 2-38、图 2-39)。

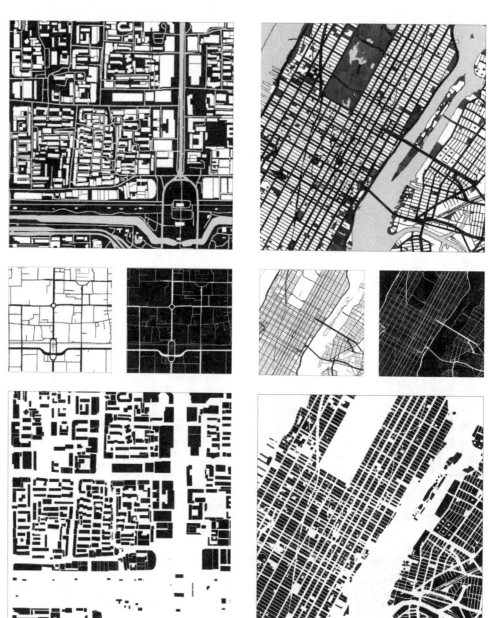

正空间与负空间——西安   正空间与负空间——纽约

我们用黑白反转原理对城市区域进行了斑块化的处理,右图是美国纽约市局部地区,左图是我国西安市局部地区,两幅图所传递出来的是两种截然不同的城市构成信息。纽约城市街道空间比例趋向平衡,街道与建筑的比例约为 4:6,空间沿东西长南

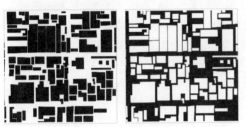
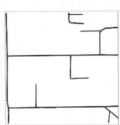
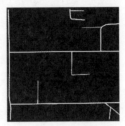

北短的地块分布，可达性极强，地块道路等级差异小。西安城市的街道空间比例悬殊较大，街道与建筑的比例约为 2：8，建筑密集，从黑白反转图中很难区分出街道和建筑的关系。从城市规划的形式角度来说，古代街道采用方格网状的布局形式，主要是仿隋唐风格，分布不规则，呈团状分布；街道小街区密路网的横向网格形式，以中央

西安院落式片区正空间（左）负空间（右)　　　西安院落式片区路网正空间（左）负空间（右）

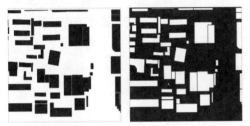

西安行列式片区正空间（左）负空间（右)　　　西安行列式片区路网正空间（左）负空间（右）

纽约点式建筑正空间（左）负空间（右)　　　纽约点式建筑片区路网正空间（左）负空间（右）

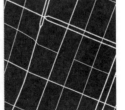

纽约联排式建筑正空间（左）负空间（右)　　　纽约联排式建筑路网正空间（左）负空间（右）

公园为核心，向周边延展，整体的空间构成具有一定的规律性和连续性。所以说，每个城市的特征都不是刻意、有目的地去建设的，而是通过实践的积累和人们对于环境认识的一种长期的选择，是自然真实的反映，每个城市的形态发展都是有迹可循的。

2.3 城市空间的结构类型

图 2-40 柯布西耶 阿尔及尔城市化规划方案 1933

城市的空间组织特别复杂,并且被固定在城市的社会的、经济的和建筑的结构中,这些结构掌握着这个复杂系统的命运,这一系统由于许多依存关系而保持了很高的自我惯性,同时在这一惯性中有一个自我的和生态的逻辑,并从长期的空间组织中形成了可供人识别的规律,我们称这种规律为城市空间的结构。本小结详细论述了城市空间结构及其概念的发展历程,梳理了经典建筑原理中对于空间结构的论述,并对各类典型空间结构模式进行整合。通过案例研究的方式,探讨其在世界各类型、各尺度城市中的应用。

2.3.1 城市空间结构的发展

图 2-41 矶崎新 空中城市 1960
上图为柯布西耶的阿尔及尔城市化规划方案,设计了一条海拔 100m 的高速公路,这条公路根据地形蜿蜒而走,巨大的混凝土高架结构之间连续安置了可供 18 万人居住的多层住宅。这个疯狂的构想把"居住机器"和大跨度高架结构完美地整合在一起,成为利用巨构建筑反馈城市结构的代表。
下图为日本建筑师矶崎新在 20 世纪 60 年代新构想的"空中城市",将巨型结构和胶囊单元相结合,在既有的城市之上架构树形的建筑群。

城市不仅是一个现实,而且还是一项计划。它意味着环境的可持续、社会的凝聚力、民主管理以及文化表现。作为城市系统组成的城市空间系统,是城市各种活动的物化和活动在城市土地上的投影。城市生活的各个方面都是通过一定的空间反映出来的。没有城市空间的支持,城市的社会经济运行、文化生活便无从开展。城市空间的形成是对隐于其后的城市结构的反映。城市空间的适应性要求城市形态的多样性,而城市形态的多样来自城市结构的复杂性。这种复杂性使城市空间呈现出构成上的有机整体性和发展演化的连续性,构成了形态完整的内在本质。总体而言,城市设计是在建构一种"关系",这种"关系"在组成城市空间形态的各种元素之间建立了联系,由此,城市空间形态成为各种关系的物化表现,而这种关系的本质就是结构。在教学中,大家往往觉得结构概念过于抽象,其实我们描述城市结构的方式十分多样。

1. 结构与城市空间结构

系统论认为"结构是指系统内部各要素之间的相对稳定的联系方式、组织秩序及其时空关系的内在表现形式。系统中各要素所具有的一种必然性的关系及其表现形式的综合导致了一种整体规定性"。世界是由各种关系构成的,关系就是结构构成的基础(图 2-40、图 2-41)。

"不引入结构这个概念,就不能理解一座建筑,一组建筑群,尤其不能理解城市空间。"城市是一个开放复杂的巨系统。作为一个整体,其复杂性不仅来自系统构成的多样性,更重要的是各子系统之间的相互作用。这种相互作用所产生的各构成要素之间的相互关系及关系整合就构成了城市结构的基础。

城市结构常常被理解为两个层面——表层和深层,表层结构是指由城市物质设置所形成的显性结构,如物质设施的分布、土地利用、城市交通系统、空间形态结构等。深层结构是指由城市非物质要素所形成的隐性结构,如社会文化、经济技术、政治政策和自然结构等。城市表层结构受深层结构支配。对于城市设计而言,我们主要研究与空间相关的城市结构要素,主要表现为支配城市空间发展的骨架、核心片区形态及建筑群体组织的方式等。

2. 城市空间结构的概念及其发展

在规划学科的研究中，把城市结构被认为是城市要素的空间分布模式和城市要素相互作用的整合，即形式和过程的整合。建筑学视角的城市结构研究主要针对城市空间构形展开，但这种构形并不应该简单的被归类为集中几何图形，而是在形态要素下暗含的空间生长机制。这种机制主要有以下内容（表 2-2、图 2-42）。

表 2-2　建筑学视角城市结构研究的相关理论观点

维特鲁威《建筑十书》	对城市的建设、选址、卫生环境的要求
《雅典宪章》	强调功能组合——居住、工作、游憩、交通
十次小组（TEAM X）	有机连续——强调结构的复杂、多样、可变
新陈代谢理论	联系交流——城市是一个生长变化的有机生命体
《马丘比丘宪章》	人与人的交往是城市存在的基础和结构生成的依据
亚历山大《城市并非树形》	城市半网络结构——社会结构和空间结构的叠合
罗西《建筑类型学》	建筑空间形式自主，城市结构就是类型和规则
《北京宪章》	关注有机整合——可持续的"分析与综合兼顾"

图 2-42　建筑学视角的城市设计
上左：柯布西耶 伏瓦生规划 1922-1925
上中：Team10 柏林首都竞赛方案 1957-1958
上右：丹下健三 东京湾规划 1960
下左：彼得·库克 插座城市 1965
下中：尤纳·弗里德曼 空间城市 1960
下右：库哈斯 大出走：或成为建筑的志愿囚徒 1972

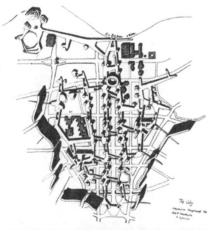

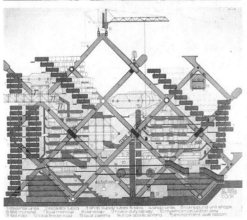

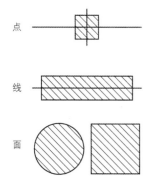

点

线

面

图 2-43　城市结构的基本形态要素

3. 典型的城市空间结构

我们常常将构成城市空间结构的核心要素抽象为点状、线状、面状的形态关系，因为这种关系更易于理解（图 2-43）。点状具有向心、聚焦的形态特征，线状反应位置与联系，面状表达共性。除图 2-43 中所示的基本形式外，在不同的东西方的城市背景中，受到自然、人工要素的影响，城市结构主要呈现出以下几种类型：自然生长形、放射形、网格形、带形以及以上结构的多种混合（表 2-3、图 2-44）。

表 2-3　典型城市结构

自然生长形	多见于嵌入自然环境的城市之中，呈现生长、有机的秩序关系
放射形	多见于单中心或大型多中心城市，形态聚合性强，多为西方城市
网格形	多见于平原城市，受自然条件的限制较少，中国传统都城和西方现代主义之后的城市较常采用此种结构，又呈现一定的方向性或礼制特征
带形	多见于滨水城市、用地紧凑的山地城市或是主要因循道路生长的城市
混合形	多数当代城市都不仅仅呈现出上述一种结构特征，多为混合的结构

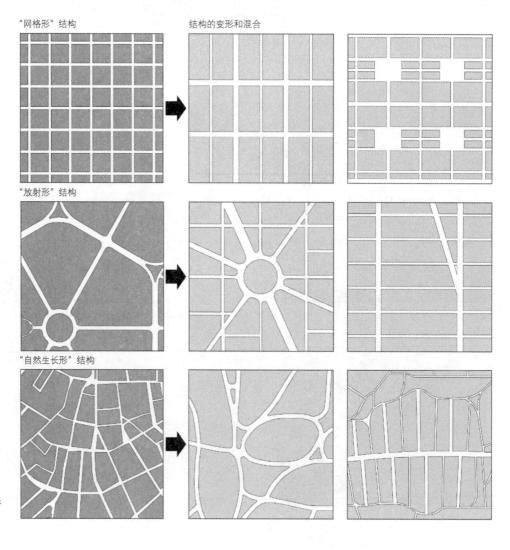

"网格形" 结构　　　　　结构的变形和混合

"放射形" 结构

"自然生长形" 结构

图 2-44　典型城市结构肌理及其变形和混合

2.3.2 自然生长形

1. 西方——欧洲：西方早期城市结构的生长方式大多因循自然河流或等高线，没有明显的序列性结构，道路、建筑、场地等呈现出有机的形态。

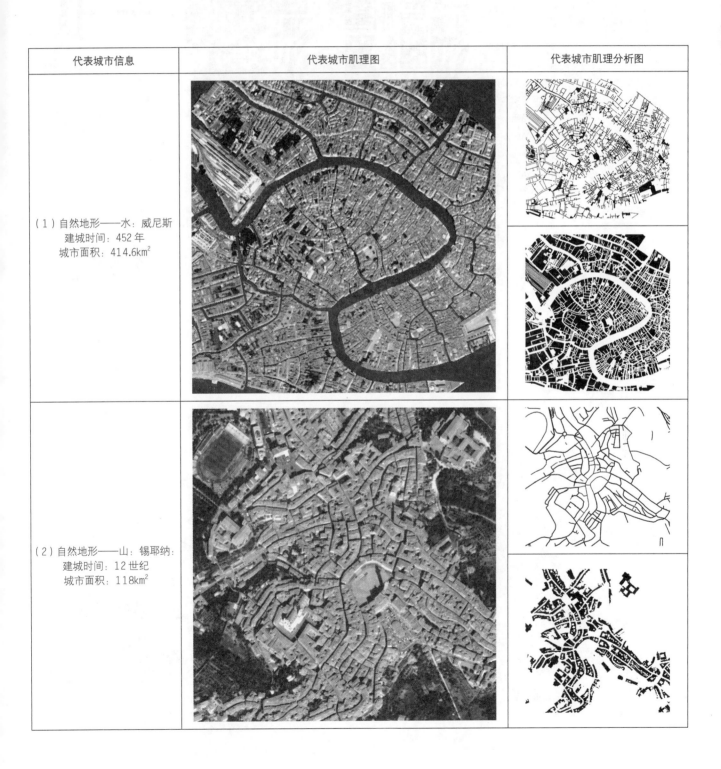

代表城市信息	代表城市肌理图	代表城市肌理分析图
（1）自然地形——水：威尼斯 建城时间：452 年 城市面积：414.6km²		
（2）自然地形——山：锡耶纳： 建城时间：12 世纪 城市面积：118km²		

　　2. 东方——中国：东方城市遵循天人合一、道法自然的设计准则，注重与自然关系协调统一的同时，强调城市空间的礼仪秩序建构，在城市结构中形成若干和自然景观的对位关系，如轴线等，是结合了秩序、方向建构的自然形态观念。

代表城市信息	代表城市肌理图	代表城市肌理分析图
（1）自然地形——高原： 丽江古城 建城时间：公元 13 世纪 城市面积：7.2km²		
（2）自然地形——山地： 四川攀枝花 建城时间：1869 年 城市面积：7440km²		

2.3.3 放射形

1. 单中心放射形：20 世纪初期，在汽车出现之前，单中心城市曾是主要的城市
形态；当前，许多小城市和中等规模的城市仍是单中心城市。

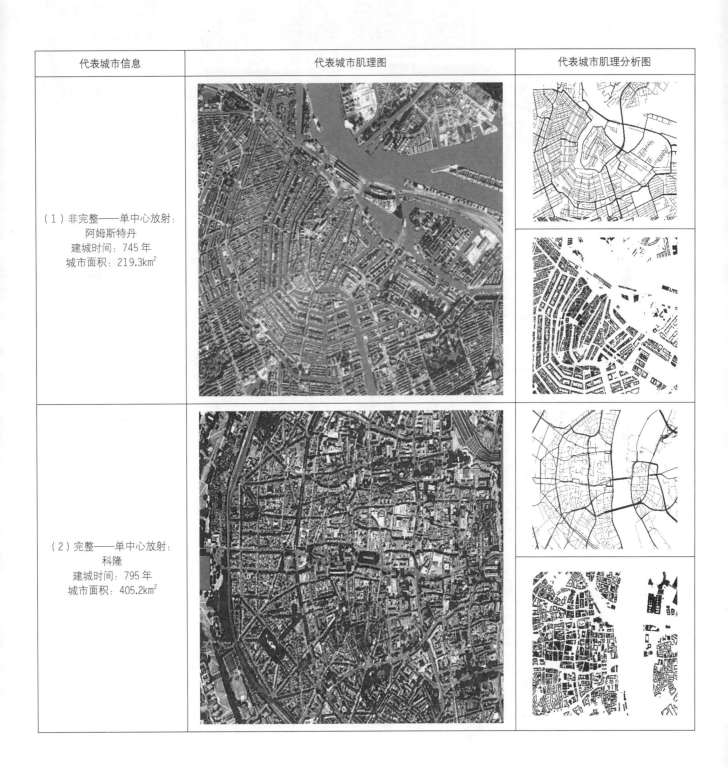

代表城市信息	代表城市肌理图	代表城市肌理分析图
（1）非完整——单中心放射： 阿姆斯特丹 建城时间：745 年 城市面积：219.3km²		
（2）完整——单中心放射： 科隆 建城时间：795 年 城市面积：405.2km²		

　　2. **多中心放射形**：为了克服单中心城市模式存在的问题。近数十年来，许多国家和地区政府及城市规划专家提出了多核心城市区域发展模式，引导大都市区向多中心城市演进。

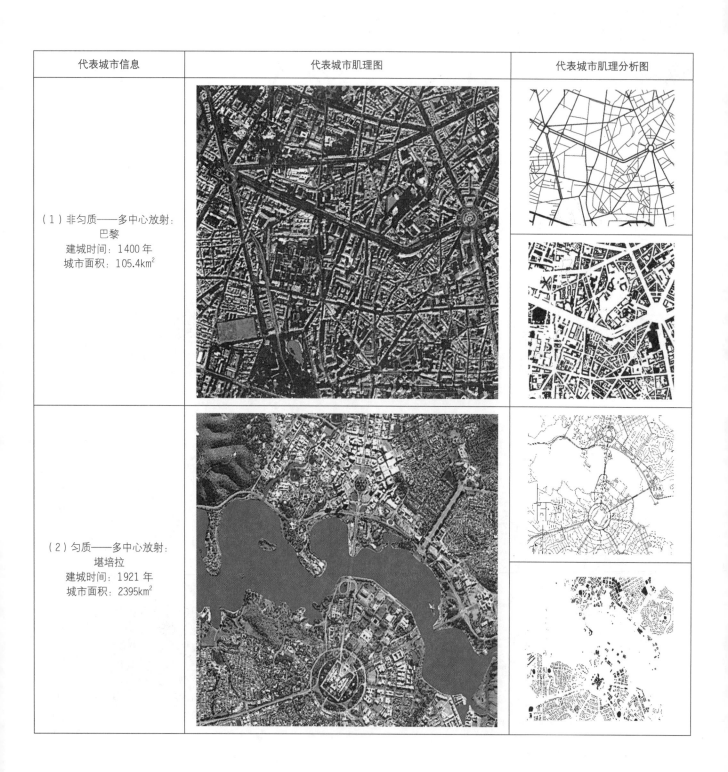

代表城市信息	代表城市肌理图	代表城市肌理分析图
（1）非匀质——多中心放射： 巴黎 建城时间：1400年 城市面积：105.4km²		
（2）匀质——多中心放射： 堪培拉 建城时间：1921年 城市面积：2395km²		

2.3.4　网格形

1.**直角网脉**：街区和街块形成均匀或不均匀的划分，一般常见于出现在强大的中央集权下的统一规划，多适用于平原城市。

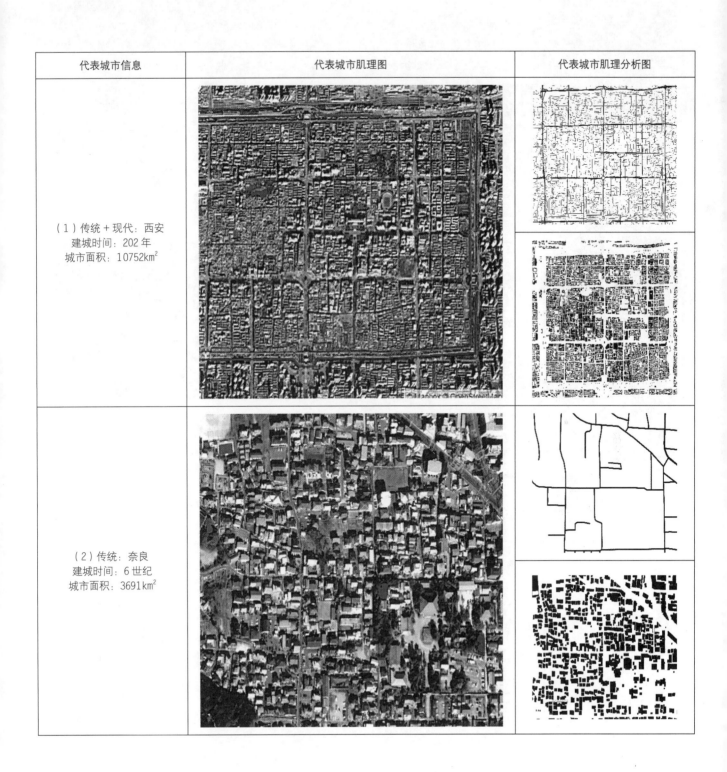

代表城市信息	代表城市肌理图	代表城市肌理分析图
（1）传统＋现代：西安 建城时间：202 年 城市面积：10752km²		
（2）传统：奈良 建城时间：6 世纪 城市面积：3691km²		

2. **直角网脉 + 对角线**：常见与西方城市规划中，一般兼顾城市的基本尺度和扩张方式，形成对角线空间对方形网格空间结构的切割，或表现为方形网格结构方向的转换调整。

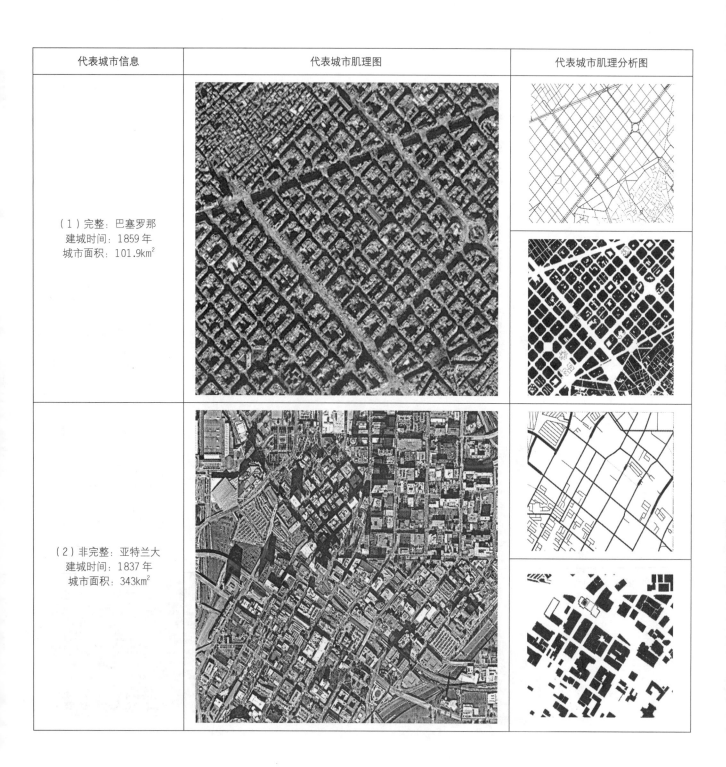

代表城市信息	代表城市肌理图	代表城市肌理分析图
（1）完整：巴塞罗那 建城时间：1859 年 城市面积：101.9km²		
（2）非完整：亚特兰大 建城时间：1837 年 城市面积：343km²		

2.3.5　带形

1.**两侧带形**：城镇沿一条河布置是一个最原始的城镇结构形式，同时因循河流
方向组织交通般随着城市的发展一般呈现两侧发展的带形空间，城市通行压力较大。

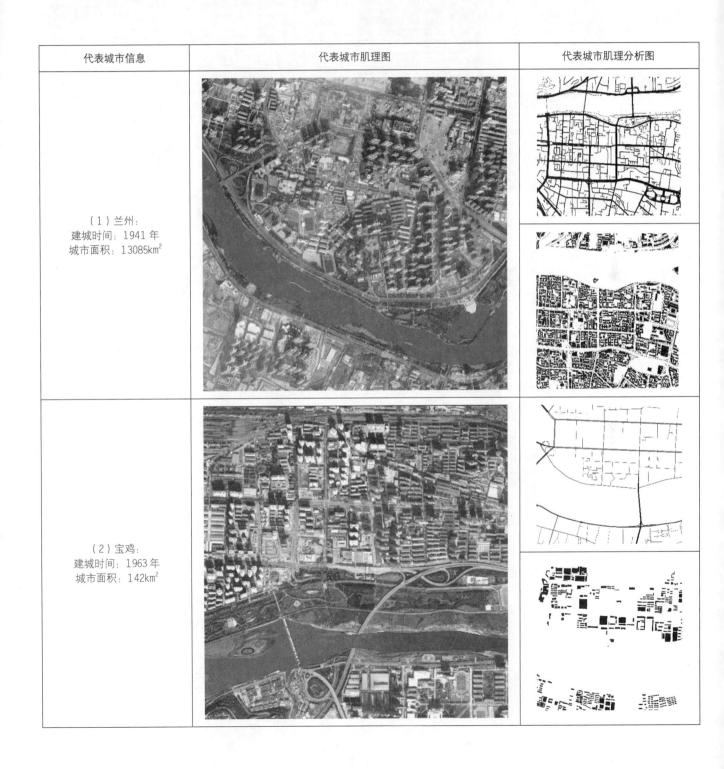

代表城市信息	代表城市肌理图	代表城市肌理分析图
（1）兰州： 建城时间：1941 年 城市面积：13085km²		
（2）宝鸡： 建城时间：1963 年 城市面积：142km²		

2. 单侧带形：往往常见于滨海、滨湖等大型水域的城市，这些城市延续了带形城市的特征，但由于滨水一侧城市空间用地相对较为宽裕，一定程度上缓解了伴随带形城市出现的通行压力。城市设计常常根据景观视线方向控制空间走向。

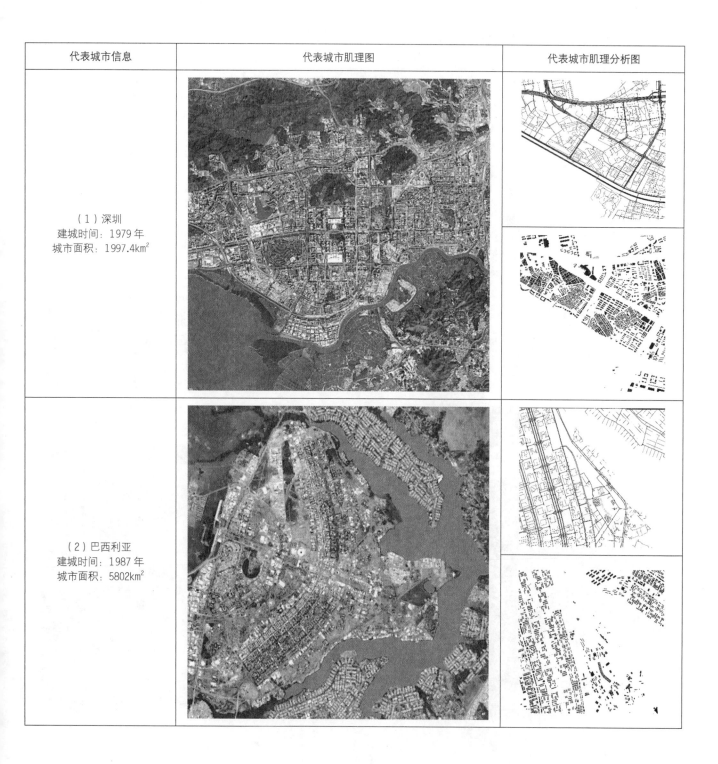

代表城市信息	代表城市肌理图	代表城市肌理分析图
（1）深圳 建城时间：1979 年 城市面积：1997.4km²		
（2）巴西利亚 建城时间：1987 年 城市面积：5802km²		

2.3.6 混合形

1. 形态的混合：混合形即为上述形态太要素的叠加，在大城市中，往往很难出现单一的空间形态类型，多应对不同功能尺度，出现差异化并置的形态。

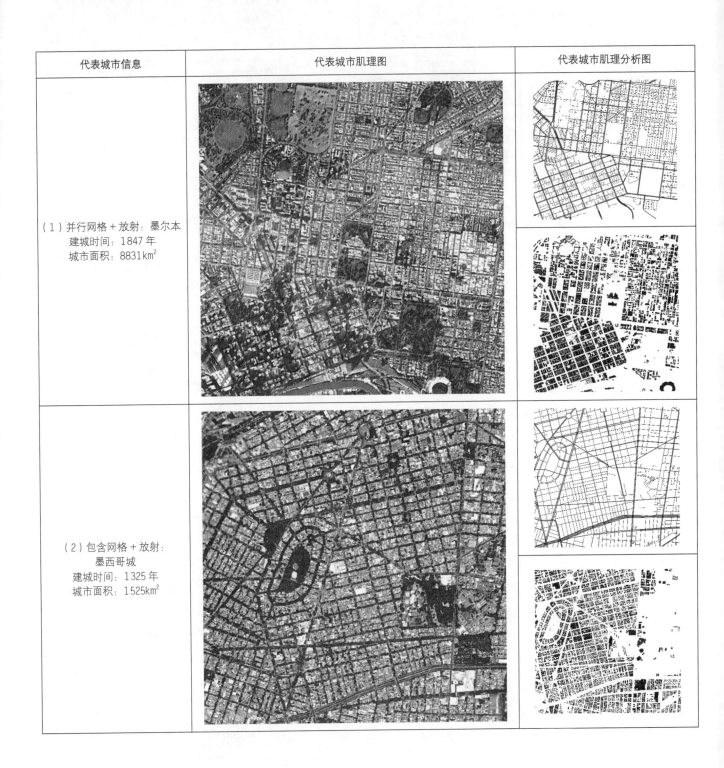

代表城市信息	代表城市肌理图	代表城市肌理分析图
（1）并行网格 + 放射：墨尔本 建城时间：1847 年 城市面积：8831km²		
（2）包含网格 + 放射：墨西哥城 建城时间：1325 年 城市面积：1525km²		

2.时间的混合：城市形态是历时性和共时性的综合体现，因此城市，尤其是历史悠久的城市中会出现不同时代产生的不同空间结构的叠加混合，不同时期的城市关注点不同，反应出的城市结构类型也不同。

代表城市信息	代表城市肌理图	代表城市肌理分析图
（1）并行网格＋放射 罗马： 建城时间：1921年 城市面积：1285.3km²		
（2）网格＋放射 华盛顿： 建城时间：1792年 城市面积：117km²		

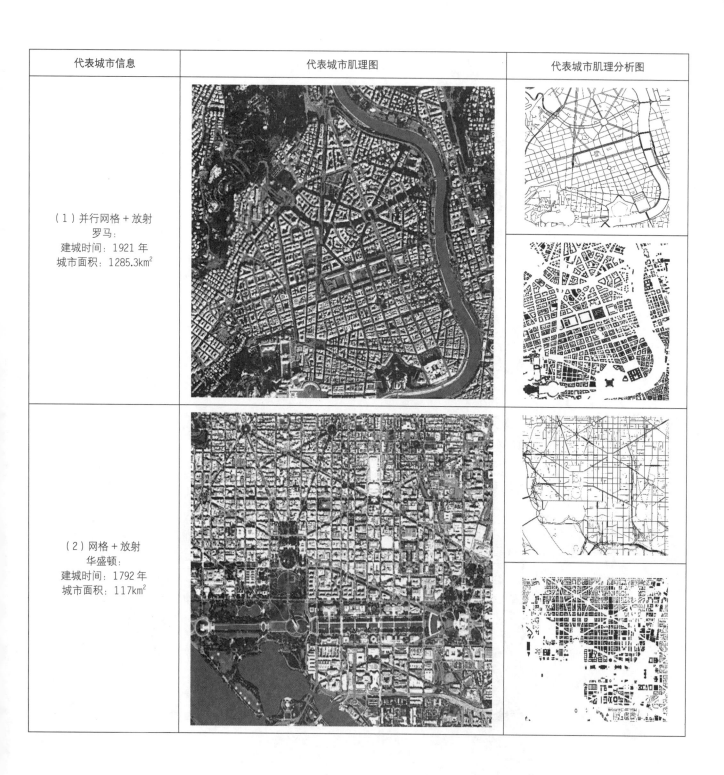

2.4　城市空间的形态表征

城市空间形态的演变更多地与城市功能和政策相联系，随时间推移，城市形态可能会产生突变，但不会完全摆脱过去。城市形态往往具有持续性，但功能会变化，因此很多城市总是以相同或逐渐改变的形态履行不同连续的功能系统，这也是衡量城市适应性重要特征。而持久的适应性是城市演变和保持形态连续性的基础。我们考察城市形态，主要从以下六个方面出发：整体层面的结构与层次、使用与功能、密度与强度表征，以及空间特征层面的中心与轴线、运动与秩序、街区与地块表征。

2.4.1　结构与层次

城市设计对象的多样性和复杂性为设计者提出了以下明确的要求：于哪一级空间（比例尺度及范围）进行设计活动，方案设计内容要与该层级上的空间要素和时间要素相对位。这一点在观察城市时极易被理解，你所感知的对象由于距离的不同所能感知到的内容深度也是有很大差异的。换言之，在进行城市设计时，形态探索的道路遵循设计进程的规律。首先应关注整体形态问题，粗略地理解形式及其本质特征，再对各个层级逐层改进和具体深化，每一个层级的秩序特征都必须加以强调。

城市结构系统从整体到子系统层次很多，互相穿插、互为条件，任何子系统的变动都会引起其他部分的改变。有序的结构系统设计是使功能和空间符合使用和审美的关键。结构指城市中各个要素系统所形成的相互关系，是看不见的空间生长线索。这种关系反映在城市的各个层级之中，也反映在不同的构成要素之中。各个系统结构叠加在一起，形成了城市空间形态的骨架。对于几何和形态学而言，结构由点、线、面三类基础的要素组成。而对位到城市，空间系统是由若干层次构成，从区域、城市、片区、街区、街道到建筑等。当我们审视某个层次的空间系统时，那些在其中发挥联系作用的空间元素，就被称为结构要素。城市空间结构要素可以分为：核、轴、架、群四种，涉及从平面到立体的各种空间架构元素（表 2-4、图 2-45）。城市设计和规划的职责之一就是要使既有的城市结构得到延续，城市各个部分之间形成有机的联系或者形成新的城市结构，并利用网络和建筑学组织网络形成新的连接。

所谓层次性，是指根据设计相关内容复杂性的不同，结构可能包括不同隶属程度的组合关系。如空间结构——街道、广场、绿地、建筑群等以一定关系构成的结构；景观结构——景观、视廊、视觉中心等相互联系而构成的结构；功能结构——商业空间、交往空间、流通空间、游憩空间等不同功能的相互关联；意象结构——空间环境作用于人所形成的空间知觉及心理表象的相互作用。这些不同层级的结构相互影响和作用，构成了城市空间结构的总体（图 2-46、图 2-47）。

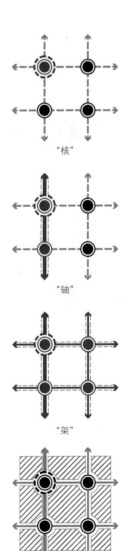

"核"

"轴"

"架"

"群"

图 2-45　城市空间的结构要素

表 2-4　结构要素与结构类型

结构要素	结构类型			
核	以建筑实体为核		以空间虚体为核	
	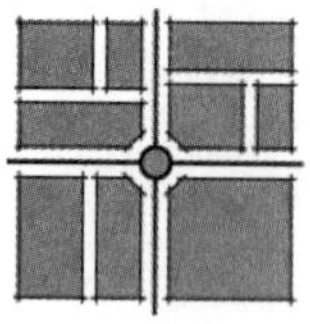	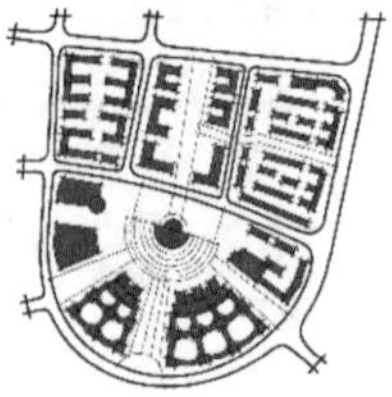	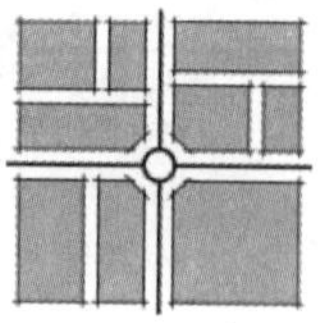	
轴	对称轴线式	放射轴线式		混合轴线式
	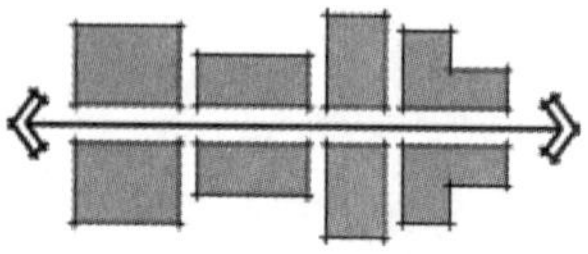	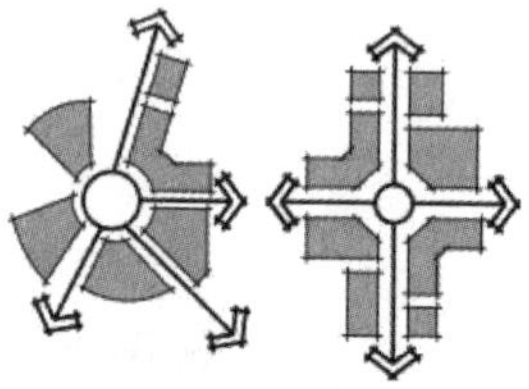	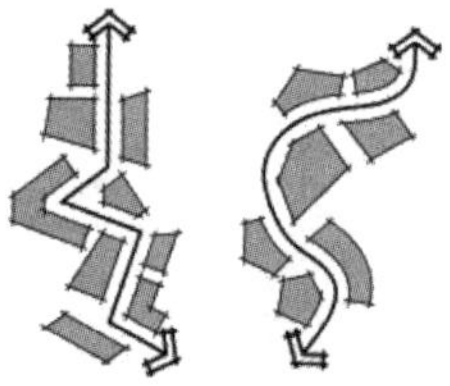	
	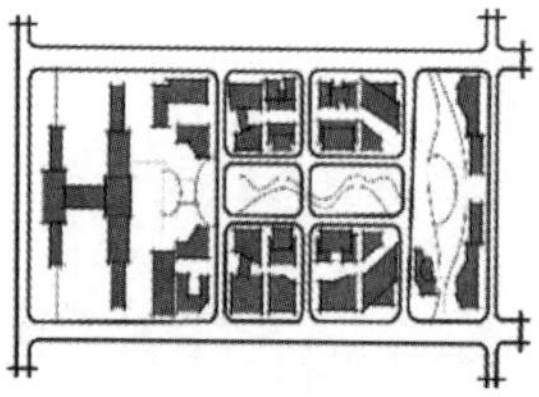	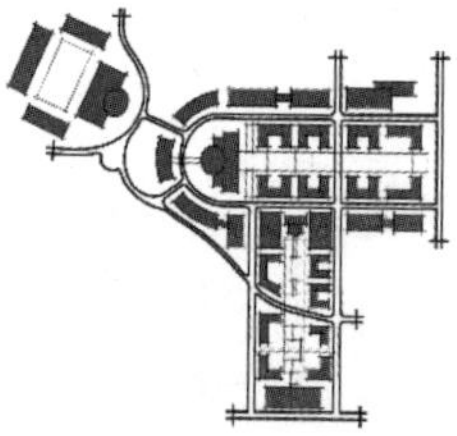	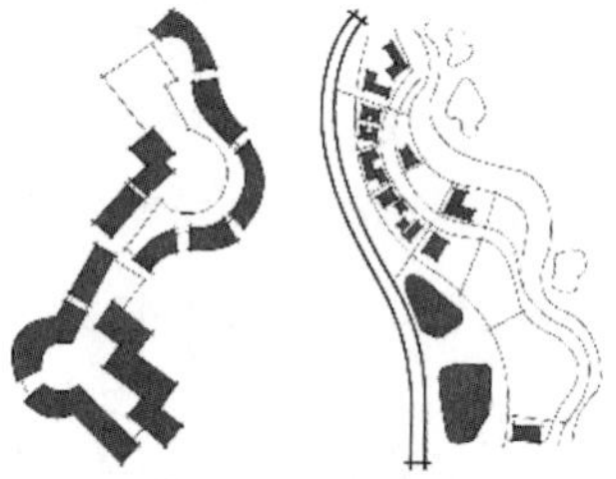	
架	均质网格式		有机线网式	
	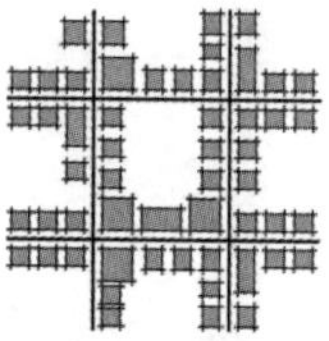	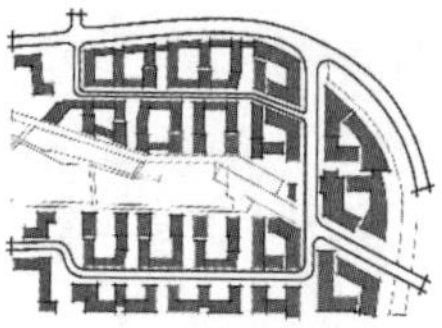	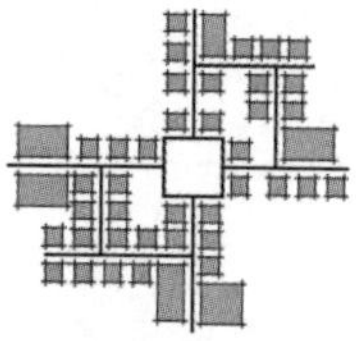	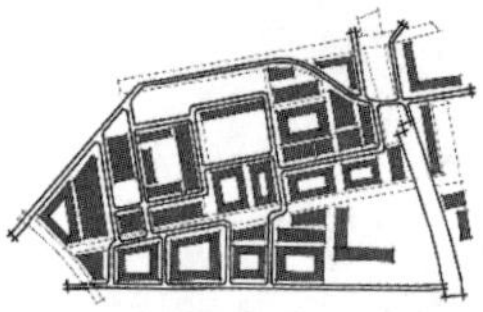
群	自由布局式		组团串联式	
	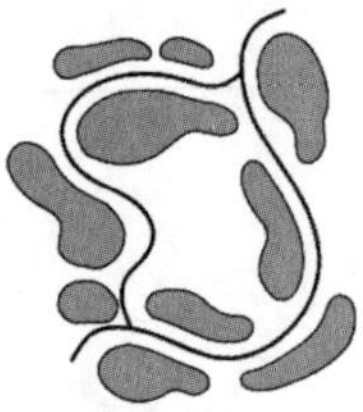		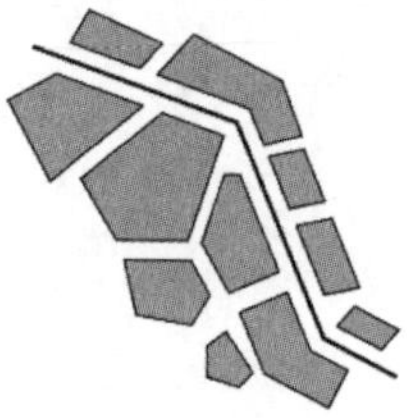	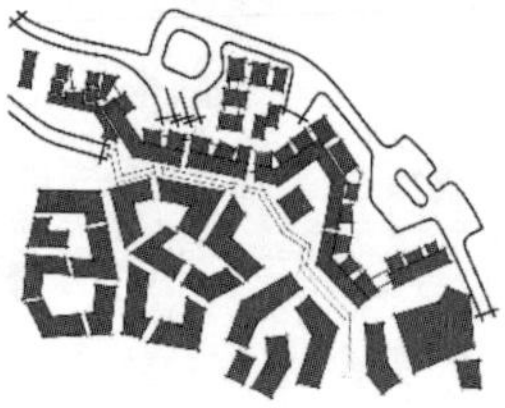

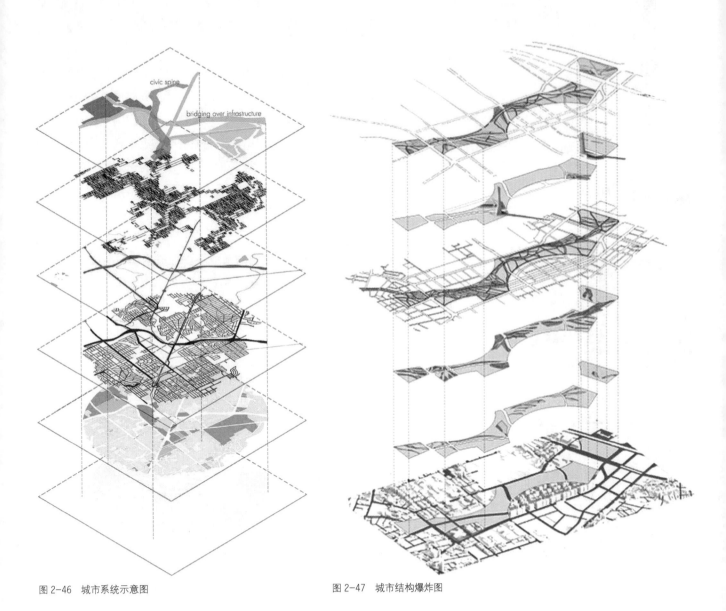

图 2-46 城市系统示意图

图 2-47 城市结构爆炸图

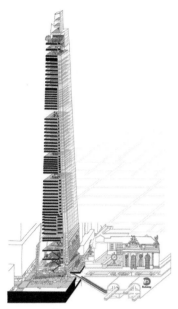

图 2-48 范德比尔特与中央车站的多层空间连接

图 2-49 城市典型立体交通现状图

图 2-50 城市商业综合体功能空间复合图

2.4.2 使用与功能

使用与功能是城市空间表征的作用因素，城市因功能改变而变化调整。同时，功能和美学是城市设计的重要目标，1988 年横滨城市宣言称"城市设计包含着为了要有一个快乐、舒适、富有魅力的城市所需要做出的各种活动"，城市设计是视觉环境和空间组织并重的，城市设计的目标应该是在高质量的视觉环境中组织完善的空间功能，功能是城市生活的反馈。

使用与功能主要包括城市基本生活条件、土地使用特点、基础设施和公共服务设施等范畴内的状况和问题，主要表现在城市的以下方面：功能空间布局、交通秩序建构、公共设施水平、人群活动组织等。其中前三者主要反映在物质空间中，潜移默化地影响第四点的存在和发生。一般而言，城市中建筑功能群组的组织是以单体建筑的功能为基本单元，在二维平面上以街道和广场等交通要素为纽带将这些封闭自足状态下的建筑功能单元联结起来，这是最为典型的传统模式。而现代城市与建筑一体化的功能互动机制则引出了城市功能组织的新方法和新趋势（图 2-48~ 图 2-50）。

1. 功能空间的集约化

集约化是指城市建筑在占有有限土地资源的前提下，形成紧凑、高技、有序的功能组织模式。20 世纪 70 年代后，各种类型的建筑综合体的出现正是集约化组织方式的具体表现。在当代，功能组织的集约化发展更为突出地表现在城市交通建筑的策划和设计观念的变革。传统交通建筑的策划概念是将基于不同交通工具的站房分布在城市中不同的地段或地块中。在流动人口日益剧增、生活工作节奏不断加快的今天，这种不同交通站点独立设置的方式已经越来越难以适应时代的要求。交通建筑策划的主要变革就在于将单一站房概念转变为由不同交通方式有机组合的综合换乘中心。选择不同交通工具的旅客、快线交通与慢线交通、市际交通与市内交通都在这样的综合换乘中心内部完成不同交通方式的转换．从而实现紧凑、高效、便捷的转运系统。在这种综合换乘系统中．旅客滞留的时间大大缩短，因此其空间组织也出现相应的变化，候车厅相应萎缩，而立体化流线组织的复杂性较之单一站房将会大大增加（图 2-51 ）。

2. 功能空间的复合化

指同一空间中多种功能层次的并置和交叠。功能复合化的依据在于城市中人群的公共行为所具有的兼容性，如购物与步行交通、参观游览与休闲社交等行为可以相互兼容。在商业建筑的变革中反映得最为明显，传统的购物行为形成了单一流线：到达—进入—购物—出门—离开，购物变成机械的功能划分，只能作为一项功能性需求，刻板单一的模式使商业街区缺乏吸引力和可停留性。现代购物模式还具有随机性、多样化的特点，它相对于传统消费中把购物活动作为主要目的而言，其消费行为不带有明确的购物目的，"逛街"可能并未购物，也可能等待、欣赏、驻留、玩耍、餐饮等，

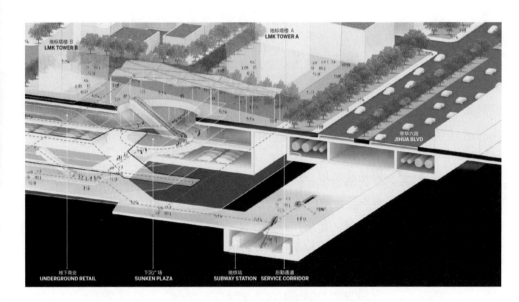

图 2-51　城市功能集约化剖面图

同时伴有消费发生，这一类已成为购物消费的重要补充形式。例如南京水游城。功能空间的复合化既反映在水平方向上，也反映在垂直方向上（图 2-52）。

3. 功能空间的延续化

指多种功能单元间的串接、渗透和延续。功能延续化的直接动因来自现代城市生活的多元化和运作的便捷性需求。许多城市公共行为之间具有有机的内在关联，如娱乐与餐饮、交通集散与买卖行为等。城市公共中心成为城市主要的公共生活场所，其功能的配置应相互支撑，综合考虑本地居民、外地游客等各类使用人群公共活动的需求，将地段内商业、文化、休闲、交通换乘等功能之间建立有效的关联，公共中心经济、文化、社会等价值的最大实现。并运用全时化功能组织观念将发生在不同时段内的功能活动按照其空间位序的不同要求组织成整体，大大提高了城市土地开发和空间营运的容量，同时使得城市环境更具生气和安全感。日本横滨 MM21 地区皇后街（Queens Mall）对标志塔、购物中心、和平会馆及纵横交通站点的延续串接几乎难分难解，是一种典型的延续性功能组织方法（图 2-53）。

4. 功能空间的网络化

功能的网络化是对集约化、复合化、延续化和全时化功能组织方式的综合运用，以地面为基准对城市空间进行水平面和垂直面的综合开发形成协调有序、立体复合的网络型功能群组。功能的网络化模型是对传统的城市功能组织模型（二维的树形结构）的发展和修正。它综合地体现了现代城市多元集约与高效的需求。网络化模型的关键在于立体交通网络（含机动交通与步行交通）的建立，以及交通网络与各功能单元的多方位连接。法国巴黎德方斯新区采用外部交通快线与沿中轴线的地下交通快慢线相结合的方法。通过竖向交通设施完成交通快慢线之间、机动交通与地面人行广场之间的转换，并通过室内竖向交通设施直接与区内重要公建的室内空间相连接（图 2-54）。

图 2-52　城市复合体南京水游城鸟瞰图

图 2-53　典型网格化城市布局巴黎德方斯新区

图 2-54　典型的延续性功能城市横滨

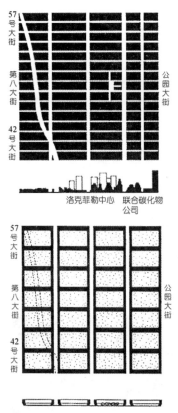

图 2-55 March L 对纽约城市中心的假设

2.4.3 密度与强度

一定的密度是维持城市空间基本运营的基本要素，密度也是我们直接能感知到的城市空间要素，城市中常见的高层低密度和低层高密度模式对应当代中国城市空间的典型。较高的城市密度并不代表城市功能混乱，尽管会伴生交通拥堵、生活成本高昂等"城市病"，但是，许多时候，相对集中的城市功能会给社会、经济带来益处。

我们专业领域内常说的密度往往指城市地块的建筑密度，而这一指标难以在三维空间上限定建筑空间高度，所以就造成了上述典型空间样貌。因此我们可以发现，密度或者说其相关的容积率、高度、绿地率等指标很难单一定义城市空间样貌或其活力样态。墨尔本大学建筑和城市设计学院教授金姆·达维（Kim Dovey）表示"城市密度"经常会涉及如下内容：建筑物太高或者不够高，社区人口太稠密或者住户太少，他表示，人们应该清楚在谈论"城市密度"时包含了建筑密度还有人群密度（图 2-55、图 2-56）。

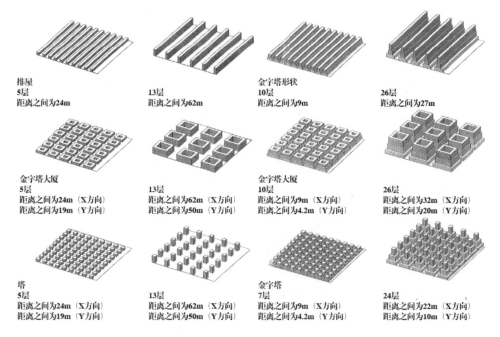

图 2-56 MVRDV 对三种不同容积率的比较

在本专业领域，强度是指一个城市建设空间占城市总面积的比例，也就是城市建成区与城市行政区域总面积之比，也可以用来指某种人类行动之间的相互作用的存在，那种相互作用产生了积极的协同。这并不是一个显性的形态要素，难以直接感知，但一般来说，城市强度低，说明空间利用不充分，城市缺乏前行活力，发展速度缓慢或后劲不足。强度高，则说明空间利用经济效益高，就容易造成生态的失衡，激化人地矛盾、出现住房紧张、交通拥堵、环境污染、贫富差距悬殊等城市病。

按照国际惯例，30% 被认为是城市开发强度的警戒线。一些发达国家和地区的大都市，为确保城市经济繁荣与和谐发展，其建设强度一般都控制在较为合理的区间。例如巴黎为 21%，伦敦 24%，东京 29%……可数据合理的强度并没有使城市病消失，例如我国香港，开发强度仅 21%，但是建成区容积率过高，人口过于密集，一些街区人口密度已经远远超出了城市的生态承受力，其中九龙旺角高达 13 万人 /km²。

但在此，我们有必要探讨的不只是居民数量或一定面积静态建筑物的量，而是活力暗示的动态，反过来又包含一系列活动和交易范围内人们之间的互动作用，它暗示着某种比部分之和更多的东西。这种互动在一个运行良好的城市中是明显存在的。因此，我们必须把强度同密度区分开来，并且揭示到底是什么超越了纯粹的密度而表现出强度。

过去 50 年里，几本重要的城市设计书籍都直接或间接地涉及过这个问题，并且它们全都以某种重要方式把注意力转向联系的问题——空间联系的量、质和秩序。书中都强调，城市密度和强度引起的城市功能活动之间的协同作用，同样是香港，其中心商业区每公顷超过 1700 份工作，比纽约市中心多 70% 以上，比伦敦市中心多 300% 以上（图 2-57）。

图 2-57　香港、纽约和伦敦的城市中心

图 2-58　中国城市典型轴线序列的建立——以西安为例

根据中国传统理论，垂直的空间能量极强。如果形成一条垂直线，它会像一把匕首一样切过环境的能量。直线越长，其破坏力越大。这就是为什么中国园林都呈锯齿状。对古代中国人而言，天子是万民的中心，只有天子方可掌握可怕的神圣的轴线。

2.4.4　中心与轴线

城市有中心，中心有等级，提供服务是城市中心的基本职能。当代城市中心主要承载商业、行政或商务等核心职能，在很多重要的东西方城市中，中心在形象向往往表现出向心形或者轴线形（图 2-58）。同时，城市中心往往出现地标性建筑或公共空间，作为代表城市气质的标志符号，比如北京的天安门广场，西安的钟楼，巴黎的德芳斯拱门和埃菲尔铁塔等。

轴线是一种非常典型的建立城市秩序的方式，沿轴线分布城市重要的实体和虚体空间，并以此作为形成城市印象的重要内容。狭义上的轴线指的是"中轴线"，是建筑群体或一栋建筑的布局中可分成对称或均衡两部分间的中线。《建筑：形式空间与秩序》这样叙述轴线：连接空间中的两点得到的一条线，形式和空间等要素沿线排列。

通过定义，不难发现轴线在城市中的意义就是可以统领城市空间的形态构成，所以当人类科学文化发展到一定阶段，并从美学角度去思考空间的时候，城市轴线作为一种表现空间序列的手段，就成为城市设计的重要手法。从物质层面看，城市轴线起到了组织和控制城市空间的作用，是城市空间的结构骨架，通过轴线可以串联起城市交通、景观、用地功能等系统，使城市中心成为一个功能多样又自成一套体系的空间系统。

中国传统式空间布局的重要原则是居中而建，城市也是如此。明清北京位于地形平坦的平原地带，城市轴线沿紫禁城延展，是典型的自上而下规划形成的轴线，紫禁城所在的皇城坐落于整个轴线北部，在这里，帝王实现了精神世界中最神圣的联系，即将天与地、空间与时间联系在一起，北京的中轴线因此具有了重要的政治意义和象征意义。与此相配合，城市道路也采用了正向的方格网体系，规制严整，主从有序。

在封建军权制度统领下的西方，轴线成为城市规划中的重要方法。宏伟的城市轴线空间作为市民切身能及的接受媒介，自然成为将权力"神化"的有效工具，这种方式对不同地域和不同性质的政权都是有效的。典型的是巴黎城市中的轴线，城市位于被主要河流一分为二的起伏丘陵地带上，它的城市轴线始建于路易十四时期，虽然也是自上而下形成，但其产生的过程并非一蹴而就，并且是在自发形成的不规则城市基础上逐渐改造而成，因此表现出各个不同时期城市建设的特性，沿轴线分布着 16 世纪的卢浮宫，17 世纪的卢森堡宫，18 世纪的协和桥和 19 世纪的凯旋门和协和广场等。

今天的城市设计中，出现轴线秩序要考虑更加广泛的内容。在现代城市中，出现了很多基于机动车交通方式的尺度巨大的空间轴线，出现了诸多图面上而非人实际体验的城市轴线空间，这样的轴线在一些城市新区或新城建设中尤其常见，他虽然可以成为少数人夸耀的纪念碑，却离舒适健康活力的人性空间塑造相去甚远（图 2-59、图 2-60）。

图 2-59　北京与巴黎的城市中轴线

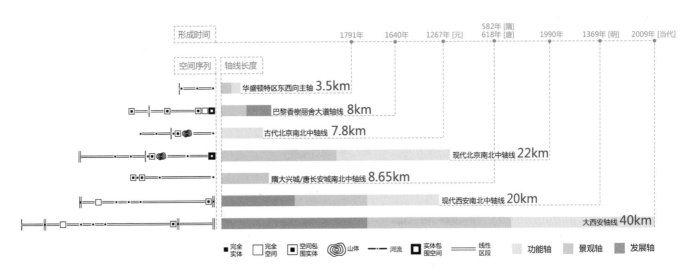

由于现代城市的发展，城市功能复杂，城市轴线的性质多元化，因此城市轴线的长度也发展为更大的尺度。古代城市轴线多具有强烈的政治纪念性，而现代城市轴线可总结为发展轴、景观轴和功能轴三类。发展轴对城市的结构拓展方向和城市功能转移方向起着控制作用，多具有明显交通走廊性质；景观轴是城市重要公共空间和标志性建筑的线性集中地段，体现城市重要景观特质；功能轴的线性地段集中了类似或相关的特殊功能，也可以广义地理解为串联各大城市功能片区的轴线。

图 2-60　东西方各轴线空间序列及长度比较

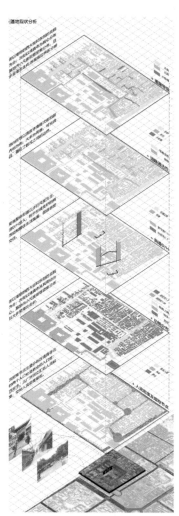

图 2-61　西安城市某片区城市运动与秩序分析

2.4.5　运动与秩序

　　人在城市中的运动是考察城市设计品质的关键。我们经常在设计中回应固定的空间和模式，而在城市这样的大尺度空间中，沿怎样的线索移动？是否容易移动？用什么样的工具移动？为了什么而移动？都是在城市设计中要关注的问题。城市中的运动是赋予城市空间活力，建立系统之间联系，同时使城市各项功能得以运行的关键。我们在结构空间中所建立的静态秩序，需要通过运动的方式进行验证。简单的说，我们在城市中的出行，就是城市运动的组成（图 2-61、图 2-62）。

　　街道作为骨架：人在城市中运动的主要路径多是被规定的路径，街道作为承载运动行为的主体，其密度、尺度、功能等均对运动方式产生影响。为保证运动的连续，我们在进行城市设计时，首要考虑的是与周边城市道路的连续关系，同时要细化城市街道的空间界面，引导运动的进行。

　　速度和尺度：在不同的城市尺度下，运动的构成内容和运动的工具有很大的差别，当下，城市运动的主要内容是车行主导的机动交通，车行方式使得城市活动半径获得了极大的提高，也一定程度上拓宽了城市生活的范畴，但机动交通的运动方式使得传统、小尺度城市或片区的非机动运动方式受到了挤压，极大增强了城市与人的交互速度，减弱了交互的精度。一定程度上干预了小尺度城市空间的再生成。

　　场景和节点：那么在运动的过程中，总是需要刺激观看的行为发生来促进和城市空间的互动，没有观看的城市空间是无聊的。因此城市设计往往关注运动的路径上形成的空间场所体验，因此在城市设计中需考虑运动过程中的城市空间场景变化。

　　片区的可达性：运动对城市空间的影响还反应在可达性中。可达性指城市中某一区域或地块可到达的难易程度，决定城市区域的相对区位价值及可发展的机遇可能。片区的可达性除受周边道路本身影响之外，还会因城市轨道交通的介入出现巨大改变。

图 2-62　城市片区的可达性分析

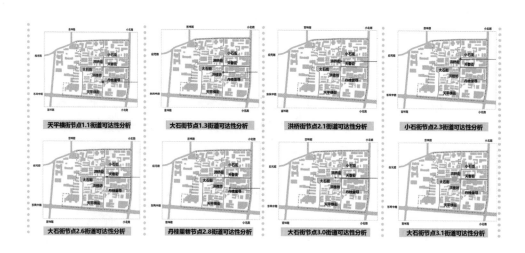

2.4.6　街坊与地块

　　街坊是城市街道或其他自然边界划分的最小空间单元，是构成城市形态的基本单位，街坊的尺度和形态都主要受到周边道路的影响。地块是可用于开发或更新的土地单位，受到产权边界概念的影响。街坊和地块的边界不存在典型的相互包含关系，但在某些典型情况下，一个街坊就是一个地块。

　　街坊的尺度往往由道路间距决定，较大的街坊（300m×300m 左右）常用于城市大型封闭式小区、公园、行政中心、体育中心等内部空间功能相对完善的片区，但较大的街坊不利于塑造街道空间的步行活力，容易形成片段的割裂。一般来讲，100~200m 的小尺度街坊被认为能够提供最大的灵活性以适应不同的商业和居住功能。我们可以在下图中直观看到不同城市典型的街坊尺度（图 2-63）。

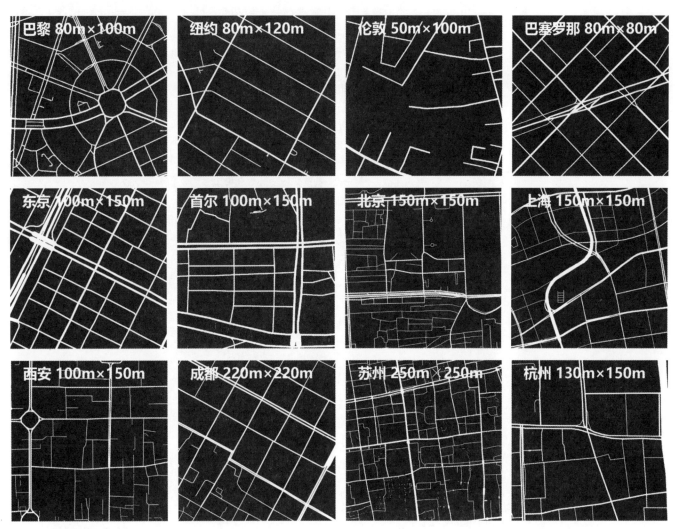

图 2-63　城市网格尺度对比

课后思考

1. 影响城市空间形态的要素有哪些？
2. 城市的形态肌理是如何演变的？城市肌理的生长遵循哪些秩序？
3. 城市结构的基本类型是什么？分别有哪些基本特征？
4. 城市形态的显性要素有哪些？

推荐阅读

[1]　[美]亚历山大·加文.规划博弈：从四座伟大城市理解城市规划[M].曹海军，译.北京：北京时代华文书局，2015.

[2]　[德]克里斯塔·莱歇尔.城市设计：城市营造中的设计方法[M].孙宏斌，译.上海：同济大学出版社，2018.

[3]　[法]Serge Salat.城市与形态：关于可持续城市化的研究[M].陆阳，译.北京：中国建筑工业出版社，2012.

[4]　[美]斯皮罗·科斯托夫.城市的形成：历史进程中的城市模式和城市意义[M].单皓，译.北京：中国建筑工业出版社，2005.

[5]　[德]格哈德·库德斯.城市结构与城市造型设计[M].秦洛峰，蔡永洁，魏薇，译.北京：中国建筑工业出版社，2007.

[6]　[德]格哈德·库德斯.城市形态结构设计[M].杨枫，译.北京：中国建筑工业出版社，2008.

[7]　[日]东京大学都市设计研究室.图解都市空间构想力[M].赵春水，译.南京：江苏科学技术出版社，2019.

[8]　王富臣.形态完整——城市设计德意义[M].北京：中国建筑工业出版社，2006.

[9]　庄宇.城市设计实践教程[M].北京：中国建筑工业出版社，2020.

[10]　李昊.城市公共空间的意义——当代中国城市公共空间的价值思辨与建构[M].北京：中国建筑工业出版社，2016.

第 3 章
群落空间组织
空间场所的语法解析

本章导读

01 本章知识点

- 建筑单体的形态要素及其特征；
- 建筑群体的要素组合模式；
- 建筑群体空间形态语汇的组织法则；
- 商业、商务、居住及复合类建筑群体空间的形态语汇；
- 街道、广场、绿化及水体外部空间环境的形态语汇。

02 学习目标

了解商业、办公、文化、居住类单体建筑形态的一般特征，掌握不同类型群体建筑形态组织的要点及其特性，学习外部空间环境要素的形态设计方法。

03 学习重点

学习商业、商务、文化、居住类群体建筑形态组织的要点及其特征；
学习街道、广场、绿地、水体外部空间环境的形态组织要点及其特征。

04 学习建议

- 本章内容是群落空间的形态语汇，从建筑单体、建筑群体、外部环境三个层面开展形态语汇的解析。在建筑单体的形态语汇部分，学生需要了解建筑单体的形态要素构成及商业、商务、文化、居住四类常见建筑类型的单体形态特征；在建筑群体的形态语汇部分，学生需要掌握不同建筑组合模式所形成的空间意象特征及建筑群体组织的一般性原则，同时，通过列举的大量案例，认知商业、商务、居住等不同类型建筑群体空间的形态处理方式及其属性特征；在外部环境的形态语汇部分，学生应建立外部环境与建筑空间一体化设计的观念，了解街道、广场、绿地、水体四种典型外部环境类型的形态构成要素，以及不同的形态处理方式对整体空间所带来的作用和影响。
- 本章需要相关知识背景的拓展阅读，理解建筑群体空间及外部空间环境形态语汇背后的成因及作用方式。
- 对本章"群落空间形态语汇"的学习可以参考建筑类型学、形态学等相关文章和读物，深刻理解不同功能导向下的建筑群体空间所需要的形态处理方式，这是群体空间设计开展的重要前提。

3.1　建筑群体要素组合

建筑是城市空间最主要的构成元素，建筑群体组合的结果直接影响人们对于城市空间品质的评价。从城市设计的角度审视建筑群体，主要涉及建筑单体的形态设计和建筑群体的组合设计两方面内容。在进行建筑单体的形态设计时，应对形态要素及其特征有所了解，根据建筑单体在功能、审美、价值等方面的具体需求及其在建筑群体中的角色、作用，综合确立建筑单体适宜的形态语汇。在进行建筑群体的组合设计时，应结合建筑群所处环境特征及其需要表达的空间意象与氛围，选择适宜的空间组织逻辑和秩序建构方式。

3.1.1　建筑单体形态要素

建筑单体是建筑群体的基本组成元素，其形态特征直接影响建筑群体的基调与风格。建筑单体形态包括二维的平面形态和三维的空间形态，具体而言，建筑单体的平面形态可分为点状、线状和面状三种类型。点状指面积相对小、相对独立的形态，常表现为矩形点和方形点，以此为基础上演变的圆形点、三角形点、多边形点及自由形点等形态也越来越多地应用于建筑单体的平面设计之中，点状建筑可以是商业、商务、文化、居住等各类型建筑。线状指平面长度与宽度差异明显、具有细长效果的形态，常表现为直线、折线和曲线三种形式，无论是商业类、商务类、文化类还是居住类建筑均常采用直线形作为基本形态，一些具有地标性的商业建筑或办公建筑也常采用折线或曲线作为平面形态，以强化建筑自身的视觉效果。面状指面积相对较大、长度与宽度相差不大的形态，常表现为直线形面和曲线形面，不同大小、不同形状或不同位置的面进行相互叠加或减缺，演变出丰富多样的面形态，一些大体量的商业和文化类建筑单体常会采用面状形态。

建筑单体的空间形态可分为低层、多层、高层三种类型。低层指层数为三层及以下的建筑，通常对应"线"或"面"的平面形态，传统商业街中的仿古建筑及现代的品牌专卖店、零售店、市场等常以低层的空间形态出现，此外，文化类建筑中的博物馆、文化馆、图书馆等也常采用低层的空间形态。多层指高度不大于 24m 的民用建筑（住宅四层至七层为多层），通常对应"线"或"面"的平面形态，规模较大的商业类建筑常采用多层的空间形态，如百货商场、大型超市、商业综合体等，一些规模较小的商务办公建筑也常以多层形式出现。高层指高度大于 24m 的民用建筑（住宅八层以上为高层），常对应"点"或"面"的平面形态，规模较大的商务办公和商业建筑，超大型的商业综合体和购物中心常以高层的空间形态出现（图 3-1）。

以下从"功能—形态"方面，对商业、商务、文化及居住类建筑单体常见的形态语汇进行梳理和总结。

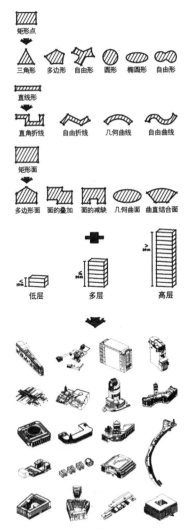

图 3-1　建筑单体的形态类型

常见的单体建筑形态语汇：商业+商务+文化+居住

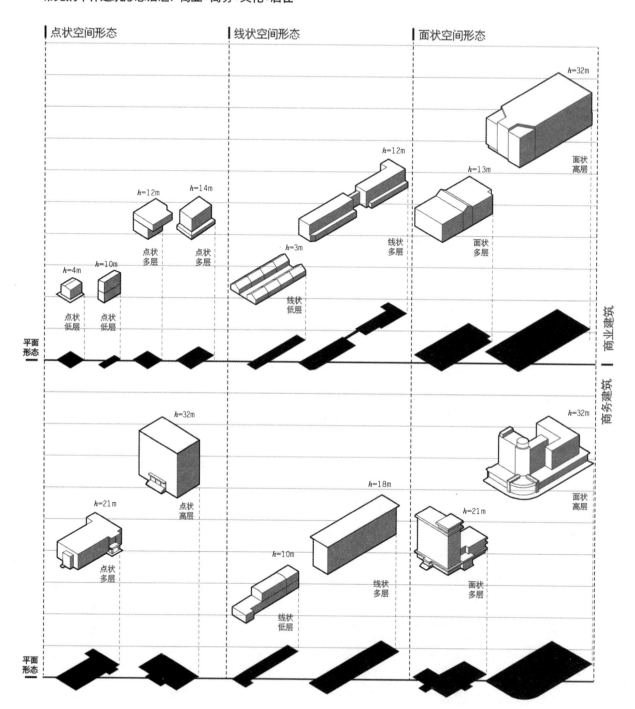

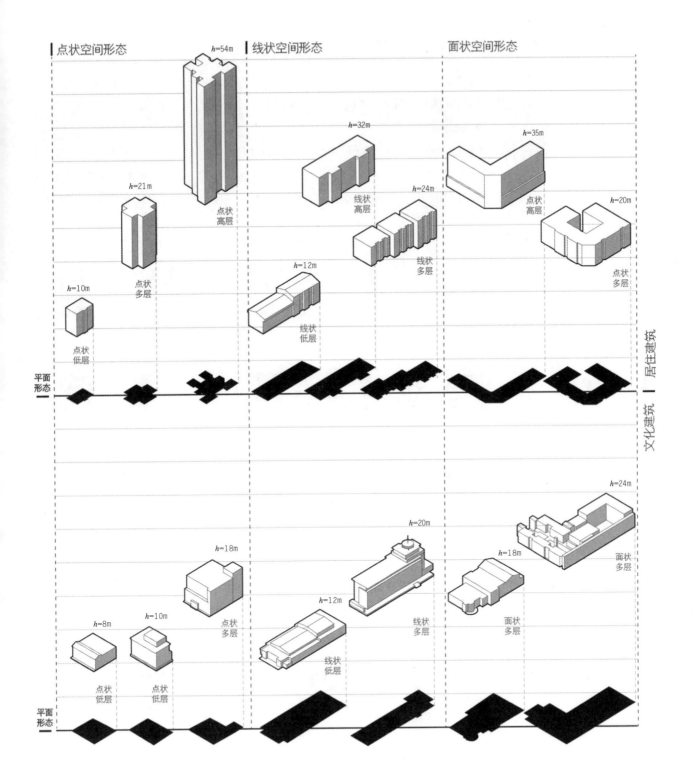

3.1.2 建筑群体形态组合

各建筑单体之间的布局及组合方式是建筑群体设计需要考虑的主要问题，常见的建筑群体组合方式主要包括以下六种类型（图3-2）。

1. 轴线式组合

轴线式是线性组合的一种典型类型，通过直线、折线、曲线等不同形态的轴线来串联、控制、统辖、组织其两侧的建筑群体。轴线除了赋予建筑群体明确的方向感外，还使各种形态的空间协调共处，建立起完整统一的空间秩序。在城市空间中，常通过轴线式的组合方式对建筑群体空间的精神性和纪念意义等进行强化与表达（图3-3）。

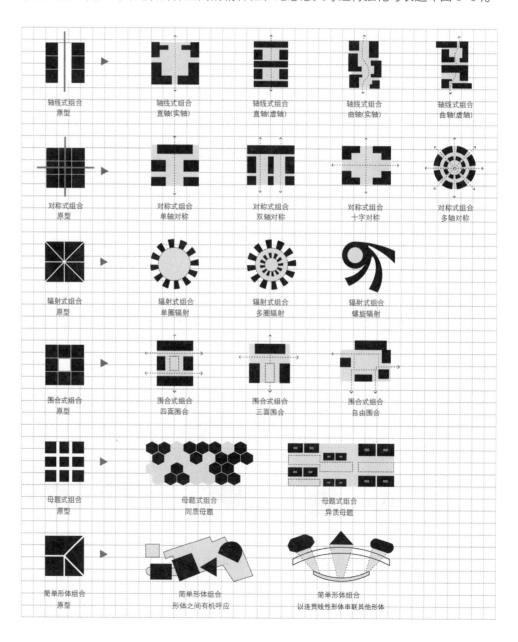

图 3-2　建筑群体形态组合模式

2. 对称式组合

对称式是轴线式组合的一种特殊情况,是突出建筑群体统一性的有效方法。这种组合方式具有天然的均衡稳定性,可营造庄严、肃穆的空间氛围,因此,常用于宗教、陵墓、宫殿、行政、博物馆等建筑群体的布局之中。在当代城市空间中,日趋复杂的功能要求很难保证建筑群体的绝对对称,往往通过主要建筑的对称或中轴线两侧建筑群体基本对称的方式形成整体统一的空间意象(图 3-4)。

图 3-3 轴线式组合

3. 母题式组合

母题是特定建筑元素搭配的固定形式,是建筑设计核心思想的凝练与表达。建筑群体设计中的母题种类多样,包括图形母题、色彩母题、基本形体母题等,用以强化群体空间的特征属性。在城市空间中,常采用母题式组合处理新旧建筑之间的相互关系,从旧建筑的形体、空间、色彩或材料中选取最具代表性的母题,经过抽象、提取、演绎形成新建筑的有机部分,使得新旧结合的建筑群体保持协调统一(图 3-5)。

图 3-4 对称式组合

4. 辐射式组合

辐射式组合或以中心为原点向四周发散,或由四周向中心汇合,兼具集中和串联的空间特征。组合的中心为聚焦点和集散地,四周为发散场,辐射状分支空间的功能、形态、结构可以相同,也可不同,长度可长可短,以适应不同的基地环境变化。这种空间组合方式常用于山地旅馆建筑群、大型办公建筑群及校园建筑群之中(图 3-6)。

图 3-5 母题式组合

5. 院落式组合

院落式组合以"院"作为主要的空间联系媒介组织各个建筑单体,形成具有较强向心性和围合性的空间意象。院的存在将自然景观和人工景观引入建筑群体之中,并使群体空间形成虚实对比和过渡关系,有利于丰富空间层次,可通过在院中增加廊或塔等,创造感知周边建筑和环境的中心场所(图 3-7)。

图 3-6 辐射式组合

6. 简单形体组合

这种组合方式依托具有简单几何形态(圆、球、正方形、正三角形等)的建筑单体之间的相互协调及制约形成,各个建筑单体既保持相对独立,又能达到一种势均力敌的平衡,呈现出非对称的、灵活多样的群体空间意象(图 3-8)。

图 3-7 院落式组合

3.1.3 建筑群体组织法则

建筑群体的空间组织应遵循形式美法则,形式美的基本规律是"多样统一",多样统一也可理解为在统一中求变化,在变化中求统一。为了达到建筑群体的多样统一,不同建筑单体之间需要按照一定的规律有机组织为一个整体,这些规律即为建筑群体空间形态组合时必须考虑的基本原则,主要包括统一与变化,对比与协调,主从与重点、比例与尺度、节奏与韵律等(图 3-9)。

图 3-8 简单形体组合

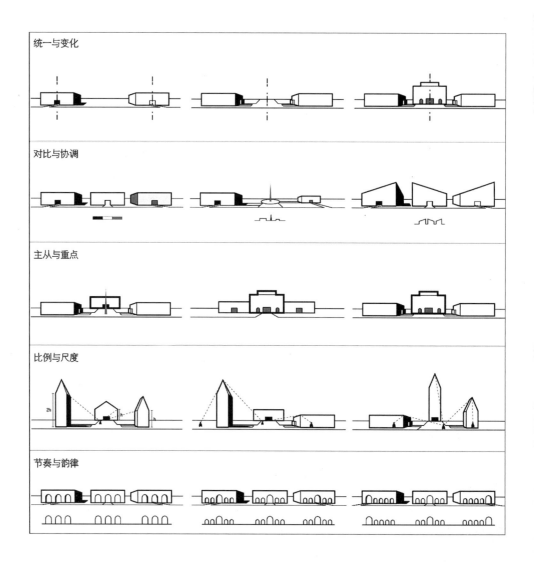

统一与变化

对比与协调

主从与重点

比例与尺度

节奏与韵律

图 3-9 建筑群体的组织法则

图 3-10 统一与变化

图 3-11 对比与协调

1. 统一与变化

若干不同的建筑单体共同构成一个群体，这些建筑单体之间既存在差异，又有内在联系，各部分之间的差异，可以看作多样性与变化；各部分之间的联系，可以看作和谐与统一。如果缺乏多样性与变化，就会流于单调；如果缺乏和谐与统一，则会显得杂乱。在建筑群体组合时，常会通过对称布局、向心布局、轴线贯穿或相似形体等方式寻求统一，又以对比或微差方式形成多样性与变化（图 3-10）。

2. 对比与协调

通过强调建筑群体中各种因素的差异，达到丰富造型、有关联的变化，如体量大小、方向变化、明暗关系、空间虚实等。对比是强调各种要素之间的差异，突出各自的特点，从而达到冲突美；协调是强调各因素之间的联系，调和各自特点，从而达到和谐美（图 3-11）。

3. 主从与重点

在建筑群体中，每个建筑单体在整体中所占的比重和所处的地位，将会影响整体的统一性。在一个有机整体中，各组成要素是不能不加区别而同等对待的，它们应当有主与从的差别、重点与一般的差别、核心与外围组织的差别。倘若所有建筑单体都突出自己，或都处于同等重要的地位，则会削弱建筑群体的完整统一性（图 3-12）。

图 3-12 主从与重点

4. 比例与尺度

建筑群体的"比例"主要指不同建筑单体之间的比例关系，反应在空间形态上是组合所形成的大小与数量比例。建筑所处的地域、自身的材料、结构、功能等都会影响比例。建筑的"尺度"主要指要素给人感觉上的大小印象和其真实大小之间的关系，是根据建筑物的性质、体形的大小、使用特点及周围环境的关系等因素决定的。建筑尺度的处理，应反映出建筑物的真实体量的大小，应与人相互协调，同时各部分的尺度应和谐统一（图 3-13）。

图 3-13 比例与尺度

5. 节奏与韵律

节奏是一种条理性、重复性、连续性的表现方式。韵律是节奏内涵的深化，是在艺术内容上体现节奏的感情因素。在建筑群体中，节奏与韵律是组合空间和形式的一种手段——借助主题要素和空间序列组织的连续、渐变、起伏、交错等规律重复或秩序变化，加强建筑群整体的统一性，并求得丰富多彩的变化（图 3-14）。

图 3-14 节奏与韵律

3.2　建筑群体空间形态语汇

从建筑所承担的活动内容出发，城市中常见的建筑群体包括商业类、商务类、居住类、文化类、行政类等，伴随社会经济发展和城市空间演进，建筑群体在功能和形态上呈现日趋复合化的特征。不同类型的主导功能决定了建筑群体的空间组织方式与外在形态表征，本节介绍商业建筑群体、商务建筑群体、居住建筑群体及复合建筑群体的空间形态语汇。

3.2.1　商业建筑群体形态语汇

作为城市中最主要的建筑类型，商业建筑对于城市空间的形象塑造和活力提升具有重要作用。伴随商品种类与消费方式的持续演变，商业建筑类型日趋丰富，包括商业综合体、购物中心、百货商店、超级市场、仓储式超市、专卖店以及零售店等。根据区位条件、服务人群、功能定位等的具体需求，各类商业建筑通过线型、围合式、中心式或复合式等组织方式，形成不同形态特征的商业街或商业街区（图3-15）。

图3-15　商业建筑群体的形态类型

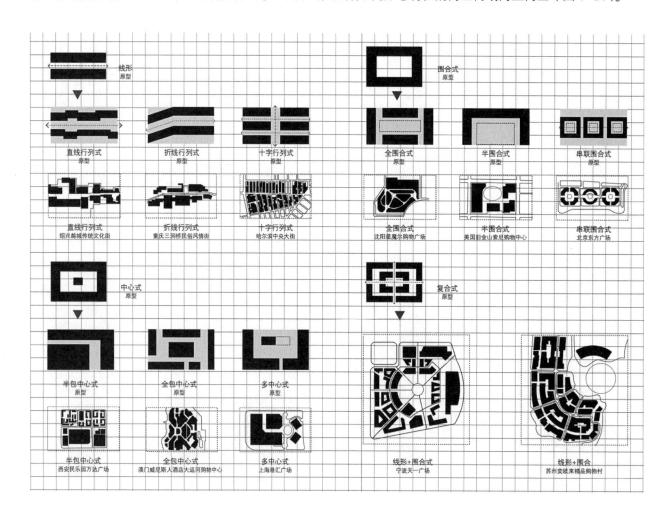

1. 商业类建筑群体形态语汇：线形

> 　　线形组合是商业街的基本原型，也是城市空间中最常见的商业群体建筑形态。线形布局为商业建筑提供了积极的展示界面，可通过界面上的外檐空间、导引空间、退让空间等营造层次丰富的商业街景氛围，也可根据线形的曲折变化形成多样的商业空间体验。

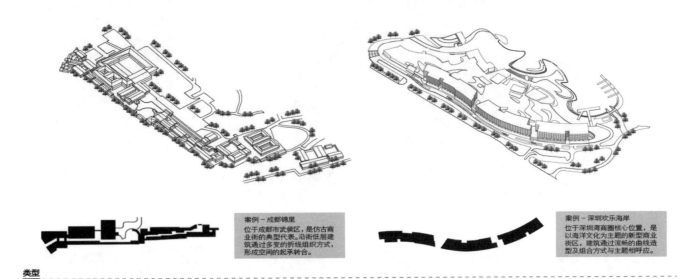

类型

案例 - 成都锦里
位于成都市武侯区，是仿古商业街的典型代表。沿街低层建筑通过多变的折线组织方式，形成空间的起承转合。

案例 - 深圳欢乐海岸
位于深圳湾商圈核心位置，是以海洋文化为主题的新型商业街区。建筑通过流畅的曲线造型及组合方式与主题相呼应。

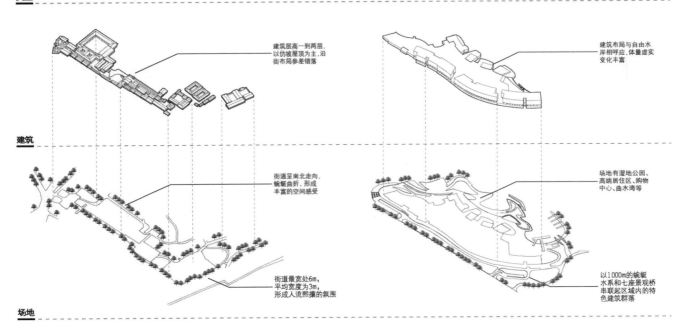

建筑

建筑层高一到两层，以仿坡屋顶为主，沿街布局参差错落

建筑布局与自由水岸相呼应，体量虚实变化丰富

场地

街道呈南北走向，蜿蜒曲折，形成丰富的空间感受

街道最宽处6m，平均宽度为3m，形成人流熙攘的氛围

场地有湿地公园、高端居住区、购物中心、曲水湾等

以1000m的蜿蜒水系和七座景观桥串联起区域内的特色建筑群落

2. 商业类建筑群体形态语汇：围合式

将多个商业建筑围绕中心院落或开放空间周边布置便形成围合式，具有内聚性与中心感较强的空间特征。围合方式可以是四面围合、三面围合、自由围合等，由围合而产生的中央部分可通过主题广场、景观绿化、立体交通等多种设计元素与商业建筑界面形成关联互动。

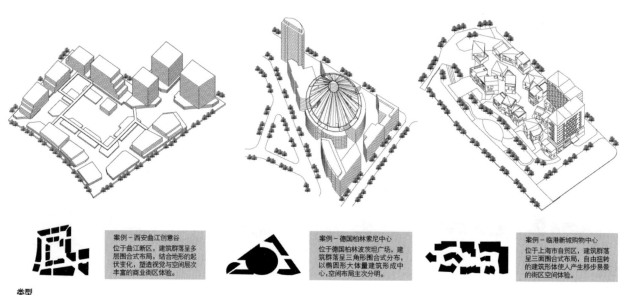

类型

案例 - 西安曲江创意谷
位于曲江新区，建筑群落呈多层围合式布局，结合地形的起伏变化，塑造视觉与空间层次丰富的商业街区体验。

案例 - 德国柏林索尼中心
位于德国柏林波茨坦广场，建筑群落呈三角形围合式分布，以椭圆形大体量建筑形成中心，空间布局主次分明。

案例 - 临港新城购物中心
位于上海市自贸区，建筑群落呈三面围合式布局，自由扭转的建筑形体使人产生移步易景的街区空间体验。

建筑

上层空间通过空中廊桥进行串联，提高二层商业活力与开放性

以椭圆形广场为中心形成街区核心空间，并向四周辐射步行街道

建筑采用现代的斜坡屋顶，通过大小体量变化形成不同的购物体验

首层

开放式的围合式布局拉长了游览流线及商业界面，吸引更多人流

通过贯通的路径组织强化公共空间的连续性

首层布局通过形态自由扭转与参差错落，增加商业的展示界面

场地

通过步道、天桥、广场、空中花园、下沉台阶等元素将不同流线串联

场地各空间设置不同的主题景观，环境要素材质与建筑相互呼应

景观系统与场地及建筑共同围合成核心的步行广场空间

形成不同主题、类型多样的体验式街区氛围

场地的三角形形态与建筑的外围形态相得益彰

利用建筑四周零散的不规则场地营造"毛细绿网"

3. 商业类建筑群体形态语汇：中心式

围绕一个大型的商业综合体，周边布置其他小型商业建筑便形成中心式，这种布局方式通过塑造"中心"的主体建筑，吸引、带动其周围空间的生成与发展。中心建筑往往具有醒目的形态特征，最具代表性的案例是近年来涌现的"万达广场"商业群体模式。

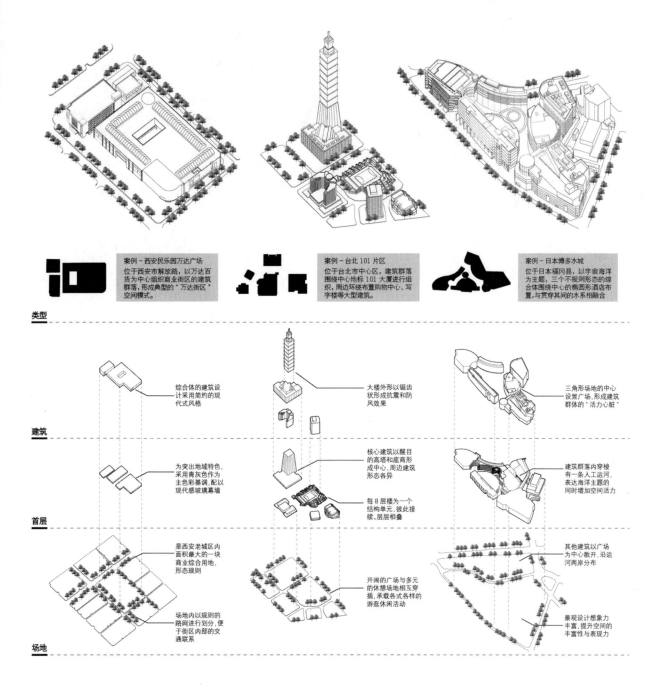

案例 - 西安民乐园万达广场
位于西安市解放路，以万达百货为中心组织商业街区的建筑群落，形成典型的"万达街区"空间模式。

案例 - 台北 101 片区
位于台北市中心区，建筑群落围绕中心地标 101 大厦进行组织，周边环绕布置购物中心、写字楼等大型建筑。

案例 - 日本博多水城
位于日本福冈县，以宇宙海洋为主题，三个不规则形态的综合体围绕中心的椭圆形酒店布置，与贯穿其间的水系相融合

类型

建筑

综合体的建筑设计采用简约的现代式风格

大楼外形以锯齿状形成抗震和防风效果

三角形场地的中心设置广场，形成建筑群体的"活力心脏"

首层

为突出地域特色，采用青灰色作为主色彩基调，配以现代感玻璃幕墙

核心建筑以醒目的高塔和底商形成中心，周边建筑形态各异

每 8 层楼为一个结构单元，彼此接续、层层相叠

建筑群落内穿梭有一条人工运河，表达海洋主题的同时增加空间活力

场地

是西安老城区内面积最大的一块商业综合用地，形态规则

场地内以规则的路网进行划分，便于街区内部的交通联系

开阔的广场与多元的休憩场地相互穿插，承载各式各样的游逛休闲活动

其他建筑以广场为中心散开，沿运河两岸分布

景观设计想象力丰富，提升空间的丰富性与表现力

4.商业类建筑群体形态语汇：复合式

伴随人们消费方式的不断革新，商业建筑群体的复合式布局成为趋势。复合式往往是由若干条商业街共同形成的商业街区，因此是线形、围合形等多种形态的混合，这决定了其空间结构的丰富性与空间形态的多元性特征。

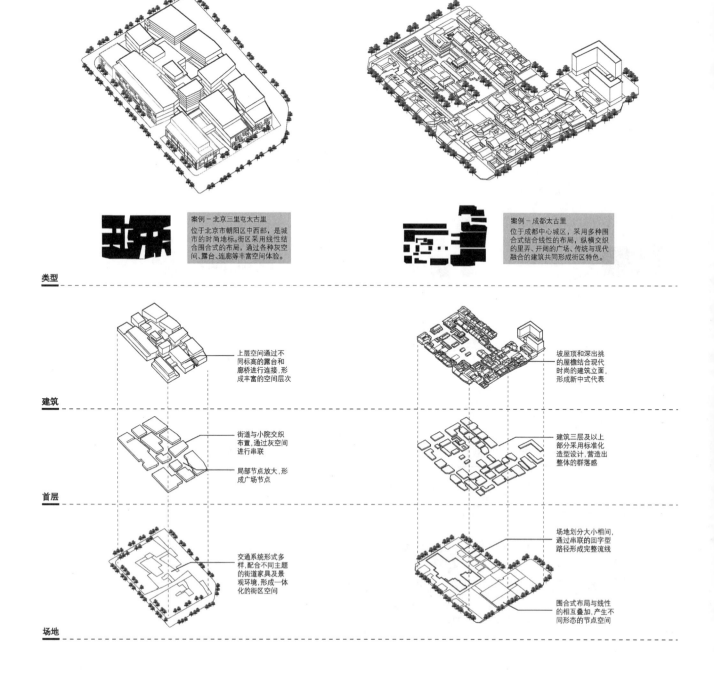

案例－北京三里屯太古里
位于北京市朝阳区中西部，是城市的时尚地标。街区采用线性结合围合式的布局，通过各种灰空间、露台、连廊等丰富空间体验。

案例－成都太古里
位于成都中心城区，采用多种围合式结合线性的布局，纵横交织的里弄、开阔的广场，传统与现代融合的建筑共同形成街区特色。

类型

建筑

上层空间通过不同标高的露台和廊桥进行连接，形成丰富的空间层次

坡屋顶和深出挑的屋檐结合现代时尚的建筑立面，形成新中式代表

街道与小院交织布置，通过灰空间进行串联

局部节点放大，形成广场节点

建筑三层及以上部分采用标准化造型设计，营造出整体的群落感

首层

交通系统形式多样，配合不同主题的街道家具及景观环境，形成一体化的街区空间

场地划分大小相间，通过串联的回字型路径形成完整流线

围合式布局与线性的相互叠加，产生不同形态的节点空间

场地

3.2.2　商务建筑群体形态语汇

　　商务建筑是实现城市经济职能的主要建筑类型，承担金融、经营、管理等多项功能。伴随商务办公活动的多元化发展，商务建筑的类型愈加多样，包括行政类办公、专业类办公、综合类办公等，其空间形态表现为低层、多层、高层甚至超高层等多种形式。城市中心区及高新技术开发区的商务建筑群体通常是多栋高层与超高层建筑组成的点群式布局或商务与商业建筑相互结合的复合式布局，在城市行政商务区的商务建筑群体通常是多栋行政办公建筑组成的围合式布局，在城市普通片区的商务建筑群体通常是沿街组织的线型布局（图 3-16）。

　　商务建筑群体设计应突出商务活动高效、简约、鲜明的特征，统筹考虑群体组织、沿街形象、裙楼、公共空间、外部环境、绿化景观等，实现空间的美感与统一，最终达到提升建筑群体形象及使用效率的目的。

图 3-16　商务建筑群体的形态类型

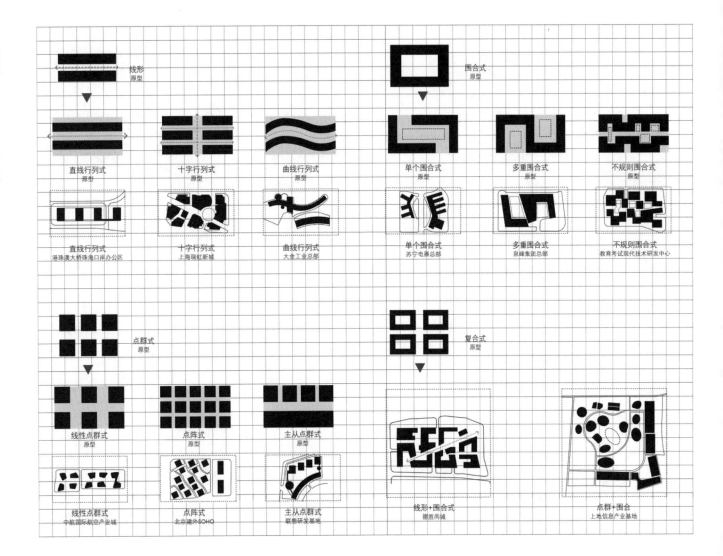

1. 商务类建筑群体形态语汇：线形

沿主要街道或滨水空间呈线性排布是商务类建筑群体的典型空间形态。一方面，可使商务地标建筑获得更好的形象展示面，另一方面，线性布局也可使建筑获得良好的自然采光和通风条件，同时，线状界面的曲折变化也会强化城市空间的特色形象。

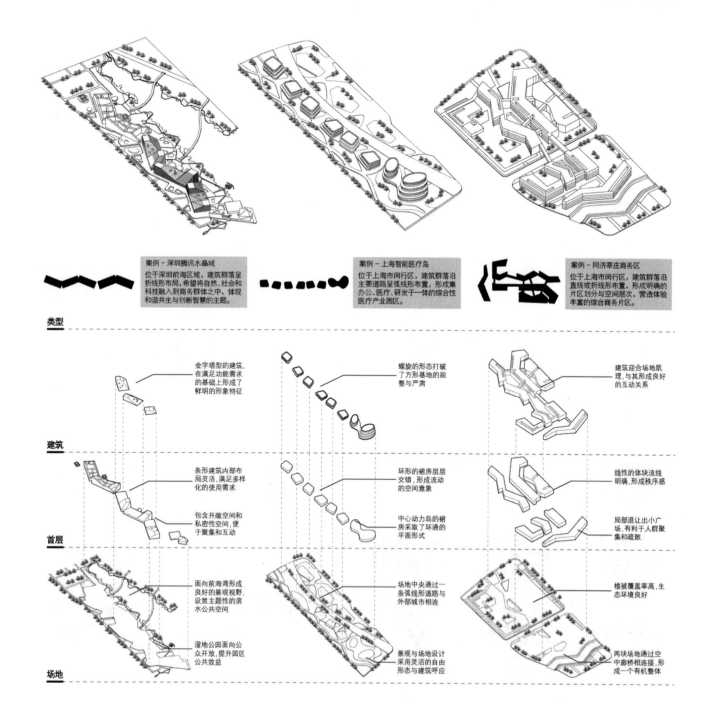

案例－深圳腾讯水晶城
位于深圳前海区域，建筑群落呈折线形布局，希望将自然、社会和科技融入到商务群体之中，体现和谐共生与创新智慧的主题。

案例－上海智能医疗岛
位于上海市闵行区，建筑群落沿主要道路呈弧线形布置，形成集办公、医疗、研发于一体的综合性医疗产业园区。

案例－同济莘庄商务区
位于上海市闵行区，建筑群落沿直线或折线形布置，形成明确的片区划分与空间层次，营造体验丰富的综合商务片区。

类型

建筑

金字塔型的建筑，在满足功能需求的基础上形成了鲜明的形象特征

螺旋的形态打破了方形基地的规整与严肃

建筑迎合场地肌理，与其形成良好的互动关系

首层

条形建筑内部布局灵活，满足多样化的使用需求

包含开敞空间和私密性空间，便于聚集和互动

环形的裙房层层交错，形成流动的空间意象

中心动力岛的裙房采取了环通的平面形式

线性的体块流线明确，形成秩序感

局部退让出小广场，有利于人群聚集和疏散

场地

面向前海湾形成良好的景观视野，设置主题性的滨水公共空间

湿地公园面向公众开放，提升园区公共效益

场地中央通过一条弧线形道路与外部城市相连

景观与场地设计采用自由形态与建筑呼应

植被覆盖率高，生态环境良好

两块场地通过空中廊桥相连接，形成一个有机整体

2. 商务类建筑群体形态语汇：围合式

将多个商务建筑单体围绕中心院落进行布置便形成围合式组合，中心院落有效疏解了办公建筑的严肃氛围，为工作者提供休息与交流场所。院落周边布置的办公建筑常会设置外廊、挑台等灰空间与院落景观形成有效连接，将绿意引入室内环境之中。

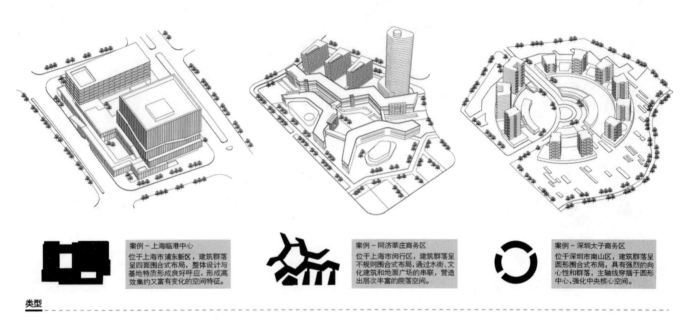

案例 - 上海临港中心
位于上海市浦东新区，建筑群落呈四面围合式布局，整体设计与基地特质形成良好呼应，形成高效集约又富有变化的空间特征。

案例 - 同济莘庄商务区
位于上海市闵行区，建筑群落呈不规则围合式布局，通过水街、文化建筑和地面广场的串联，营造出层次丰富的院落空间。

案例 - 深圳太子商务区
位于深圳市南山区，建筑群落呈圆形围合式布局，具有强烈的向心性和群落，主轴线穿插于圆形中心，强化中央核心空间。

类型

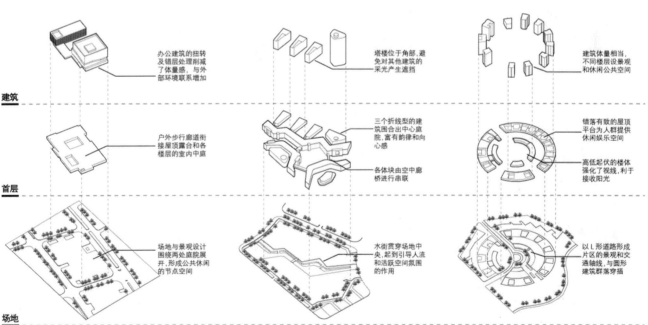

建筑

办公建筑的扭转及错层处理削减了体量感，与外部环境联系增加

塔楼位于角部，避免对其他建筑的采光产生遮挡

建筑体量相当，不同楼层设景观和休闲公共空间

首层

户外步行廊道衔接屋顶露台和各楼层的室内中庭

三个折线型的建筑围合出中心庭院，富有韵律和向心感

各街块由空中廊桥进行串联

错落有致的屋顶平台为人群提供休闲娱乐空间

高低起伏的楼体强化了视线，利于接收阳光

场地

场地与景观设计围绕两处庭院展开，形成公共休闲的节点空间

水街贯穿场地中央，起到引导人流和活跃空间氛围的作用

以 L 形道路形成片区的景观和交通轴线，与圆形建筑群落穿插

3. 商务类建筑群体形态语汇：点群式

伴随办公建筑的集约化和集群化发展，以点式高层构成的群落式商务建筑群成为城市新区和中央商务区的典型风貌，这些高层商务建筑往往是城市现代化的地标象征，其群体组织具有高密度和灵活自由的特征，在突出单体造型的同时也形成了整体的集群形象。

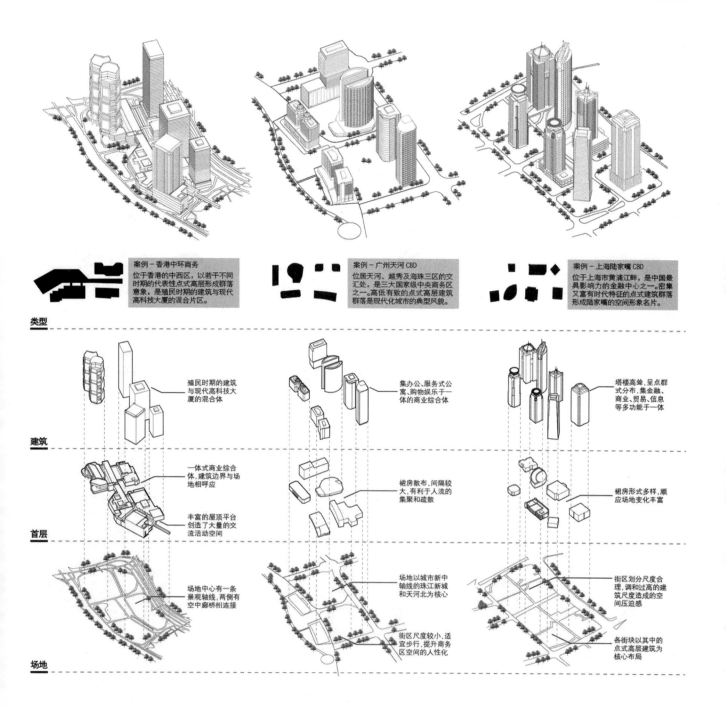

案例－香港中环商务
位于香港的中西区，以若干不同时期的代表性点式高层形成群落意象，是殖民时期的建筑与现代高科技大厦的混合片区。

案例－广州天河 CBD
位居天河、越秀及海珠三区的交汇处，是三大国家级中央商务区之一。高低有致的点式高层建筑群落是现代化城市的典型风貌。

案例－上海陆家嘴 CBD
位于上海市黄浦江畔，是中国最具影响力的金融中心之一。密集又富有时代特征的点式建筑群落形成陆家嘴的空间形象名片。

类型

建筑

殖民时期的建筑与现代高科技大厦的混合体

集办公、服务式公寓、购物娱乐为一体的商业综合体

塔楼高耸，呈点群式分布，集金融、商业、贸易、信息等多功能于一体

首层

一体式商业综合体，建筑边界与场地相呼应

丰富的屋顶平台创造了大量的交流活动空间

裙房散布，间隔较大，有利于人流的集聚和疏散

裙房形式多样，顺应场地变化丰富

场地

场地中心有一条景观轴线，两侧有空中廊桥相连接

场地以城市新中轴线的珠江新城和天河北为核心

街区尺度较小，适宜步行，提升商务区空间的人性化

街区划分尺度合理，调和过高的建筑尺度造成的空间压迫感

各街块以其中的点式高层建筑为核心布局

4. 商务类建筑群体形态语汇：复合式

　　伴随功能集约化的不断扩大，复合式的商务建筑组合成为一种趋势。为了使商务建筑群体具有更多元的空间体验和更好的景观视野，而综合运用线性、行列式、围合式组合的特点和优势，塑造集办公、商业、展示、研发、休闲等多种功能于一体的复合型商务建筑群落空间。

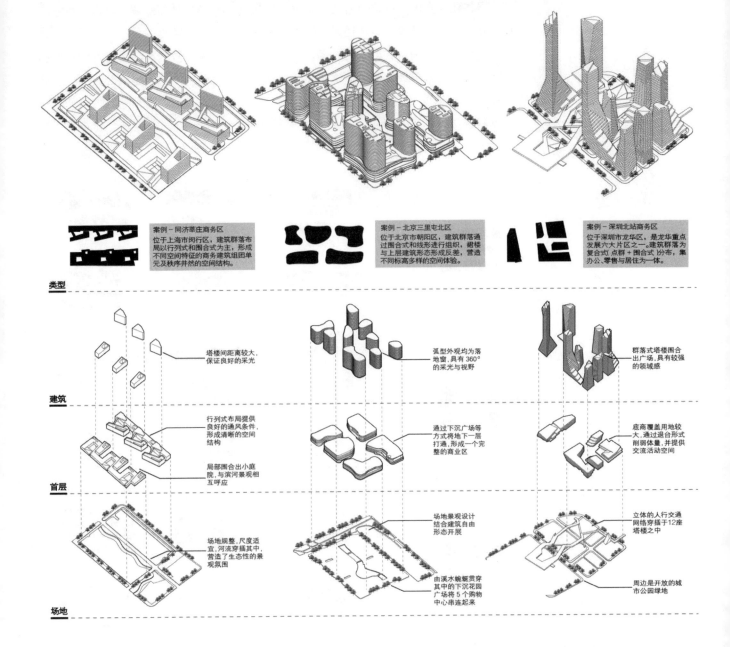

案例 - 同济莘庄商务区
位于上海市闵行区，建筑群落布局以行列式和围合式为主，形成不同空间特征的商务建筑组团单元及秩序井然的空间结构。

案例 - 北京三里屯北区
位于北京市朝阳区，建筑群落通过围合式的线形进行组织，裙楼与上层建筑形态形成反差，营造不同标高多样的空间体验。

案例 - 深圳北站商务区
位于深圳市龙华区，是龙华重点发展六大片区之一。建筑群落为复合式 点群 + 围合式 分布，集办公、零售与居住为一体。

类型

建筑
- 塔楼间距离较大，保证良好的采光
- 弧型外观均为落地窗，具有 360° 的采光与视野
- 群落式塔楼围合出广场，具有较强的领域感

首层
- 行列式布局提供良好的通风条件，形成清晰的空间结构
- 局部围合出小庭院，与滨河景观相互呼应
- 通过下沉广场等方式将地下一层打通，形成一个完整的商业区
- 底商覆盖用地较大，通过退台形式削弱体量，并提供交流活动空间

场地
- 场地规整，尺度适宜，河流穿插其中，营造了生态性的景观氛围
- 场地景观设计结合建筑自由形态开展
- 由溪水蜿蜒贯穿其中的下沉花园广场将 5 个购物中心串连起来
- 立体的人行交通网络穿插于12座塔楼之中
- 周边是开放的城市公园绿地

3.2.3　居住建筑群体形态语汇

居住建筑是城市中占比最大的建筑类型，由于用地环境、开发方式及规模大小的差异等，居住建筑群体表现出不同的性质，主要包括两种类型，一种是统一规划成片开发的居住区，以住宅为主体集中组织，有相对完善的配套设施；另一种是穿插于闹市区内或位于城市道路之间的住宅群落，它们通常除居住性质外，还兼具少量的商业、餐饮等内容，综合配套设施往往依靠周围现有的城市网点。

居住建筑在进行群体组合时必须满足居民最基本的生理与生活需求，综合考虑住宅朝向、日照环境、自然通风、噪声防治等方面因素。常见的居住建筑组合方式主要有行列式、围合式、混合式等，行列式能保证绝大多数居室获得良好的日照和通风，但易造成单调、呆板的感觉，围合式形成的院落空间便于组织公共绿化和休闲场地，但部分户型朝向较差，更适用于公寓类建筑群布局，而伴随人们对于居住空间品质要求的不断提升，以行列式、围合式有机结合所形成的复合式布局逐渐增多（图 3-17）。

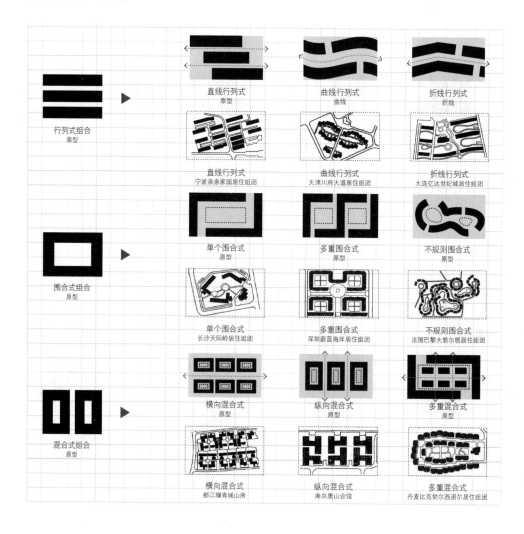

图 3-17　居住建筑群体的形态类型

1. 居住类建筑群体形态语汇：行列式

将居住建筑按一定朝向及合理间距成排布置便形成行列式，这种布局方式能保证绝大多数居室获得良好的日照和通风，但易造成单调、呆板的感觉，因此在群里组织时常采用山墙错落、单元交错拼接等方式，利用住宅与道路或平行、或垂直、或呈一定角度的布置方法，产生景观变化。

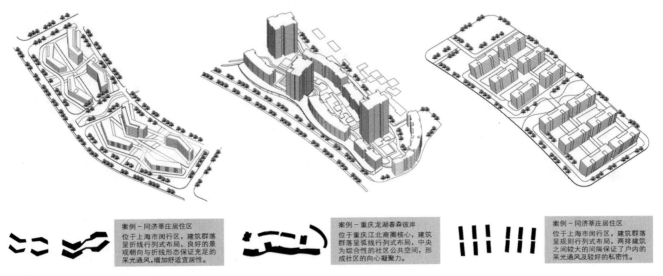

案例 - 同济莘庄居住区
位于上海市闵行区，建筑群落呈折线行列式布局，良好的景观朝向与折线形态保证充足的采光通风，增加舒适宜居性。

案例 - 重庆龙湖春森彼岸
位于重庆江北商圈核心，建筑群落呈弧线行列式布局，中央为综合性的社区公共空间，形成社区的向心凝聚力。

案例 - 同济莘庄居住区
位于上海市闵行区，建筑群落呈规则行列式布局，两排建筑之间较大的间隔保证了户内的采光通风及较好的私密性。

类型

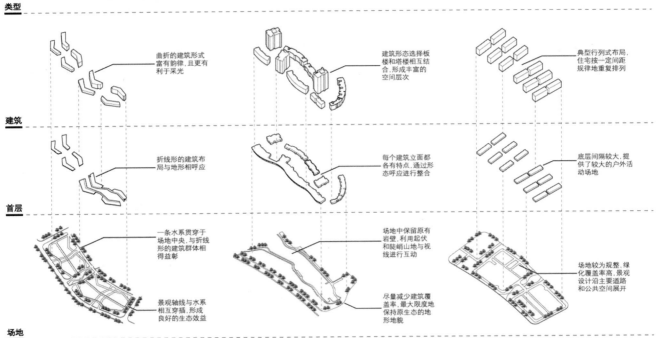

曲折的建筑形式富有韵律，且更有利于采光

建筑形态选择板楼和塔楼相互结合，形成丰富的空间层次

典型行列式布局，住宅按一定间距规律地重复排列

建筑

折线形的建筑布局与地形相呼应

每个建筑立面都各有特点，通过形态呼应进行整合

底层间隔较大，提供了较大的户外活动场地

首层

一条水系贯穿于场地中央，与折线形的建筑群体相得益彰

场地中保留原有岩壁，利用起伏和陡峭山地与视线进行互动

场地较为规整，绿化覆盖率高，景观设计沿主要道路和公共空间展开

景观轴线与水系相互穿插，形成良好的生态效益

尽量减少建筑覆盖率，最大限度地保持原生态的地形地貌

场地

2. 居住类群体建筑形态语汇：围合式

将居住建筑沿街坊或场地周边布置便形成围合式，这种布局方式产生的围合空间便于组织公共绿化和休闲场地，具有较好的群落景观效果，也有利于节约用地，达到一定的居住密度。但会有相当一部分户型的居室朝向较差、通风不良，故常用于公寓建筑的群体组合之中。

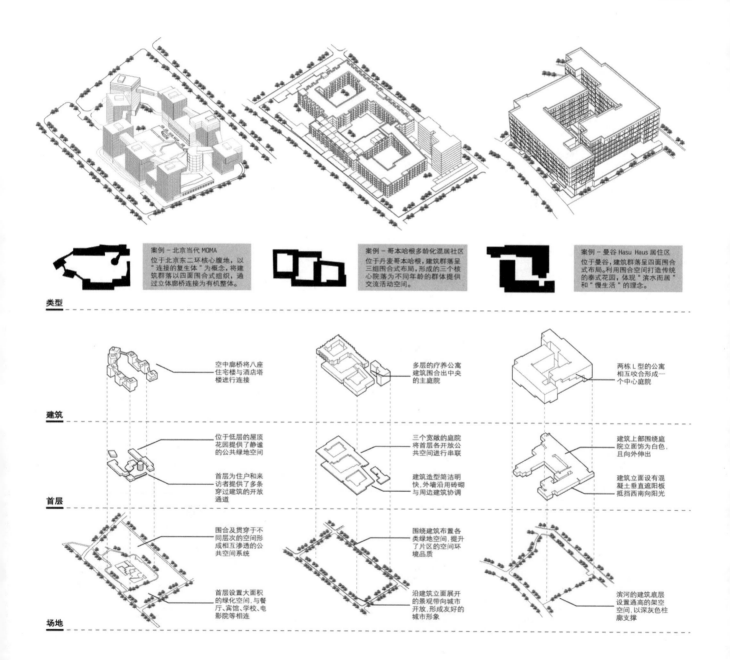

案例 – 北京当代 MOMA
位于北京东二环核心腹地，以"连接的复生体"为概念，将建筑群落以四面围合式组织，通过立体廊桥连接为有机整体。

案例 – 哥本哈根多龄化混居社区
位于丹麦哥本哈根，建筑群落呈三组围合式布局，形成的三个核心院落为不同年龄的群体提供交流活动空间。

案例 – 曼谷 Hasu Haus 居住区
位于曼谷，建筑群落呈四面围合式布局。利用围合空间打造传统的泰式花园，体现"滨水而居"和"慢生活"的理念。

类型

建筑

空中廊桥将八座住宅楼与酒店塔楼进行连接

多层的疗养公寓建筑围合出中央的主庭院

两栋 L 型的公寓相互咬合形成一个中心庭院

首层

位于低层的屋顶花园提供了静谧的公共绿化空间

首层为住户和来访者提供了多条穿过建筑的开放通道

三个宽敞的庭院将首层开放公共空间进行串联

建筑造型简洁明快，外墙沿用砖砌与周边建筑协调

建筑上部围绕庭院立面饰为白色，且向外伸出

建筑立面设有混凝土垂直遮阳板抵挡西南向阳光

场地

围合及贯穿于不同层次的空间形成相互渗透的公共空间系统

首层设置大面积的绿化空间，与餐厅、宾馆、学校、电影院等相连

围绕建筑布置各类绿地空间，提升了片区的空间环境品质

沿建筑立面展开的景观带向城市开放，形成友好的城市形象

滨河的建筑底层设置通高的架空空间，以深灰色柱廊支撑

3. 居住类群体建筑形态语汇：复合式

将行列式、围合式等进行有机结合便形成复合式。可以行列式为主，通过少量住宅或公共建筑沿道路、院落周边布置，组成半围合、半开敞式院落，也可以院落式组团为基本单元，按照线形或行列式排布。复合式布局既保留了行列式与围合式的优点，又克服了两者各自的局限。

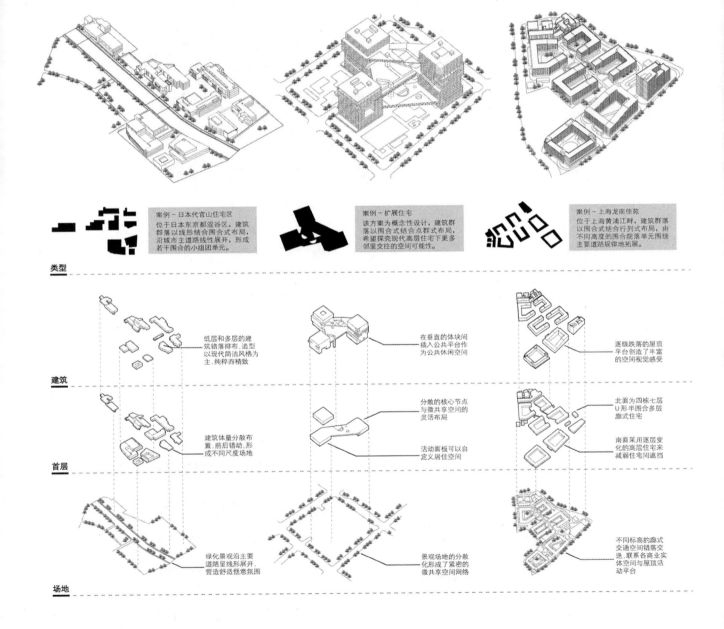

案例 - 日本代官山住宅区
位于日本东京都涩谷区，建筑群落以线形结合围合式布局，沿城市主道路线性展开，形成若干围合的小组团单元。

案例 - 扩展住宅
该方案为概念性设计，建筑群落以围合式结合点群式布局，希望探究现代高层住宅下更多邻里交往的空间可能性。

案例 - 上海龙南佳苑
位于上海黄浦江畔，建筑群落以围合式结合行列式布局，由不同高度的围合院落单元围绕主要道路规律地拓展。

类型

低层和多层的建筑错落排布，造型以现代简洁风格为主，纯粹而精致

在垂直的体块间插入公共平台作为公共休闲空间

逐级跌落的屋顶平台创造了丰富的空间视觉感受

建筑

建筑体量分散布置，前后错动，形成不同尺度场地

分散的核心节点与微共享空间的灵活布局

活动面板可以自定义居住空间

北面为四栋七层U形半围合多层廊式住宅

南面采用逐层变化的高层住宅来减弱住宅间遮挡

首层

绿化景观沿主要道路呈线形展开，营造舒适惬意氛围

景观场地的分散化形成了紧密的微共享空间网络

不同标高的廊式交通空间错落交迭，联系各商业实体空间与屋顶活动平台

场地

3.2.4　复合类建筑群体形态语汇

伴随城市空间的现代化发展，集商业、商务、居住、文化等多种类型建筑于一体的复合型片区越加普遍，在对这些不同功能及进行统筹设计时，需要根据建筑的使用需求及其与其他建筑的关联程度，建立多种布局形式相互叠加的复合型空间形态。

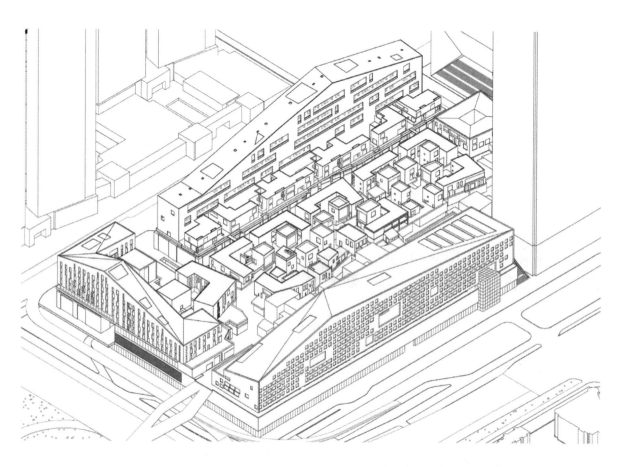

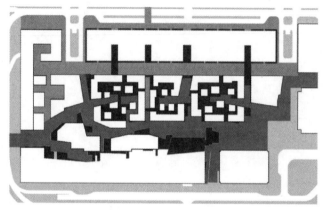

线性

围合式

行列式

案例 - 深圳深业上城

是包含 6 栋超高层办公、酒店及商务公寓的高端综合体，毗邻深圳 CBD 核心圈，位于两大城市中心公园之间。

共分为 ABCD 四个区域。A 区居住 LOFT 于南北两侧设置外廊，通风防晒良好，户户拥有私家庭院，邻里之间既有交流，又保证了私密空间。

B 区酒店及办公 LOFT 以两栋建筑围合出一个内院，中央设置小剧场激活区域的文化活动。

C 区 LOFT 办公由二十多栋小型建筑组合成"村落"，建筑呈组团式排列，每个组团自成院落。

D 区被设定为总部办公楼，是与 A 区相望的另一座"山体"。

不同功能类型的群体空间组织

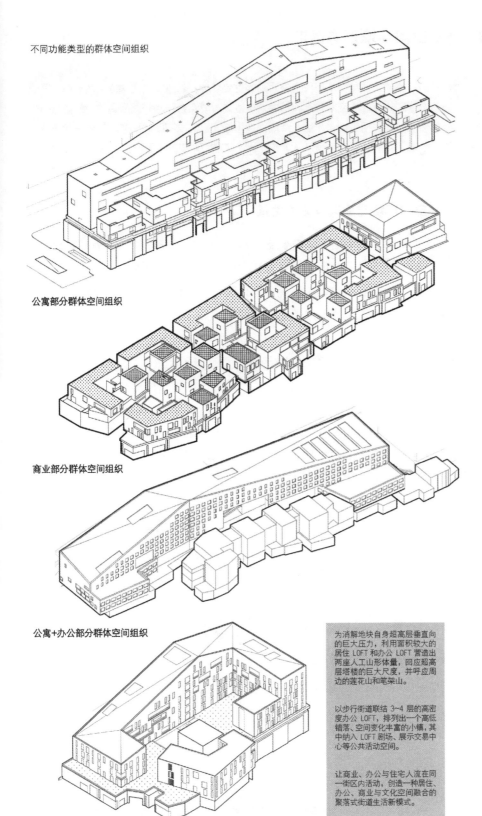

公寓部分群体空间组织

商业部分群体空间组织

公寓+办公部分群体空间组织

公寓+办公部分群体空间组织

为消解地块自身超高层垂直向的巨大压力，利用面积较大的居住 LOFT 和办公 LOFT 营造出两座人工山形体量，回应超高层塔楼的巨大尺度，并呼应周边的莲花山和笔架山。

以步行街道联结 3~4 层的高密度办公 LOFT，排列出一个高低错落、空间变化丰富的小镇，其中纳入 LOFT 剧场、展示交易中心等公共活动空间。

让商业、办公与住宅人流在同一街区内活动，创造一种居住、办公、商业与文化空间融合的聚落式街道生活新模式。

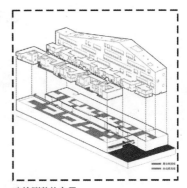

建筑群整体布局

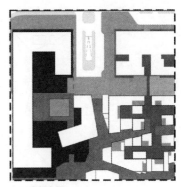

入口空间布局

核心空间意象

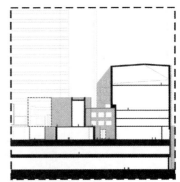

典型空间剖面

3.3　外部空间环境形态语汇

> 外部空间环境作为承载城市居民室外活动的主要场地，与建筑共同构成生活场所，同时，它也是建筑实体存在的空间背景和基底，与建筑形成互余、互补或互逆的关系。城市中常见外部环境类型包括街道、广场、绿地、水体等，它们以不同的形态、尺度与建筑群体共同构成丰富多彩的城市空间场景。本节介绍外部空间环境的主要特征及形态语汇。

3.3.1　外部空间环境与建筑群体的关系

　　建筑群体与外部环境的关系主要包括两种类型：其一是建筑适应外部环境，其二是建筑营造外部环境。一方面，建筑形式与外部环境之间存在一定的内在联系及相互制约，表现为建筑组织应顺应环境，强化和凸显场地有利的形态特征，规避不利条件；另一方面，建筑实体形成外部环境的空间尺度与形态参照，外部环境在设计概念、空间形态、色彩应用、材质肌理及基本要素选择等方面，均需与所在地段的建筑相协调，共同构成有机整体的场所环境（图3-18）。

　　城市空间中的外部环境主要表现为点状、线状、面状三种形态。点包括城市中重要的广场、景观节点、交通枢纽等空间，具有聚焦的作用；线包括步行街道、滨水绿带、景观廊道等，具有串联联系的作用；面往往是大面积的城市公园绿地、人工湖景或由各类建筑与景观环境共同构成的综合区域（图3-19、图3-20）。

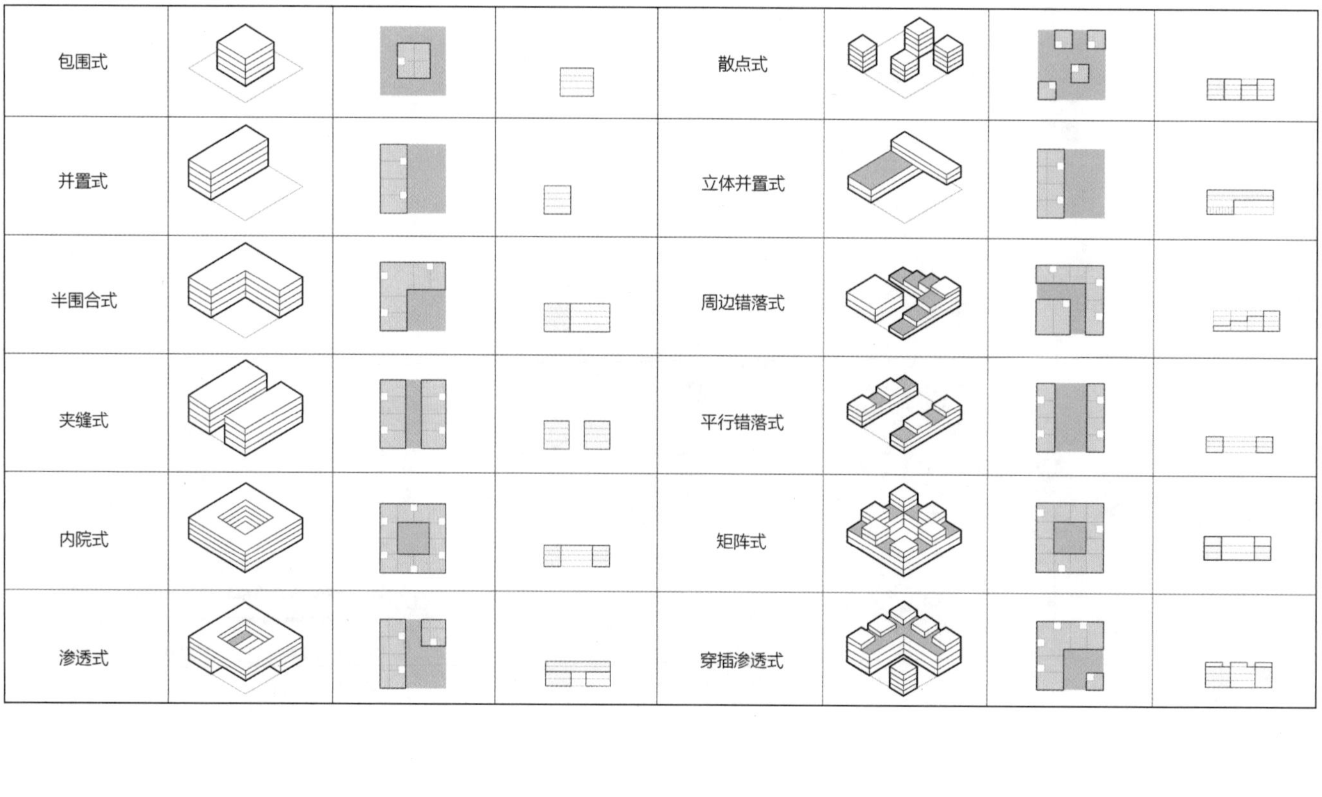

图3-18　外部环境与建筑群体的相互关系

包围式				散点式		
并置式				立体并置式		
半围合式				周边错落式		
夹缝式				平行错落式		
内院式				矩阵式		
渗透式				穿插渗透式		

印度新德里—点状 + 线状的外部环境

法国巴黎—线状的外部环境

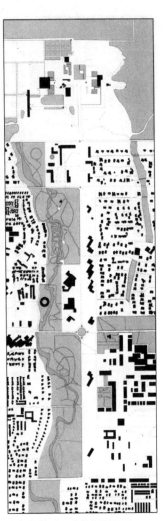

印度昌迪加尔—线状的外部环境

图 3-19　点状与线状的城市外部环境
形态

 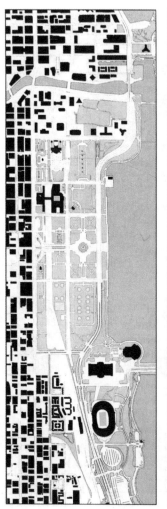 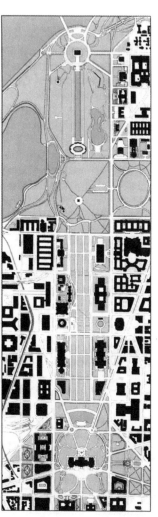

图 3-20　面状的城市外部环境形态　　　　纽约中央公园—面状的外部环境　　　　芝加哥兰特公园—面状的外部环境　　　　华盛顿美国国家广场—面状的外部环境

3.3.2 街道形态语汇

街道是由沿街建筑、绿化、铺装、设施等各种要素构成的有机整体，其空间形态在大多数情况下呈线性，这种形态特征决定了街道保持整体连贯、延续的重要性。街道的线形处理、界面设计及各类要素的组织布局方式都会对其空间意象带来重要影响，需结合街道具体的功能定位、周边环境状况及希望塑造的空间氛围等协同考虑。

1. 街道线形语汇

街道是城市中最具代表性的线形空间，具有直线形、折线形、曲线形等多种形态（图 3-21）。直线形街道具有明确的方向性和统一的平面形态，空间视线通畅。大部分城市街道，尤其是交通功能突出的宽幅街道，多采用直线形，有利于车辆行驶和交通组织。以步行交通功能为主的街道，常会在直线形基础上进行不同程度的形态变化，如凹凸变化、折线变化等，形成丰富的空间层次与视线关系，以增强线性空间的场所感和趣味性，也更有利于将街道与其两侧的广场、公园、绿地等进行有机联系。

曲线形街道与直线形街道具有截然不同的空间效果，它限制了通向远处的视线，因此难以构成明确的方向感。在曲线形态中，凸出的线形比内凹的线形更具采光与视野优势，其建筑景观界面也更易吸引视线。相较于直线形空间，曲线形空间更有利于处理街道的交汇处及地形环境的变化等问题，对于线性过长的街道，弯曲的线形变化可将街道自然划分为不同段落，每段街道则具有相对独立的空间感受。

2. 街道界面语汇

城市街道界面由建筑、绿化、设施、小品等要素组成，是延续、韵律、光影、天际线及其整体的复合。当穿越城市街道时，就能感受到这种由环境和建筑叠加而成的界面关系，它承担着城市的认知功能与形象展示，构成城市多样的生活场景（图 3-22）。

街道界面包括底界面、侧界面和顶界面。底界面通常从形状、高差、色彩、质感、图案等方面对空间进行限定，限定越强，空间感知就越强烈。通过底界面不同程度的开放，或底界面向街道空间的延伸，引导活动与视线的穿过，使建筑空间与街道空间相互联系和渗透；通过在底界面设计一段缓坡、几节踏步或微小高差，使建筑空间与街道空间形成过渡和连接。

侧界面是构成街道空间的垂直面，其主要构成元素是沿街的建筑外立面，外立面的色彩、材质、凹凸、开洞方式等共同影响着街道氛围的形成，此外，改变沿街建筑的布置方式或增设遮挡等附加物，可有效调整街道的空间尺度感，以创造亲和、宜人的街道氛围。

顶界面是街道建筑与环境要素及天空构成的天际轮廓线，顶界面的群体形态构成宜具有统一的肌理特征，如相似的角度、一致的形式特征等，以建立整体性和连续感，同时，顶部群体形态又应在大小、色彩等方面存在差异，以形成可识别性，使街道空间的顶界面多样而统一。

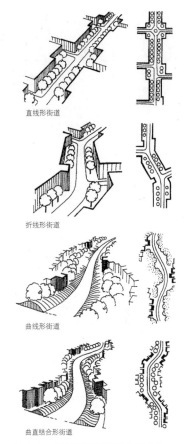

直线形街道

折线形街道

曲线形街道

曲直结合形街道

图 3-21 不同线形的街道空间意象

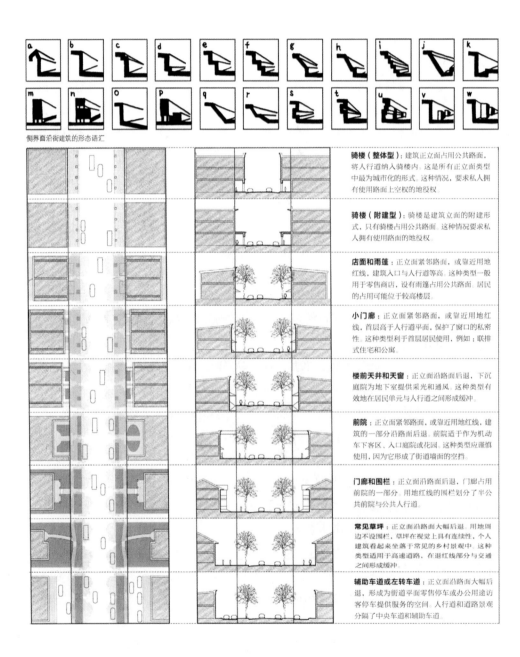

侧界面沿街建筑的形态语汇

骑楼（整体型）：建筑正立面占用公共路面，将人行道纳入骑楼内。这是所有正立面类型中最为城市化的形式。这种情况，要求私人拥有使用路面上空权的地役权。

骑楼（附建型）：骑楼是建筑立面的附建形式，只有骑楼占用公共路面。这种情况要求私人拥有使用路面的地役权。

店面和雨篷：正立面紧邻路面，或靠近用地红线，建筑入口与人行道等高。这种类型一般用于零售商店，设有雨篷占用公共路面。居民的占用可能位于较高楼层。

小门廊：正立面紧邻路面，或靠近用地红线，首层高于人行道平面，保护了窗口的私密性。这种类型利于首层居民使用，例如：联排式住宅和公寓。

楼前天井和天窗：正立面沿路面后退，下沉庭院为地下室提供采光和通风。这种类型有效地在居民单元与人行道之间形成缓冲。

前院：正立面紧邻路面，或靠近用地红线，建筑的一部分沿路面后退。前院适于作为机动车下客区、入口庭院或花园。这种类型应谨慎使用，因为它形成了街道墙面的空挡。

门廊和围栏：正立面沿路面后退，门廊占用前院的一部分。用地红线的围栏划分了半公共前院与公共人行道。

常见草坪：正立面沿路面大幅后退。用地周边不设围栏，草坪在视觉上具有连续性，个人建筑看起来好像坐落于常见的乡村景观中。这种类型适用于高速道路，在退红线部分与交通之间形成缓冲。

辅助车道或左转车道：正立面沿路面大幅后退，形成为街道平面零售停车或办公用途访客停车提供服务的空间。人行道和道路景观分隔了中央车道和辅助车道。

图 3-22   街道界面的形态语汇

3. 街道空间整体造型

在进行街道空间的整体塑造时，需统筹把控街道在长度（纵深）、宽度、高度三个维度的形态效果。在处理长度（纵深）效果时，不同的界面形态处理会影响人对纵深方向的感知（图 3-23），如笔直的长条形空间界面会突出街道纵深，弯曲的弧线形空间界面会缩短街道纵深（图 3-24A，B）；凸显街道的十字交叉口或在街道横断面上设置建筑，会将纵深划分为段落（图 3-24C，D）；平滑的侧立面墙体及完全一致的建筑细部、材料、色彩会强调街道纵深效果，富于变化的建筑细部造型会将目光引向单个场地，削弱街道纵深效果（图 3-24E，F）。

在处理宽度效果时，可通过底层的骑楼和拱廊使街道形成宽敞的感觉（图 3-25A），也可增设林荫道、街边花园、雨篷、柱廊或一连串的路灯等，使宽敞的街道空间变窄，并具有层次感（图 3-25B，C，D，E）。在处理高度效果时，明显向前突出的屋顶和柱廊、骑楼、商铺、树木等会限定街道的视觉高度（图 3-25F，G，H，I），沿街的细高建筑形体会明显加强街道的视觉高度（图 3-25K）。此外，街道空间的宽度与高度比值 D/H 也在很大程度上影响着空间感知与氛围营造，一般而言，$D/H=1\sim2$ 是较为理想的街道断面比值，此时的空间宽度与高度之间存在一种均衡关系。

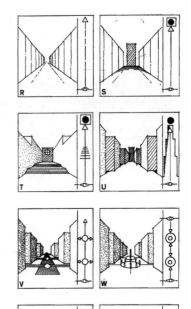

R：看不见纵深边界的街道空间，产生"无限延伸"的空间效果；
S：带有明显纵深边界的道路尽端是视线投向的界定目标，强调目的地的意义；
T：伴随台阶上升，街道纵深感缩短，强调目的地的意义；
U：街道空间逐渐变窄至界定目标，缩短纵身效果，将目光集中在目标上；
V：十字交叉口强调方向的分流，街道长度划分为段落，纵深感明显缩短；
W：街道空间在其纵深方向被可停留区域分割，移动和停留相互交替；
X：动态变化的街道走向，看不见尽端，形成一系列短暂的空间和视觉片段；
Y：动态变化和上升式街道走向相结合，更能加强亲近感与快速变化的片段感。

图 3-23 街道长度（纵深）空间效果

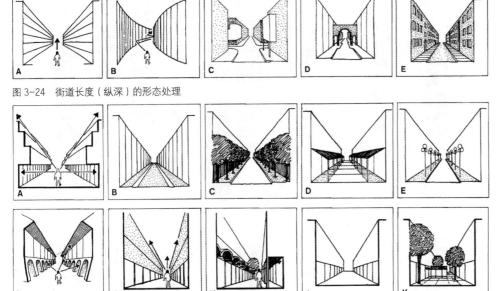

图 3-24 街道长度（纵深）的形态处理

图 3-25 街道宽度及高度的形态处理

高品质的城市街道，通常在界面要素选择、空间高宽比值、形态细节设计及空间层次处理等方面都具有很强的协调性与多元性，形成集视野、景观、场景于一体的复合型城市特色空间，如"世界上最美的大道"香榭丽舍大街和"林荫大道"的典型代表德国柏林库尔菲尔斯滕大街（图 3-26）。

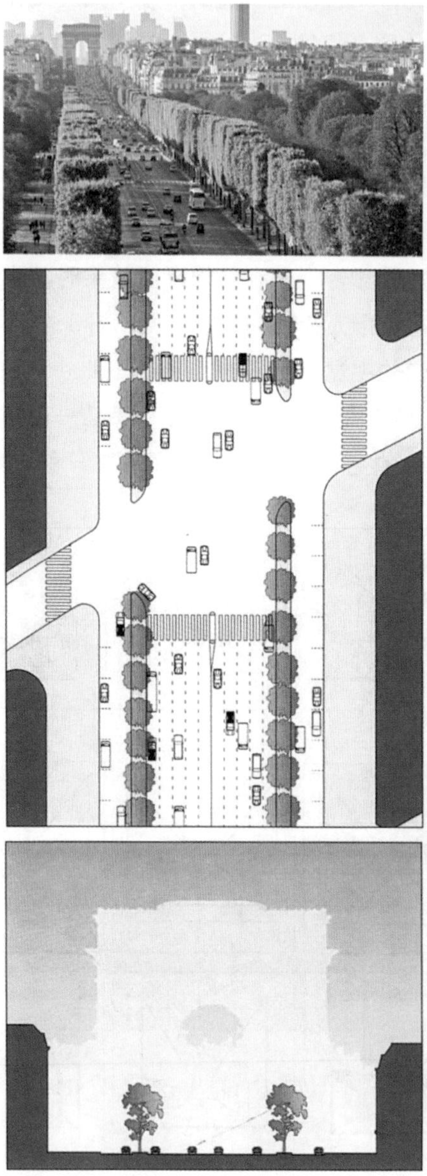

图 3-26　世界著名的城市街道空间设计　　　　巴黎香榭丽舍大道向凯旋门方向的平面和断面 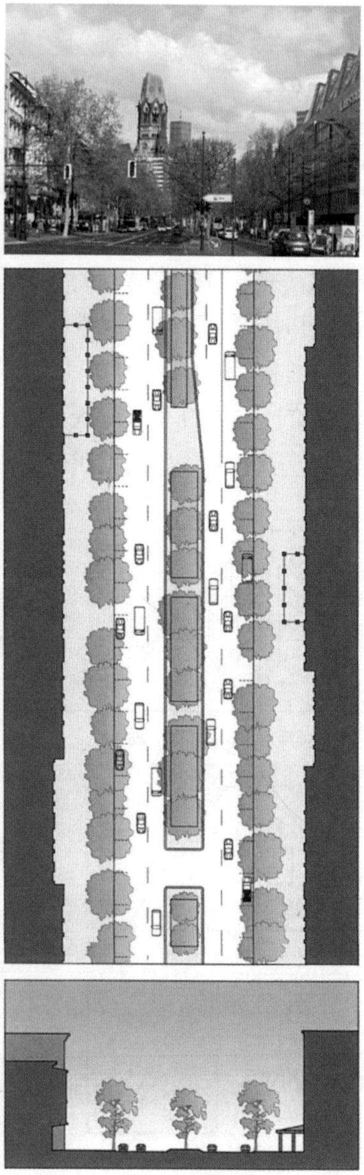　　　　德国柏林库尔菲尔斯滕大街的平面和断面

3.3.3　广场形态语汇

广场作为城市的会客厅，是市民日常公共活动与城市形象展示的主要场所。广场可承载的活动类型丰富，包括组织集会、供交通疏散、组织居民游览休闲、组织商业贸易交流等，它们表现为不同性质、不同规模、不同尺度、不同形态的广场空间。从广场空间基本的构成要素——基面和围护面出发，梳理其形态语汇特征。

1. 广场基面形态语汇

广场基面的形态类型多样，常见的形态可分为规则几何形和不规则形两类，规则几何形主要包括正方形、矩形、圆形、三角形、梯形和多边形等，通常应用于自上而下规划的、位于城市或区域公共中心的广场基面形态之中；不规则形主要是不对称的、曲线与直线结合的广场基面形态，往往是经过长期的持续发展或由于地形条件限制所形成的。不同形态的潜在意象可以表达不同性格的广场（图 3-27、图 3-28）。

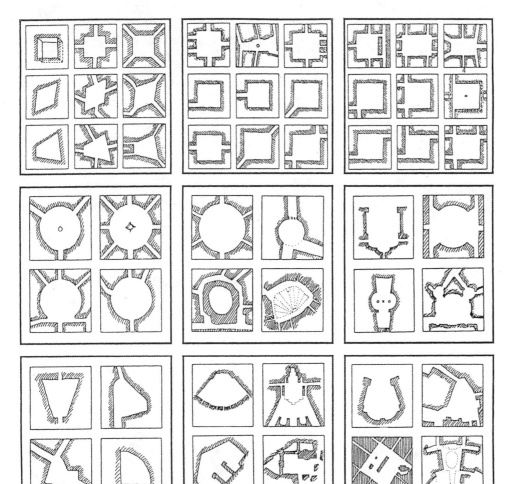

正方形的广场基面：
具有明确的向心性，营造安稳的氛围，有利于人的聚集。

矩形的广场基面：
矩形是正方形的拉伸，动感更明显，具有明确的轴向性，适合展示较高的建筑物。

圆形的广场基面：
具有封闭、完美、内向和稳定的意象，其几何中心点有利于形成整体控制，特别适合在其中央设置纪念物。

三角形的广场基面：
富有动感甚至侵略性，是安稳和动力、轴向性与向心性的结合。

梯形的广场基面：
由于平行的两条边分量明显大于倾斜的两条边，非常适合设置控制性建筑，有利于产生更强烈的透视感受。

图 3-27　多样的广场基面形态

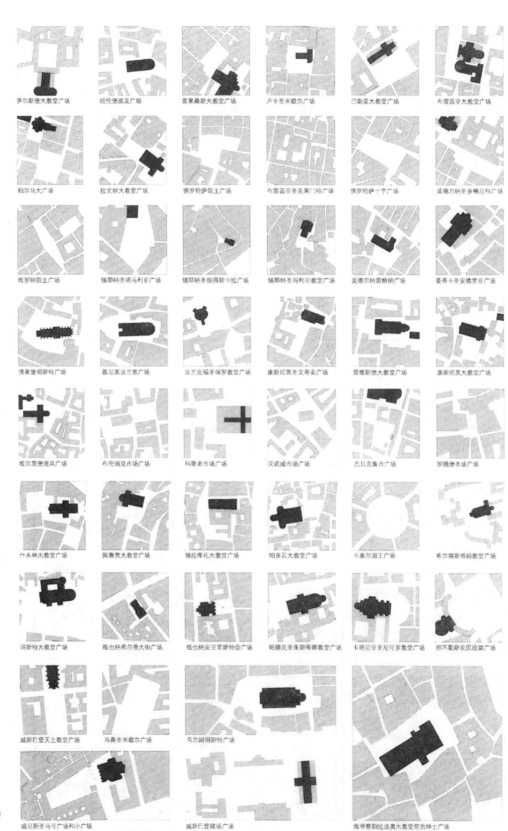

图 3-28 欧洲城市以教堂和市场为
核心形成的广场基面形态

2. 广场围护面形态语汇

围护面是广场的垂直边界及会在广场内部形成边界效应的标识物所形成的垂直边界面，其尺寸、形态、肌理、标志建筑等均会对广场空间造型带来影响。在围护面尺寸方面，广场宽度与边围高度的比值 *D/H* 会对其空间效果带来重要影响，比值越小，广场的内聚性和安定感越强；在围护面形态方面，边围轮廓中与广场基面平行的边界可以是水平的、倾斜的、连续的或波折的，用以塑造广场空间不同的方向性与开放程度，而边围轮廓中与广场基面垂直的边界可以是一个封闭的墙面、一排柱廊、自由的实体或树阵等，决定了边围是完全封闭的还是具有开口。此外，广场边围各组成部分自身的几何形式也会直接影响其空间效果，如对称的边围造型带给广场安稳与宁静，从而产生权威感，不对称的造型则会带来紊乱与动感（图 3-29）；在围护面肌理方面，边围建筑立面的色彩、材质、划分等二维特征及阳台、窗洞、壁龛、墙柱、广告设施等三维元素会使广场空间在原有关系上获得一种新的尺度，并创造了广场特有的品质；在标志建筑方面，广场中的核心建筑可以是大尺度、大体量、造型独特的实体或纪念物，也可以是造型平凡但社会意义突出的建筑，其位置一般位于广场开口的视线方向上，以便使人一进入广场空间就能看到整体的宏伟画面。

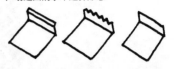
广场边围的水平边界形态

广场边围的垂直边界形态

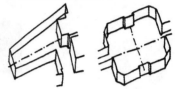
广场边围各组成部分的形态

图 3-29 广场围护面的形态语汇

3. 广场空间整体造型

广场的功能及其在城市空间中的角色是决定其空间整体造型的主要因素，形式并非自身的目的，一味追求广场形式而忽视功能就会导致混乱。阿明德（Aminde，1989）曾从广场造型的整体特征和一些引导性的功能而非外在形式出发，对广场进行类型化研究，根据整体空间效果区分广场：大厅式广场（封闭广场），花园广场（带树阵的开敞广场），口袋式广场（单边联系、半开放的广场），核心广场（带中央建筑的广场），建筑广场（带有重要建筑物的广场），广场组合，向心广场（空间衔接），街道式广场，雕塑型广场（建筑物强烈的垂直效果），以及零碎空间的广场（图 3-30、图 3-31）。

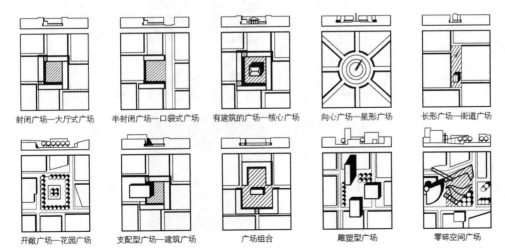

封闭广场—大厅式广场　半封闭广场—口袋式广场　有建筑的广场—核心广场　向心广场—星形广场　长形广场—街道广场

开敞广场—花园广场　支配型广场—建筑广场　广场组合　雕塑型广场　零碎空间广场

图 3-30 广场功能与空间整体造型

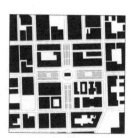

路易斯安那州新奥尔良杰克逊广场　　佐治亚州萨凡纳约翰逊广场　　马萨诸塞州波士顿路易斯堡广场　　马里兰州巴尔的摩弗农山广场

马萨诸塞州波士顿邮局广场　　宾夕法尼亚州费城利顿豪斯广场　　新墨西哥州圣塔菲市圣塔菲广场　　马里兰州巴尔的摩弗农山广场

意大利罗马坎皮多里奥广场　　意大利锡耶纳坎波广场　　法国巴黎星形广场　　法国巴黎旺多姆广场

图 3-31　欧洲城市广场实例

3.3.4 绿地形态语汇

绿地是城市整体环境的柔性基础，主要包括公园绿地、生产绿地、防护绿地、附属绿地和其他绿地五种类型，其形态表现为点状、线状或面状。点状绿地主要是各类公共建筑外部空间的小型绿化广场、庭院、小游园等，以及位于道路红心外的独立存在的街头绿地，具有布局灵活、分布广泛的特征；线状绿地主要是道路红线内部、道路两旁及分隔带内种植的树木和绿篱，具有连续性和明显的方向性；面状绿地主要是综合公园和带状公园，为人们提供游憩、娱乐、观赏、运动等场所（图 3-32）。

佐治亚州萨凡纳的点状绿地

南卡罗来纳州查尔斯顿的点状绿地

约旦阿曼的点状绿地

西班牙巴塞罗那的点状绿地

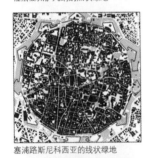
塞浦路斯尼科西亚的线状绿地

捷克共和国布拉格的线状绿地

法国尼斯的线状绿地

纽约的线状绿地

叙利亚阿勒波的面状绿地

以色列耶路撒冷的面状绿地

美国伊利诺斯州芝加哥的面状绿地

中国北京的面状绿地

丹麦哥本哈根的点状+面状绿地

俄罗斯圣彼得堡的点状+面状绿地

德克萨斯州奥斯丁的点+线+面状绿地

西班牙毕尔巴鄂的点+线+面状绿地

图 3-32 不同城市中的绿地形态

在街区中布置绿地时，应结合建筑群体的空间形态及组织方式进行一体化设计。当建筑群组织较为自由、开放时，可通过点状、线状、面状的绿地将若干建筑进行联系，增强街区空间的整体性；当建筑群组织呈较为封闭的围合状时，可通过在围合形成的内院空间中加入点状、线状、面状绿地，形成舒适、良好的环境氛围；当建筑首层占地面积较大时，可通过在垂直方向引入不同形态的绿地，营造交往、观景、活动等不同属性的公共空间。对于相邻的街区而言，可以通过在各街区内设计具有相似或延伸形态的绿地，增强街区之间的有机联系，也可通过序列化的绿地景观对街区中的主要路径进行引导和强化（图 3-33）。

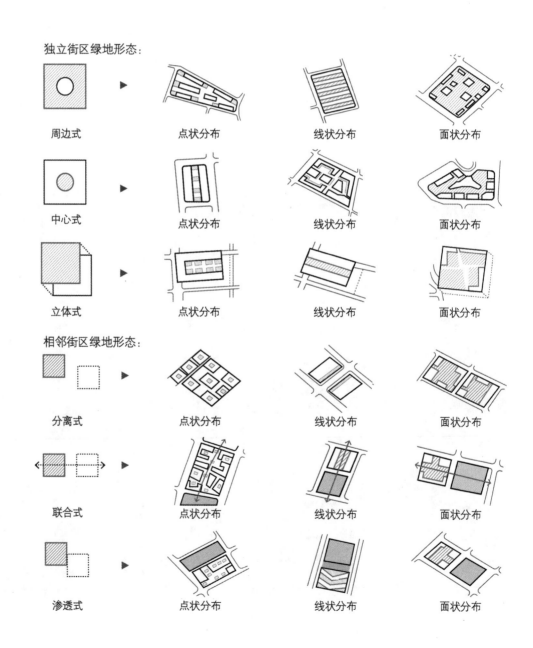

图 3-33　街区中的绿地形态

1. 点状绿地形态语汇

布置在建筑周边的点状绿地主要用于烘托建筑形象或提示建筑入口，具有改善局部环境、增强空间辨识度等作用。常见的点状绿地空间形式有完全围合式和半围合式，完全围合式绿地一般位于建筑群中心，被建筑全面包围，成为由建筑或建筑群划分的半公共空间（图 3-34）；半围合式绿地通常至少有一面面向城市开放空间，如滨水空间或城市主干道等，是外部公共空间的重要组成部分（图 3-35）。

2. 线状绿地形态语汇

沿城市主干道布置的线状绿地常利用对称形式突出其线性空间关系；沿机动车、非机动车及步行等多种交通方式并行的城市次干道布置的线状绿地，往往采用网格构架方式，为人们创造健康、舒适的绿色通行网络；沿城市支路布置的线状绿地由于受到道路红线限制，较少采用连续的形式。除道路沿线的绿地外，用以联系多个建筑单体的景观性线状绿地，也会采用不规则的曲线形态，与建筑形成对比与反差。

3. 面状绿地形态语汇

面状绿地以公园绿地为主，其形态通常表现为几何式、自由式或混合式。几何式绿地强调轴线的统率作用，具有庄重、开敞、明确的景观意象，其形态通常与公园平面中的主轴线及次轴线呼应，以单纯的几何形态、行列式、对称式为主，用以塑造鲜明的空间形象；自由式绿地强调自然手法，以自由曲面或不规则形态为主，植物种植会采用孤植、丛植、群植、密林等方式，用以营造层次丰富、富有趣味性的空间；混合式绿地融合了自由式和几何式的设计手法，或者全局没有明显的自由形态特征，或者在自由形态的山水中安置大面积的几何形景观场所，混合式绿地具有很强的适应性，可根据建筑群体的空间类型和设计理念进行适当选择（图 3-36）。

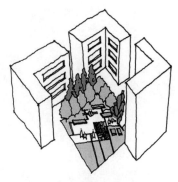

图 3-34　完全围合式的点状绿地

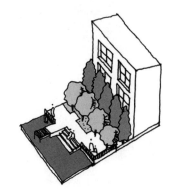

图 3-35　半围合式的点状绿地

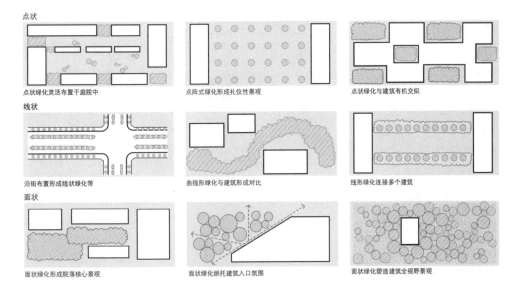

点状绿化灵活布置于庭院中　　点阵式绿化形成礼仪性景观　　点状绿化与建筑有机交织

线状

沿街布置形成线状绿化带　　曲线形绿化与建筑形成对比　　线形绿化连接多个建筑

面状

面状绿化形成院落核心景观　　面状绿化烘托建筑入口氛围　　面状绿化塑造建筑全视野景观

图 3-36　绿地形态语汇及其空间效果

3.3.5　水体形态语汇

　　城市空间中水体的尺度及开发模式差异决定了其不同的形态表征。在尺度方面，大尺度的水体通常是城市濒临的海域或湖泊河流，其水域宽广，主要起隔离作用，如果陆地被水面包围，则会形成安静的孤岛氛围，或在滨水岸边修建亲水设施，营造舒缓惬意的"亲水空间"（图 3-37 ）。

大尺度的水体形态

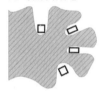   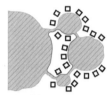

形成半岛　　　　　　形成指状水域　　　　　形成岛屿　　　　　　形成岛状水域

图 3-37　大尺度的水体形态语汇

摩纳哥蒙特卡洛　　　荷兰阿姆斯特丹　　　瑞典斯德哥尔摩　　　希腊比雷埃夫斯

　　小尺度的水体主要是人工塑造的水景观，其形态可与周边建筑形成多种对话关系，如水景包围建筑、建筑包围水景、水景与建筑相互穿插、水景与建筑形成对比等，通过水体的几何形态或自然形态转变，塑造或静谧、或内聚、或轻松、或活跃的空间整体意象（图 3-38 ）。

小尺度的水体形态

  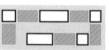

形成环绕建筑物的水景　　　水景位于建筑群中间，成为统　　以水景配合建筑物，形成完整
　　　　　　　　　　　　　一作用的焦点　　　　　　　　的组合

水景平面形式与建筑物平面形　水景平面形式与建筑物平面形　中庭式水景
式类似　　　　　　　　　　　式形成对比

利用水景界定基地使用区域　　利用水景配合基地交通流线　　水景曲折处理并与通道相交

图 3-38　小尺度的水体形态语汇

水景平面形式与其他形式配合　水景平面形式与其他形式对比　水景流穿与其他系统之中

　　临近水体的滨水界域是水体设计的重点内容，包括滨水公共建筑群内部空间、建筑与滨水道路之间的过渡空间、滨水开敞空间、驳岸空间和水域空间等。滨水界域形态应当形成一个有机的序列，高低跌宕、起伏有致，以便伴随人视线的产生动态美感，可在连续的滨水界域内增加标志性的建筑、建筑群或构筑物，对人的视线形成吸引，塑造滨水空间的特色和象征（图 3-39）。如上海的东方明珠是整个滨江沿线的核心和制高点，将原本零散的沿江轮廓线加以整合，成为上海最深入人心的标志性场景。

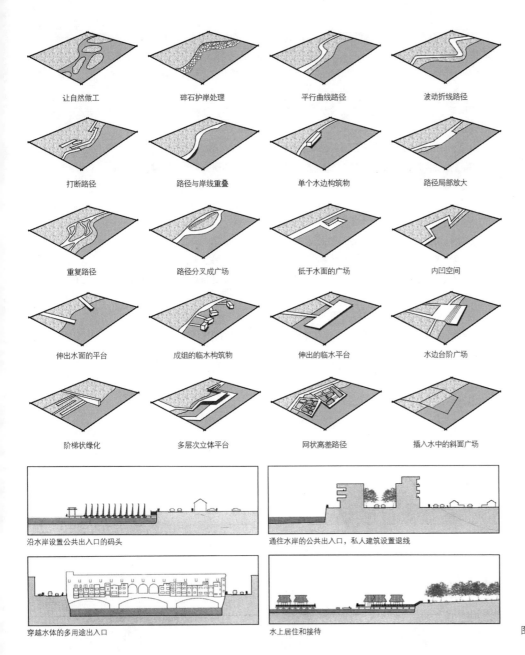

图 3-39　滨水界域的形态语汇

课后思考

1. 建筑群体组合的模式有哪些？

2. 建筑群体组织的一般原则是什么？

3. 商业、商务、居住类建筑群体常见的形态类型有哪些？

4. 街道、广场、绿地、水体常见的形态类型有哪些？

推荐阅读

[1]   徐岩，蒋红蕾，杨克伟.建筑群体设计 [M].上海：同济大学出版社，2000.

[2]   普林茨著.城市设计（下）——设计建构 [M].吴志强译制组，译.北京：中国建筑工业出版社，2010.

[3]   [美]斯皮罗·科斯托夫.城市的形成：历史进程中的城市模式和城市意义 [M].单皓，译.北京：中国建筑工业出版社，2005.

[4]   库德斯.城市结构与城市造型设计 [M].秦洛峰，蔡永洁，魏薇，译.北京：中国建筑工业出版社，2007.

[5]   凯文·林奇，林庆怡.城市形态 [M].陈朝晖等，译.北京：华夏出版社，2001.

[6]   [英]帕特里克·格迪斯.进化中的城市：城市规划与城市研究导论 [M].李浩等，译.北京：中国建筑工业出版社，2012.

[7]   卡莫纳等.城市设计的维度.公共场所—城市空间 [M].冯江等，译.南京：江苏科学技术出版社，2005.

[8]   刘捷.城市形态的整合 [M].南京：东南大学出版社，2004.

[9]   汪丽君.建筑类型学 [M].天津：天津大学出版社，2005.

[10]   芦原义信.外部空间设计 [M].尹培桐，译.北京：中国建筑工业出版社，1985.

[11]   克利夫·芒福汀.街道与广场 [M].张永刚，陈卫东，译.北京：中国建筑工业出版社，2004.

[12]   蔡永洁.城市广场 [M].南京：东南大学出版社，2006.

[13]   迪鲁·A·塔塔尼.城和市的语言 [M].北京：电子工业出版社，2012.

[14]   李昊.城市公共空间的意义——当代中国城市公共空间的价值思辨与建构 [M].北京：中国建筑工业出版社，2016.

第4章
既有空间活化
更新型城市设计案例解析

4.1 更新型城市设计概述

4.2 更新型城市设计形态模式

4.3 建筑空间环境更新语汇

本章导读

01 本章知识点

- 更新型城市设计的内容目标;
- 更新型城市设计的设计原则;
- 更新型城市设计的设计语汇;
- 更新型城市设计的典型实例。

02 学习目标

- 了解更新型城市设计的基本模式及特征;
- 熟悉更新型城市设计典型实例的改造背景、设计方法及操作手法,掌握更新型城市设计的基本操作方法。

03 学习重点

熟悉典型既有城市片区空间更新操作实例;掌握城市更新的设计方法;掌握各类设计语汇的适用场景和应用重点。

04 学习建议

- 开发与更新代表着城市"增量"与"存量"的两种发展方式,学习者需注意两者设计目标和任务有本质上的差异,要结合城市发展的时代背景进行拓展思考。
- 不同类型城市区域的空间设计具有不同特点和侧重,学习者可以结合本章提供的典型案例的深入解析,强化对更新型城市设计的理解,以更好地将设计手法与设计任务的类型需求相适应;
- 本章更新语汇的学习和应用与设计地段的等级、规模等联系密切,学习者可以结合多案例的梳理、归纳和解读来进行横向与纵向的类比学习;
- 本章内容与后章"新区空间设计"共同影响着城市设计在不同层面的设计表达,学习者可结合相关内容进行关联学习,强化知识体系的整体认知。

4.1　更新型城市设计概述

更新型城市设计是建立在城市地段历史文化价值的基础上，于保护的前提下进行创新。其设计对象通常是见证城市历史发展、蕴含丰厚的历史人文信息的城市片区，是体现城市特色和人文价值的核心地区。此类地段经历时间的沉淀，已经形成相对完整的空间形态，对于当地居民而言具有强烈的情感认同。因此，此类规划设计应更加重视地段物质环境建设所涵盖的文化内涵和空间品质，适应当代城市生活的活力提升诉求，以实现地段复兴。

4.1.1　内容与目标

既有空间是城市文化的载体，亦是市民生活的家园。伴随人们对幸福生活的追求和环境品质需求的提升，城市空间的去废更新主要着手于土地升值、功能提升、空间优化、形象升级等相关内容，以推动城市人文历史、社会经济和环境品质等方面的综合性全面复兴，见表 4-1。

表 4-1　更新型城市设计的内容与目标

	项目	要点
更新型城市设计内容	土地升值	土地作为不可再生的稀缺性资源，是城市发展的根本所在。在新增城市土地资源极其有限的背景下，城市更新通过进一步挖掘土地价值，提升城市功能和环境品质，成为实现城市空间和功能的战略性优化、促进经济可持续发展的必然选择和重要抓手
	功能提升	城市功能配置符合特定时期的社会经济特征，城市发展必然会带来社会和产业功能的升级换代。城市更新通过资源配置的优化调整推动功能业态转型，为城市发展提供持续的动力源泉和物质基础
	空间优化	生活方式具有鲜明的时代性，相对稳定的物质空间无法持续适配变化的社会生活，导致活力下降、机能衰退等问题显现。城市更新通过对既有空间的改造活化和品质提升，替换衰败的物质空间，令其焕发新的活力，满足新时期城市居民生活的需要
	形象升级	经济发展推动城市居民生活水平的提升，公众审美需求亦随之升级，并集中反馈在城市建设任务当中。城市更新通过对都市形象的优化与重塑，让城市旧区展现出和谐的空间形态、深厚的文化底蕴和充沛的现代化活力
更新型城市设计目标	环境品质复兴	环境品质的复兴是城市环境综合复兴的先决条件，包括自然生态环境和人工建成环境两方面。针对城市既有片区年代久远及维护匮乏的普遍状况，应通过逐步更新改变其自然生态和人工建成环境的破败地域形象，适应当代建筑室内外环境的品质诉求，促进城市环境的综合提升
	人文历史复兴	人文历史的复兴为城市环境综合更新注入内涵。基于城市旧区深厚的历史文化渊源，通过适宜的改造提高城市文化品质，促使市民认同历史片区的人文价值和情感价值。但需要强调的是，对于人文历史的判定应避免狭隘的历史观，将既有片区打造为某一特定历史年代的风貌地区，而丧失了地段人文内涵的丰富性
	社会经济复兴	社会经济的复兴则为城市环境综合复兴提供持续的资金支持。基于城市既有片区优越的区位条件、相对完善的基础设施和较高的土地价值，通过适宜的更新活化策略，必然能够提升片区功能的复合性和多样性，满足各类人群的综合需求，以提升区域活力，刺激城市经济形成新的经济增长点

4.1.2　原则

城市建成环境中的既有建筑空间、场所景观环境以及社会文化生活都并非孤立存在，他们之间存在不同程度的相互关联和影响。故而应结合城市既有空间更新活化的实践经验，从整体环境、历史文脉、社会生活、功能使用和可持续发展等方面进行综合考虑，遵循以下五点设计原则。

1. 环境整体性原则

整体性是现代城市设计的基本原则，包含两个层面的含义：一是城市区域的整体性，既有片区是城市整体的组成部分，更新活化应基于全局出发，从活动系统、交通系统等多方面强化既有片区与城市整体的联系。二是既有片区自身的整体性，须考虑城市旧区的复兴发展战略，从整体入手，综合考虑城市旧区各组成部分间的秩序，使区域活力得到复兴。

2. 文脉延续性原则

城市既有片区大多都蕴含着丰富多样的本土文化，是体现地方特色和文化多样性之所在。更新型城市设计应发掘既有片区的文化内涵，关注场所与人的关系，尊重人们的体验、感受以及历史文脉的延续。在传承历史文化信息的同时，融合现代建筑语言，注入多元的现代活力，建立"历史""当下"与"未来"之间的时间与文脉关联。

3. 社会公平性原则

社会环境的自由、公正和经济的持续繁荣是维持城市健康持续发展的重要保障。更新型城市设计应当妥善协调不同社会群体的利益，促进社会公平，使城市成为所有公民的家园；应当致力于促进城市经济繁荣稳定发展，为城市发展创造更多的积极因素，促进人民的积极性，提高城市的经济活力。

4. 空间适宜性原则

更新改造过程须从使用的安全性、建造的规范性、改造的经济性三个方面着手。首先，必须对既有环境进行"安全性"评估，提供结构耐久、材料性能、安全疏散等方面的基础保障。其次，应结合国家相关规范要求对项目的实施管理过程进行调整与优化，在最大限度地满足使用需求的同时，确保建造施工的合理性和规范性。最后，应综合考虑项目运行的技术经济条件，统筹安排保留、修缮、改造、扩建、重建等不同更新策略，合理控制建设经济成本和技术标准要求，使之与地域发展水平相适应。

5. 可持续发展原则

更新活化应当以维护城市及周边地区的环境生态为原则，保障自然环境及生态系统的和谐稳定。城市既有片区中历史文化和社会经济上的繁荣都需要良好的整体环境来支持，环境学科与城市设计的契合也成为必然的趋势。实践中，我国许多城市旧区都有独具一格的生态环境，需要我们细心地保护和发扬，并适应当代的生产、生活需求变化进行创造性地发展。

4.2　更新型城市设计形态模式

在全球产业结构调整与升级的背景下，我国城市化建设迅速推进，传统"大拆大建"推倒重来式的新城建设模式已经逐渐被注重提升环境品质的内涵发展模式所替代。更新型城市设计作为城市发展过程中的调节机制，成为延缓城市衰退、促进城市发展的核心手段。

不同的更新项目有着各自不同的区位、背景、集体记忆以及其他情况，但这些不同情况无外乎围绕着拆除、保留、新建几种关系的处理方式，形成风貌延续、结构整合、景观提升、触媒激活等几种更新模式，见表 4-2。这些模式在整合城市现有资源的基础上，将既有整体空间格局与产业体系进行二次梳理和提升，并针对城市细节空间开展改造与更新，以尊重和开放的姿态迎接城市发展的品质提升，以精细化和专业化的路径激活城市生产力，从而创造新的价值。

表 4-2　更新型城市设计形态模式示意表

更新模式	操作方法	适用情况	案例名称
风貌延续型	保护和延续城市传统风貌，维持片区原有主要功能，基本保留原有肌理和一定存量的老旧建筑	1. 属于保护性改造策略 2. 可在原有街区的肌理上进行延伸，对局部建筑或空间进行精细化的管理和设计保护 3. 更新后的片区整体空间风貌较为完整，地方文脉得以延续	上海新天地城市更新设计
			上海田子坊城市更新设计
			成都宽窄巷子历史地段更新设计
结构整合型	针对片区特点，进行整体空间结构整合，将具有地方特色的街巷格局融入新的整体布局	1. 属于保护性、再生性改造策略 2. 可根据建筑形式置换部分功能以及布局合理的业态 3. 重构片区物质空间结构以适合现代生活与发展的实用性需求	深圳水围 1938 文化区更新设计
			北京首钢冬奥广场更新设计
			佛山岭南新天地历史地段更新设计
景观提升型	依托片区内的既有环境，设计新的公共空间及景观节点，使该片区的景观风貌得到综合提升	1. 属于再生性、重生性改造策略 2. 可根据生态休闲、艺术交流、商业娱乐等城市公共活动进行设计 3. 更新后的片区景观空间体系与现代城市协调共生	纽约高线公园更新设计
			哥本哈根超级线性公园更新设计
			上海杨浦滨江公共空间更新设计
触媒激活型	结合片区内原有主要功能，植入休憩、交通、公共交往等点状或线状触媒，激发片区活力	1. 属于再生性、重生性改造策略 2. 可通过优化景观环境，疏散交通网络，增加逗留空间等开展设计 3. 对周边环境的影响与冲击较小，实现空间与社会价值的共享共赢	深圳沙井古墟历史地段更新设计
			南京小西湖历史地段更新设计
			上海南京东路街道贵州西里弄更新设计

4.2.1 风貌延续型

上海新天地

时间： 1998年
地点： 上海市黄浦区
规模： 30000㎡

简介： 本项目以上海独特的石库门建筑旧区为基础，改造成为集餐饮、商业、娱乐、文化的休闲步行街。以中西融合、新旧结合为基调，将上海传统的石库门里弄与充满现代感的新建筑融为一体。使片区既成为上海传统建筑文化的象征、空间和城市建设中不能割裂的城市文脉，同时也是城市更新与城市经济发展进程相结合的典型代表。

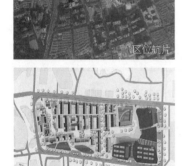
区位航片

总平面图

建筑肌理

空间结构

实景照片	节点模型	平面分析	剖面分析
		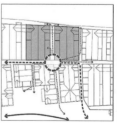	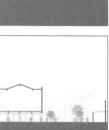

上海田子坊

时间：2000 年
地点：上海市黄浦区
规模：72000㎡

简介：本项目是由上海特有的石库门建筑群改建后形成的时尚地标性创意产业聚集区，也是不少艺术家的创意工作基地。在空间调整方面保留了与城市生活紧密联系的里弄交通空间格局，同时采用自下而上的可持续空间调整，使居民始终拥有充分的话语权和积极的参与性，该片区成为在保留城市历史文脉的基础上成功进行旧区复兴的典范。

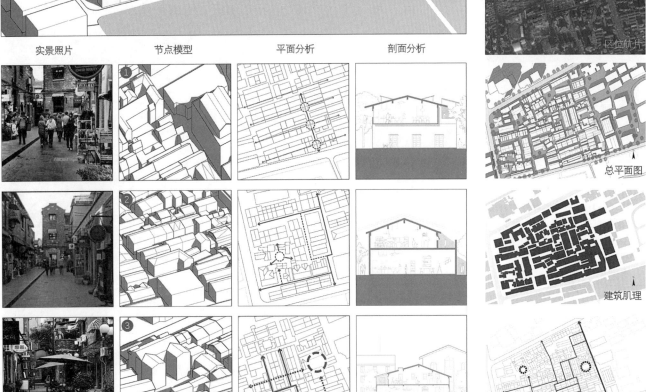

实景照片　　节点模型　　平面分析　　剖面分析

区位航片

总平面图

建筑肌理

空间结构

成都宽窄巷子

时间： 2005年

地点： 成都市青羊区

规模： 19335㎡

简介： 本项目未对整个街区进行推倒重建，而是采取循序渐进的方式，在最大限度保护历史风貌的同时，实施整体功能置换，成为成都休闲都市、市井生活的最佳体现。对清末民初时期的"街巷－院落"进行整体性保护，使用传统的建筑材料与施工工艺，同时保持加建部分的可识别性，延续在地记忆。

区位航片

总平面图

建筑肌理

空间结构

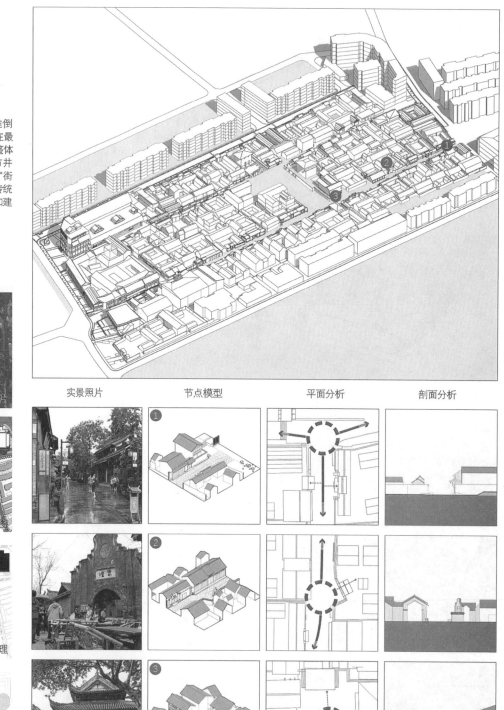

实景照片　　　节点模型　　　平面分析　　　剖面分析

4.2.2 结构整合型

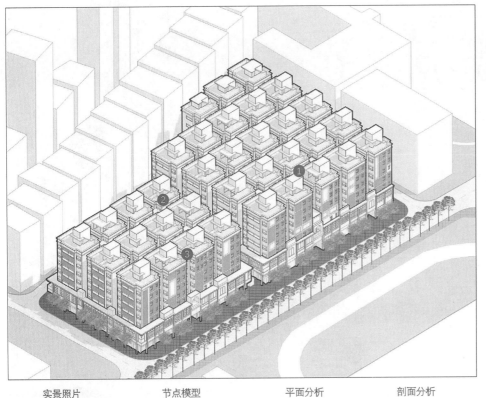

深圳福田水围 1368

时间：2017年
地点：深圳市福田区
规模：8000㎡

简介：本项目将城中村原有的29栋"握手楼"改造为504间人才公寓，为外来人口提供足够的廉价保障性住房。改造设计保持了原有的城市肌理、建筑结构及城中村特色的空间尺度，并通过提升消防、市政配套设施及电梯，成为符合现代标准的宜居空间。在为老社区注入新价值的同时，引发新旧社区居民自身的参与与交融，从而达到活化目的。

区位航片

实景照片	节点模型	平面分析	剖面分析

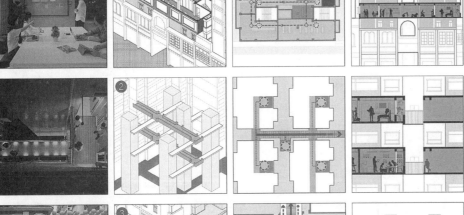

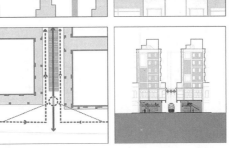

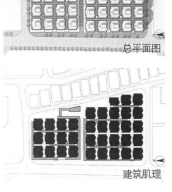

总平面图

建筑肌理

空间结构

北京首钢冬奥广场

时间： 2017年
地点： 北京市石景山区
规模： 870000㎡

简介： 本项目所在地块内留有转运站、料仓、筒仓和泵站等十个工业遗存，借由冬奥会的强大助推，片区被改造为集办公、会议、展示和配套休闲为一体的综合园区。面对厚重的工业历史，设计使用"忠实的保留"和"谨慎的加建"两种手法，将工业遗存变成崭新的办公园区，表达对既有工业建筑的尊重，同时赋予老旧的建筑物第二次生命。

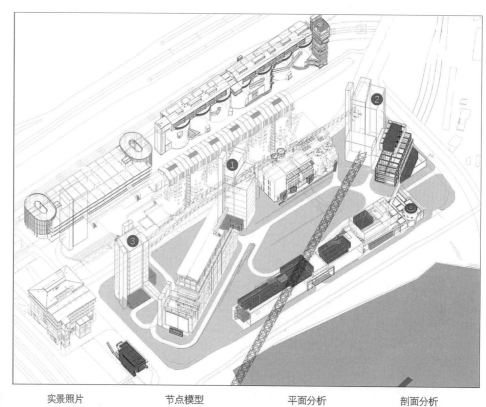

区位航片

总平面图

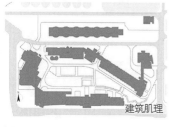
建筑肌理

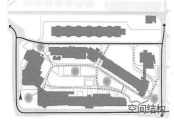
空间结构

实景照片   节点模型   平面分析   剖面分析

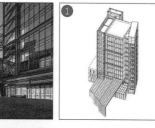
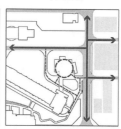

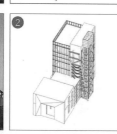
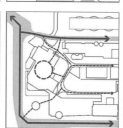
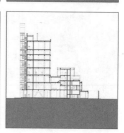

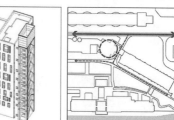
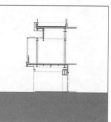

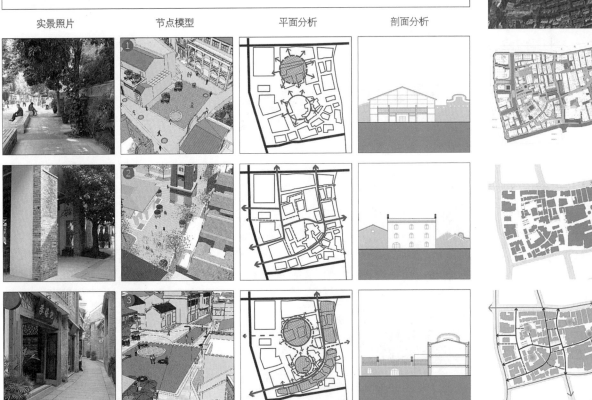

佛山岭南天地

时间: 2008年
地点: 佛山市禅城区
规模: 650000㎡

简介: 本项目以祖庙、东华里、历史风貌区为发展主轴,用现代化的手法保护和改造片区内的 22 幢文物建筑及众多的优秀历史建筑,延续历史街巷,创造尺度宜人的开放空间。通过空间改造,植入居住、办公、娱乐、文化等功能,延续佛山本土的地域建筑风貌,打造佛山新地标。

实景照片　　　　节点模型　　　　平面分析　　　　剖面分析

区位航片

总平面图

建筑肌理

空间结构

4.2.3　景观提升型

纽约高线公园

时间：2009年
地点：纽约曼哈顿
规模：全长2.4km

简介：本项目原是一条铁路货运专用线，在废弃后将其与河滨开放空间相融合，置入草坪、座椅台阶、铁轨步行道、表演空间、游乐场等，以点带线完成更新，形成全新的城市公共空间景观。项目为高密度的城市空间构建了一处可改善气候的小型绿地系统，为市民及游客提供了一处可以开展丰富活动的场所，使原本颓败的区域重新焕发生机。

区位航片

总平面图

建筑肌理

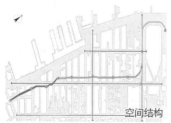

空间结构

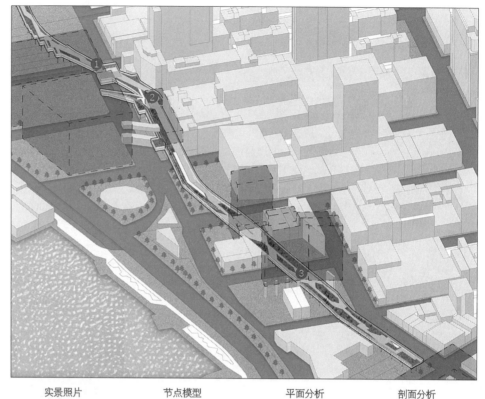

实景照片	节点模型	平面分析	剖面分析

 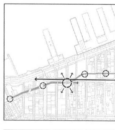 

  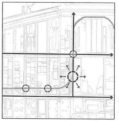 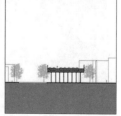

丹麦超级线性公园

时间： 2012年
地点： 丹麦哥本哈根
规模： 30000㎡

简介： 本项目是一个超级的建筑、景观、艺术结合体，在封闭的城市街区中植入三个色彩鲜明的区域，红色区域提供了文化活动空间，黑色区域是当地人天然的聚会场所，绿色区域提供大型体育活动用地。项目在提供公共休憩空间的同时进行城市展览实践，汇集并展示全球60个不同国度的代表性物质文化元素，使得片区具有令人思考的人文深度。

实景照片　　节点模型　　平面分析　　剖面分析

区位航片

总平面图

建筑肌理

空间结构

上海杨浦滨江

时间：2018年

地点：上海市杨浦区
规模：170000㎡

简介：本项目旨在"还江于民"，创造全新且连续的公共开放空间，让人们可以欣赏到原来被遮掩的城市江景，也为景观设计和公共活动增添新的内涵。设计采用有限介入、低冲击开发的策略，将老码头上遗留的工业构筑物、刮痕、肌理作为最真实、最生动、最敏感的映射的记忆进行保留，使城市文化在时间厚度中得以延续。

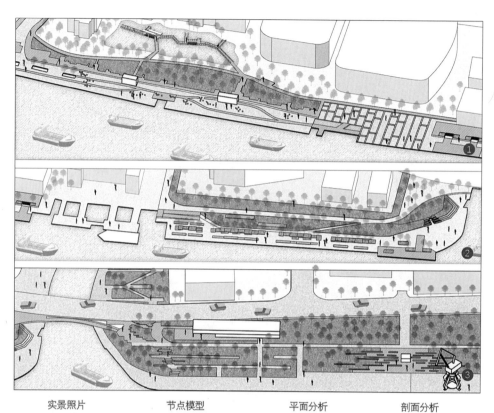

区位图

总平面图

建筑肌理

空间结构

实景照片	节点模型	平面分析	剖面分析
		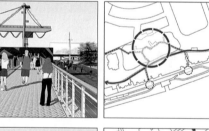	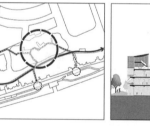
		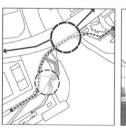	
		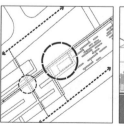	

4.2.4　触媒激活型

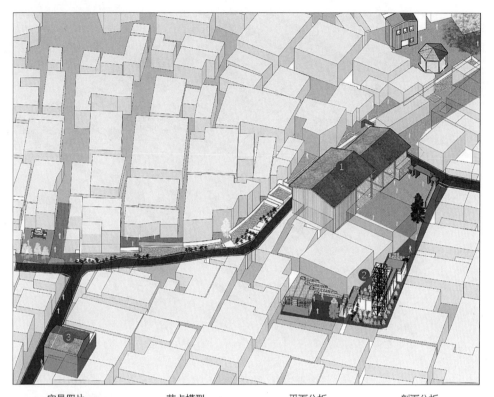

深圳沙井古墟

时间： 2020年
地点： 深圳市宝安区
规模： 260000㎡

简介： 本项目是包含了河流整治、景观设计、建筑和室内设计等项目在内的历史空间保护、激活、再生，其主体项目是对龙津河进行示范性水体整治和景观改造。同时在沿岸选择了有代表性的场域地点（如废墟、老屋、戏台等），采用"融合设计"方法，在保持场所特质的基础上，删繁就简、顺势营造，增加整个地区的在地空间吸引力。

区位航片

总平面图

建筑肌理

空间结构

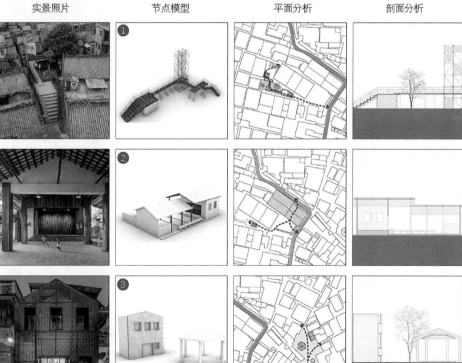

实景照片　　　　节点模型　　　　平面分析　　　　剖面分析

南京小西湖

时间： 2015年
地点： 南京市秦淮区
规模： 46900㎡

简介： 本项目所在地块是南京城南地区为数不多的较为完整地保留了明清风貌特征的居住型历史地段之一，在更新时采取"小尺度、渐进式"保护再生模式。留住原住民、重现烟火气，引进新业态、增添新活力，街巷的尺度得以保留，建筑的体量未曾变化，为老城保护更新打开了新视野。曾经挤满老旧危房的小西湖，如今已经焕发新的生机。

区位航片

总平面图

建筑肌理

空间结构

实景照片　　　　节点模型　　　　平面分析　　　　剖面分析

①

②

③

上海南京东路街道

时间： 2019年
地点： 上海市黄浦区
规模： 450㎡

简介： 本项目在有限的空间环境里，通过 12 个社区触媒点的微创性改造，在条件相对有限的情况下，植入相对合理的硬件设施，营造一个 1800㎡ 的社区共享客厅，通过为居民生活提供必要的生活空间，提升公共生活的精神品质，加强场所领域的归属感受，凝聚居民生活的共识性，从而带动社区向美好生活共同努力。

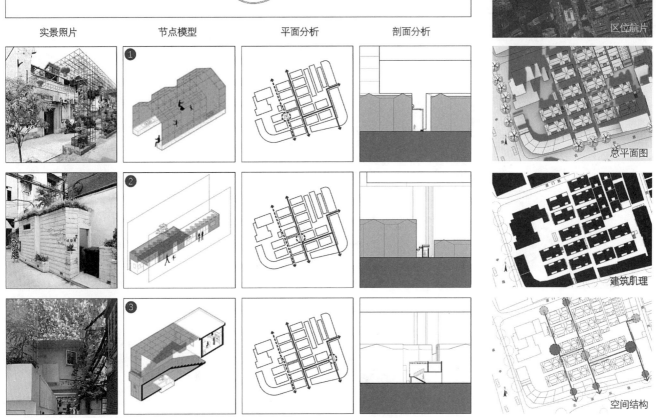

实景照片　　节点模型　　平面分析　　剖面分析

区位航片

总平面图

建筑肌理

空间结构

4.3 建筑空间环境更新语汇

随着更新型城市设计的推进，人们既需要更新后建筑满足工作、生活需求，又渴望拥有优美宜居的外部空间环境。建筑本体与其外部空间的更新模式是需要我们不断探索的重要课题。根据更新对象不同，大致可分为建筑群组形体更新、外部空间环境更新、建筑单体形体更新、建筑单体表皮更新四种模式。同时，在更新改造过程中由于使用的建筑材料不同，与既有建筑形成的关系也不同，因而形成了四种不同的建筑更新表征关系，见图4-1。

图4-1 建筑空间环境更新语汇

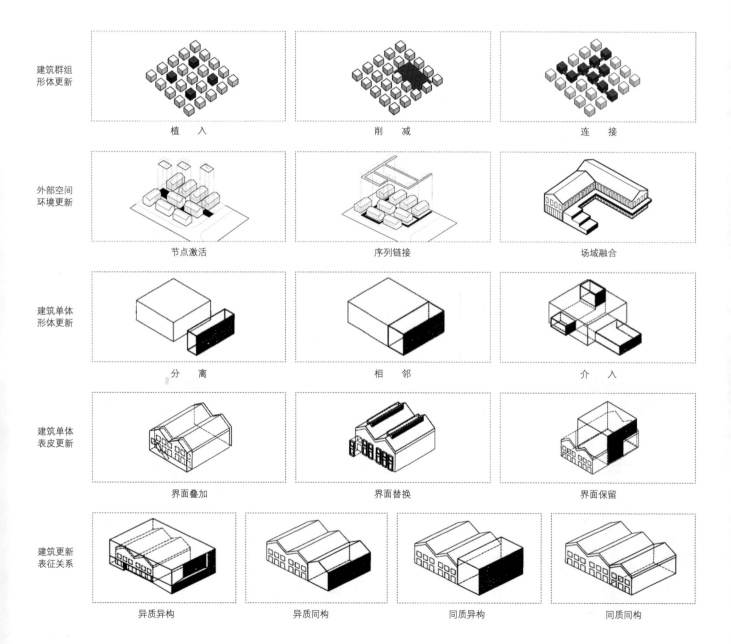

建筑群组形体更新 —— 植入 —— 削减 —— 连接

外部空间环境更新 —— 节点激活 —— 序列链接 —— 场域融合

建筑单体形体更新 —— 分离 —— 相邻 —— 介入

建筑单体表皮更新 —— 界面叠加 —— 界面替换 —— 界面保留

建筑更新表征关系 —— 异质异构 —— 异质同构 —— 同质异构 —— 同质同构

4.3.1　建筑群组形体更新

伴随我国城镇化进程进入内涵式发展新阶段，城市发展重心由增量向存量转变，发展方式由以往的外延扩张向存量优化逐步转型。新区建设犹如在白纸上画画，而既有建筑群组的更新改造过程更像一场考古挖掘，随时有新问题和新亮点呈现。根据操作手法不同，复杂多变的既有建筑群体改造模式可分为植入、削减、连接三种（表 4-3）。这三种模式虽在手法上有所不同，但最终都是为了达到改善片区整体环境品质、提升片区活力的目的。

表 4-3　建筑群组形体更新示意表

更新模式	操作方法	适用情况	模式图例
植入	在建筑群组中植入一系列公共空间，使其在空间上相互联系呼应而又互不相邻，对片区建筑群体进行微创式更新	1. 属于保护性改造策略 2. 以散点植入的方式进行更新，由静至动地全面激发片区活力	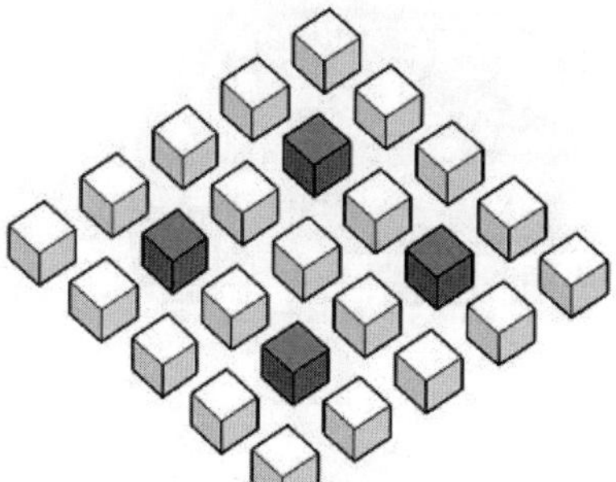
削减	在建筑群组中拆除一部分利用价值不高的建筑，在城市原有肌理中打开一个"透气孔"，使得建筑与场地和谐相融	1. 属于再生性改造策略 2. 以削减肌理的方式进行更新，拆除建筑后的用地应延续与发展片区原有的场地特性与功能	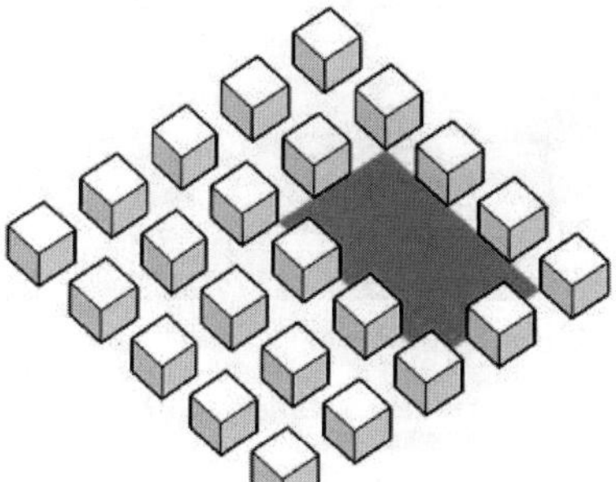
连接	在建筑群组中置入一系列公共空间，连点成线，激活片区；或在建筑群组中直接置入线状连接结构，创造立体式公共空间	1. 属于保护性、再生性改造策略 2. 以置入线状公共空间的方式进行更新，置入体量既连接既有建筑，又对交通系统进行引导梳理	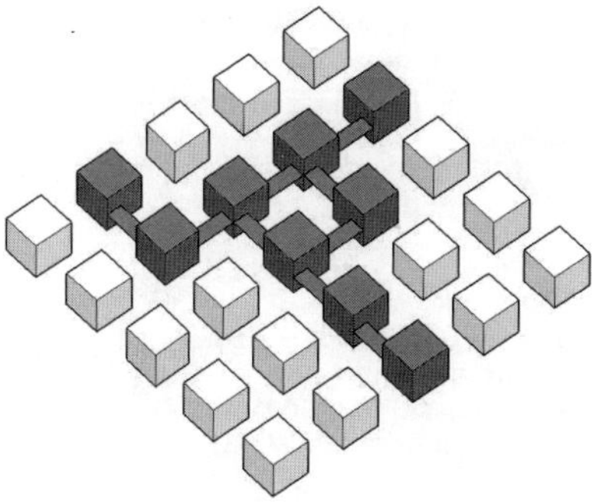

1. 植入

卢浮宫金字塔入口
贝聿铭, 巴黎, 1989

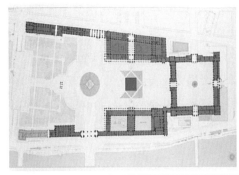 

简介: 本项目在卢浮宫原有建筑群体中植入由玻璃和钢铁组合成的金字塔, 为卢浮宫提供新入口并为下方空间提供光照, 同时缓解了每日数以千计游客的拥堵问题。

北京密云儿童活动中心
REDe Architects + 末广建筑, 北京, 2021

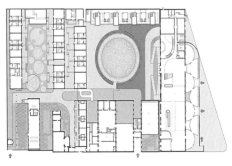 

简介: 本项目在建筑群体中植入圆环坡道和钢格栅平台, 构建西侧营地与东侧餐厅屋顶露台之间的联系, 同时为地面活动提供半透明遮阳区, 增加空间趣味性。

2. 削减

古驰米兰新总部更新改造
Piuarch, 米兰, 2018

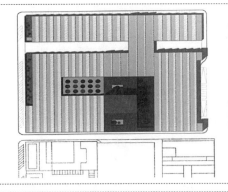 

简介: 本项目采取削减的手法, 在对废弃工业仓库充分利用的同时, 拆除部分仓库, 并将一座六层高的大楼与工业风的旧仓库合并, 使得建筑和谐相融。

老剧场文化公园
厦门都市环境设计工程有限公司, 厦门, 2016

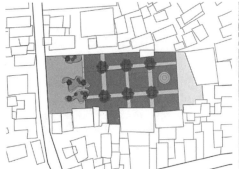 

简介: 本项目拆除部分建筑在密集的城市肌理中打开一个"透气孔", 让老城重获新生。延续与发展原有场地特性与功能, 提供一个文化活动孵化器和展示区。

3. 连接

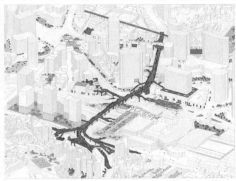

首尔空中花园
MVRDV，首尔，2017

简介：本项目将废弃的高架桥转变成一座被 16 米高的钢筋混凝土结构架于空中的公共花园；同时引入品种繁复的本土植物，以期望未来作为催化剂，推动城市绿化。

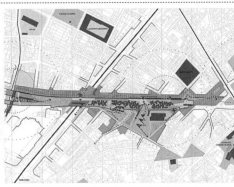

巴塞罗那铁轨花园
Ana Molino architects，巴塞罗那，2016

简介：本项目旨在对建于 20 世纪的火车与地铁轨道进行改造，在设计时将一个通透的 "盒子" 笼罩在铁轨上方，最终打造出一个 800m 长的空中花园。

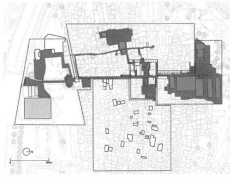

深圳市南头古城改造
都市实践，深圳，2018

简介：本项目在古城片区梳理出一条空间改造和展览植入高度吻合的叙事主线，并在其中植入广场、公园、剧场等公共功能，重建南头十分匮乏的公共开放空间系统。

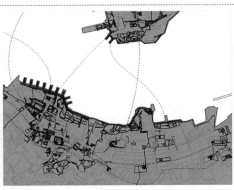

香港中环空中步行系统
香港，2004

简介：本项目把各种城市职能整合成一个巨型城市综合体，使得各建筑组群皆突破原有的街区界限相互联系共同发展。解决了当地人车冲突，创造了宜人的生活环境。

4.3.2　外部空间环境更新

外部空间环境更新设计在提升环境品质、塑造场所记忆、延续城市文脉等方面都起着关键性作用。在具体操作时，可通过置入点状、线状、片状景观节点，对外部空间环境进行保护、激活、再生，增加整个片区的在地吸引力。就其更新模式而言，可分为节点激活、序列连接、场域融合三种模式（表4-4）。

表4-4　外部空间环境更新示意表

更新模式	操作方法	适用情况	模式图例
节点激活	在建筑群体外部空间环境中，置入单个或多个点状景观触媒，如景观小品、装置陈设、点状绿地等，对片区进行微创性更新，借此瓦解原本僵化的空间形态，形成静谧舒适的空间感受	1. 属于保护性、再生性改造策略 2. 植入的散点状景观节点提升原有空间环境品质，从而激活片区	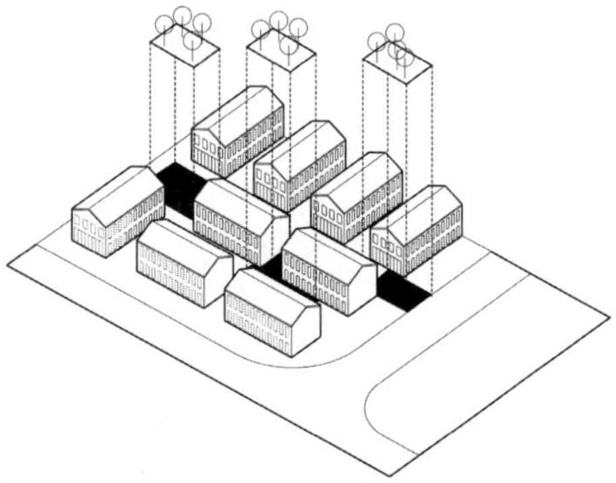
序列连接	在建筑群体外部空间环境置入一系列景观节点或直接置入线状景观序列，如一系列艺术装置、景观敞廊、文化展廊等，借此形成视觉导引及室内外联系，重塑片区空间环境	1. 属于保护性、再生性改造策略 2. 通过新植入的线状序列融入原有空间环境，形成新的空间秩序	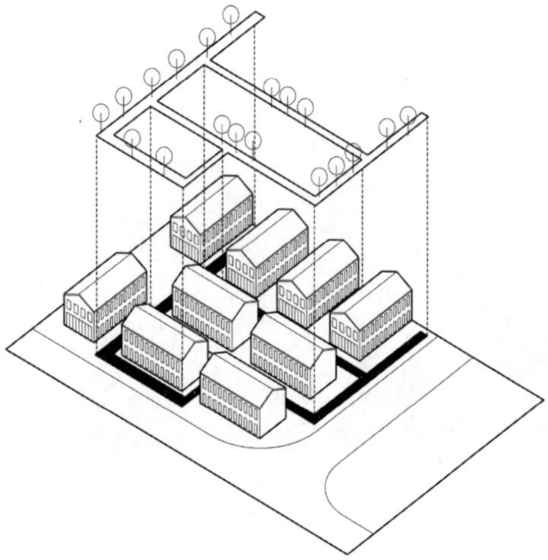
场域融合	在建筑群体外部空间环境置入面状景观节点或直接对片区内闲置场地进行景观改造，从而为片区注入大量景观、休憩、交往空间，充分激发片区公共潜力，使得室内外空间相互呼应融合	1. 属于保护性、再生性改造策略 2. 使建筑空间与其外部环境融合，形成和谐共生的场域	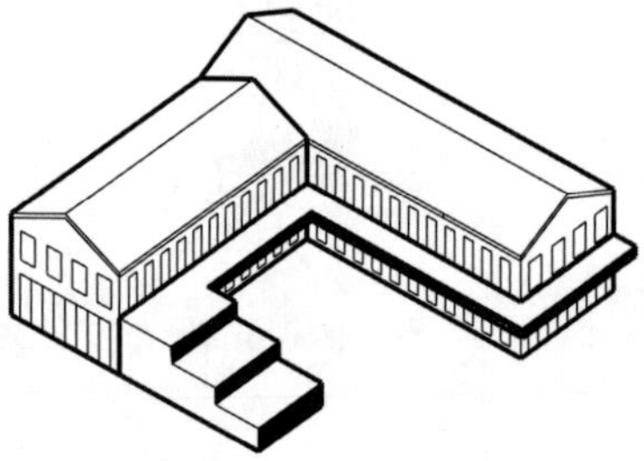

1. 节点激活

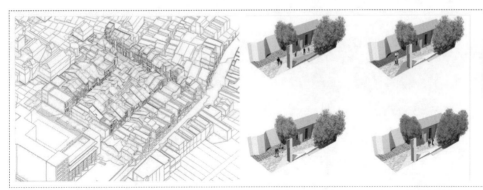

广州永庆坊城市改造设计
竖梁社，广州，2017

简介：本项目在老城区中植入多个文化节点及自然节点，通过这些公共空间节点的营造，使片区成为一个既吸引人气又不影响原住民生活的地标。

同济大学四平路校区景观微更新
同济大学建筑设计研究院，上海，2019

简介：本项目对场地内散落的点状停车位进行改造，以场地中原有和新植的乔木作为景点的名称，营造静谧舒适的休憩场所，美化校园环境，创造绿色空间。

2. 序列连接

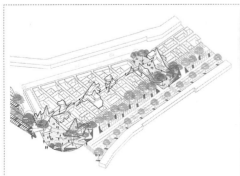

广州天健领域改造更新广场设计
BEING 时建筑，广州，2019

简介：本项目通过在原建筑内外空间介入了一系列抽象化艺术山体装置，形成视觉导引，借此瓦解了原来僵化的建筑空间形态，重塑总体空间的印象。

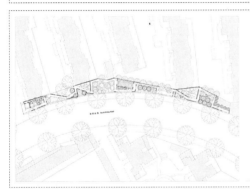

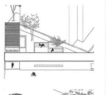

上海昌里园景观设计
梓耘斋建筑，上海，2020

简介：本项目确立了折线型的游园连廊，走向内外凹凸，不仅与小区内部的环境形成呼应，扩展视野，同时也在为街道提供拓展性的口袋空间。

3. 场域融合

摩尔广场
Christopher Counts Studio, 罗利, 2014

简介：本项目在对有着220年历史的广场进行改造时，巧妙地打破了传统的棋盘式结构，并其中注入大量景观、休憩空间，充分激发了广场的公共潜力。

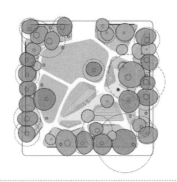

白云庭院
Wutopia Lab, 上海, 2020

简介：本项目为一个被居民楼围合的微型公共绿地，并在其中置入亭子、曲径及观赏性的植物，人们提供休憩聊天的场所，使日渐消沉的社区中心成为户外公共客厅。

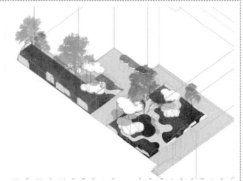

上海佳虹家园景观设计
梓耘斋建筑, 上海, 2019

简介：本项目在社区入口处植入片状绿地，同时将一条线性的异形曲廊置入场地，一方面调整并重新界定了社区边界；另一方面，将原本松散隔离的活动场地串联起来。

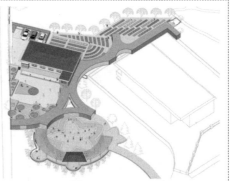

翔殷三村社区花园更新
VIASCAPE + UPADI, 上海, 2019

简介：本项目在社区中心花园的硬质场地中植入片状绿化，在增加居民行为路径的基础上，形成多个可以互动又可独立使用的小规模休憩交往空间。

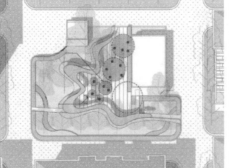
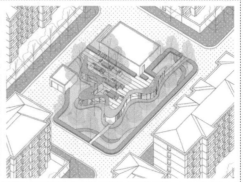

4.3.3　建筑单体形体更新

单体形体更新可依据新旧建筑关系分为分离、相邻、介入等模式，见表 4-5。

表 4-5　建筑单体形体更新示意表

更新模式		操作方法	适用情况	模式图例
分离	关联延续	新建筑与既有建筑分离布置，并与既有建筑保持相互关联的延续关系，包括同、异质延续；轴线延续等方式	1. 属于保护性改造策略，对既有建筑综合值进行延续 2. 新建与既有建筑采取间隔一定距离的布局方式，相互独立，新建建筑对既有建筑的影响程度较低	 关联延续　　呼应围合
	呼应围合	新建筑与既有建筑分离布置，并与既有建筑保持相互呼应的围合关系，包括 L 形围合、U 形围合等方式		
相邻	水平相邻	新建建筑与既有建筑在水平方向邻近布置，通过共用结构或连接体连接	1. 属于保护性、再生性改造策略，对既有建筑综合值进行拓展 2. 新建与既有建筑采取相邻布局方式，对既有建筑影响程度较低，一般采取共面或连接体方式连接	 水平直接相邻　　水平过渡相邻
	竖向相邻	新建建筑与既有建筑在竖直方向邻近布置，在既有建筑顶部直接或间隔一定距离建造		 竖向分离加顶　　竖向连续加顶
	包容相邻	新建建筑以立体覆盖或平面围合的形式，将既有建筑全部体量包容在其内部		 立体覆盖相邻　　平面围合相邻
介入	填充	新建轻型结构屋面覆盖既有内院空间（内院覆盖），或利用既有内院空间进行加建（内院填充）	1. 属于再生性、重生性改造策略，对既有建筑综合值进行整合 2. 新建与既有建筑采取复合式布局方式，对既有建筑影响程度较高	 填充　　嵌入
	嵌入	新建部分嵌入既有建筑内部空间，与既有建筑保持一定的独立性（悬置式）或相互连接（内胆式）		
	拆分	新建时局部拆除楼面、增加夹层；或在水平方向拆除、新建与既有分隔		 局部加减拆分　　水平加减分隔拆分
	抽离	纵向抽离楼面和屋面，形成内院或中庭空间；或水平抽离分隔、围护结构，形成水平向大空间或半室外空间		 抽离　　突破
	突破	新建建筑由内向或外向突破既有建筑界面		

1. 分离

林道会议中心改造扩建
Auer Weber，林道，2018

简介：本项目采用关联延续型分离的手法，新建建筑与既有建筑呈现轴对称的形态，同时也作为一系列广场空间的最北端点，将旧城中心区域与港口连接起来。

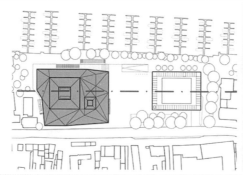

克利夫兰艺术博物馆扩建工程
Rafael Vinoly，克利夫兰，2016

简介：本项目采用呼应围合型分离的手法，加建空间将原有1916年的建筑包裹在内，使得"现代"和"历史"建筑均被完整保留，但又彼此融合、形成一个整体。

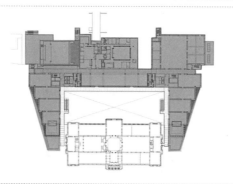

2. 相邻

嘉兴图书馆改扩建工程
STI思图意象事务所，嘉兴，2020

简介：本项目采用水平相邻手法，将新建体量置于原有图书馆建筑旁，并遵循原有建筑形态、空间、材料与色彩，力求与既有建筑及周边建筑呼应与协调。

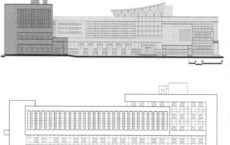

四合院幼儿园
MAD，北京，2018

简介：本项目采用包容相邻手法，围绕四合院建造了一片低矮平缓的"漂浮屋顶"，将不同建筑间有限的空间最大限度地转化成为一个户外运动和活动的平台。

3. 介入

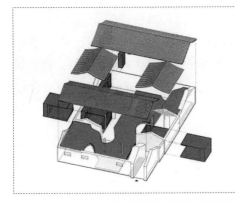

扭院儿

建筑营设计工作室，北京，2017

简介：本项目采用填充型介入的手法，基于已有四合院格局，在既有院落中填充开放、活跃的公共活动空间，使得室内外空间产生新的动态关联。

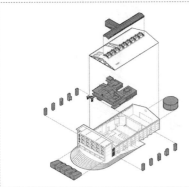
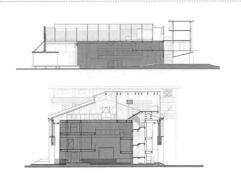

慧剑社区中心

同济原作设计工作室，什邡，2018

简介：本项目采用嵌入型介入的手法，在既有观众厅内部集中布置了新加建的体量，各层外挑平台呈退台方式错落布置，并形成多个层次的楼座区域。

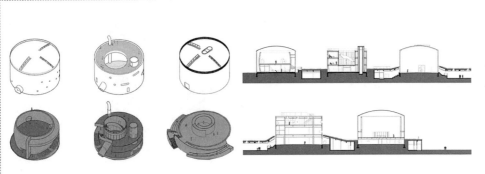

上海油罐艺术中心

OPEN 建筑事务所，上海，2020

简介：本项目采用拆分型介入的手法，将五个油罐内部垂直拆分为不同层，并赋予各层相应的功能，包含剧场、展览、咖啡厅等，为周边社区及城市带来蓬勃活力。

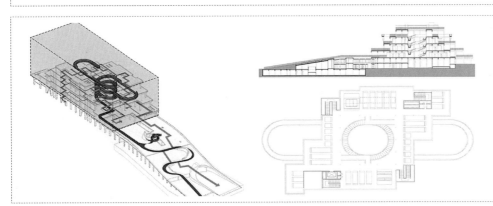

绿之丘

同济原作设计工作室，上海，2018

简介：本项目采用抽离型介入的手法，将朝向江岸和城市一侧的建筑进行切角处理，以退让的方式降低压迫感，同时形成一种层层靠近江面和城市腹地的姿态。

4.3.4　建筑单体表皮更新

　　既有建筑表皮更新是指针对建筑界面形态特征与使用性能完善程度所进行的适应性改造，不包括外立面修缮等内容。在界面改造时，应先对既有建筑的界面价值与结构形态进行评估，根据结构条件与环境特征情况选取适合的更新模式。按照对既有界面的影响程度差异，可分为界面叠加、界面替换和界面保留三种更新模式（表4-6）。

表4-6　建筑单体表皮更新示意表

更新模式	操作方法		适用情况	模式图例
界面叠加	紧邻叠加	紧邻既有界面内、外侧建造新建界面，并使其依附于既有界面	1.属于保护性改造策略 2.新建界面依附于既有建筑界面，形成衍生类比的表征关系 3.代价与难度较低，不影响既有建筑内部功能与空间，能有效地优化界面形态逻辑和使用性能	
	双重覆盖	在既有界面外侧一定距离建造新的界面，并使其依附于既有界面		
界面替换	全面替换	用新建界面覆盖或替换既有界面	1.属于再生性改造策略 2.新建界面替换既有建筑界面，形成差异对比的表征关系 3.代价与难度较大，不影响既有建筑内部功能与空间，能有效地优化界面形态逻辑和使用性能，不适用于保护性改造	
	局部替换	局部用新建界面替换既有界面		
界面保留		在不影响新的功能使用的同时，最大程度对界面进行保留。可以拆除内部既有结构，在全部保留既有界面的同时，开展结构的新建；亦可部分保留既有界面，使之依附于新建结构	1.属于保护性、再生性改造策略 2.新建界面既保持一定的独立性，又与既有建筑界面形成一致的表征关系 3.改造方式较为特殊，代价与难度较大，仅适用于既有界面价值较高且既有结构状态不理想、已无法适应新功能要求的改造	

1. 界面叠加

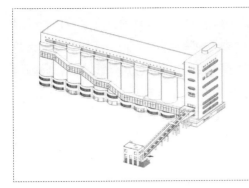 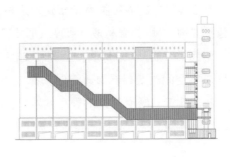

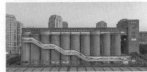

民生码头 8 万吨筒仓改造项目
大舍建筑，上海，2018

简介：本项目对既有立面几乎不做任何改动，仅在界面外叠加一组自动扶梯，将滨江公共空间引入建筑。在极大地保留筒仓原本风貌的同时，为建筑注入新的能量。

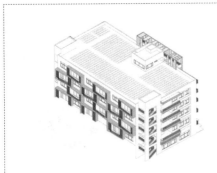 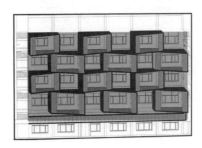

全至科技创新园改造
墨照建筑设计事务所，深圳，2020

简介：本项目在既有建筑界面外叠加黑钢框状遮阳构件，回应了当地夏季炎热的气候条件，使得建筑与自然环境更好地融合，建筑空间更加丰富。

2. 界面替换

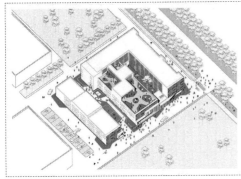 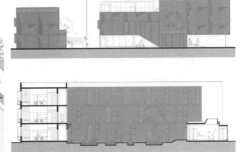

春晖路青年公寓
MAT 超级建筑事务所，烟台，2020

简介：本项目将现代元素融入既有建筑，用具有褶皱肌理的镀锌钢板替换原有立面玻璃，兼具本土性和试验性，使新立面呈现出独特的颜色和光泽。

3. 界面保留

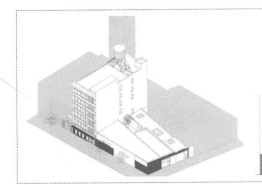 

布鲁克林旧砖厂改造
Worrell Yeung，纽约，2020

简介：本项目将建筑外立面的砖墙保留下来，仅对首层外立面进行改造。通过拆除砌筑墙体，还原店面式门头，并将它们漆成深蓝色，形成了统一的建筑风格。

4.3.5 建筑更新表征关系

改造设计中的表征关系指新建建筑与既有建筑的表征因素的相互关系，表征因素包括"构"，即体量构成、尺度、形式，构成"构"相同或相似为同构，否则为异构；还包括"质"，即材质、肌理和细部，"质"相同或相似为同质，否则为异质。在形态与空间改造、界面改造中，都应根据不同的改造策略采用适合的表征关系。根据新建建筑与既有建筑的表征差异和影响程度，建筑更新表征关系可分为同质同构、同质异构、异质同构和异质异构（表4-7）。

表4-7　建筑更新表征关系示意表

设计模式	操作方法	适用情况	模式图例
同质同构	新建建筑延续既有建筑各方面的特征，在建造时使用相同或相似的材料及组织方式，同时采用相同或相似的体量、尺度、构成形式等，构造演绎既有建筑主要特征	1. 属于保护性改造策略 2. 新建建筑依附于既有建筑，形成衍生类比的表征关系	
同质异构	新建建筑在建造时使用相同或相似的材料，并沿用其形体组织方式，同时采用抽象体量、雕塑特质、高技构成、有机形式等手法，与既有建筑形成较为显著的差异及对比	1. 属于再生性改造策略 2. 新建建筑依附于既有建筑，形成差异对比的表征关系	
异质同构	新建建筑在建造时使用具有现代性、地域性等新材料，与既有建筑形成较为显著的差异及对比。采用与既有建筑相同或相似的体量、尺度、构成形式，构造演绎既有建筑主要特征	1. 属于保护性、再生性改造策略 2. 新建建筑既保持一定的独立性，又与既有建筑形成一致的表征关系	
异质异构	新建建筑在建造时使用具有现代性、地域性等特征的新材料，同时采用抽象体量、雕塑特质、高技构成、有机形式等手法，使新建建筑与既有建筑形成较为显著的差异及对比	1. 属于重生性改造策略 2. 新建建筑的建造改善了既有建筑在体量构成、材质肌理等方面的缺陷	

1. 同质同构

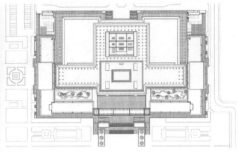

中国国家博物馆改建
GMP，北京，2011

简介：本项目将原有的中间体块删除，同时植入一个带有大屋顶的新体块。新建建筑采用与既有建筑相似的材料与尺度，使其达到当代与传统的有机结合。

2. 同质异构

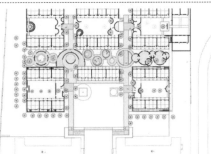

1971 研学营地旧学校改造
大可建筑设计，烟台，2019

简介：本项目在改造中沿用红砖材料及其传统砌筑方法，并植入圆形元素与既有建筑组织方式形成对比，将新老建筑紧密融合的同时增添趣味性。

3. 异质同构

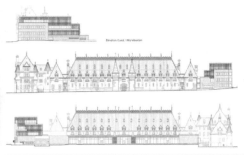

Voltigeurs 军工厂大楼改造
A49+DFS+STGM，魁北克，2019

简介：本项目西侧翼楼在扩建时采用与原建筑相似的体量构成，并采用差异较大的建材，在为建筑增加现代元素的同时，赋予老旧军工厂新生机。

4. 异质异构

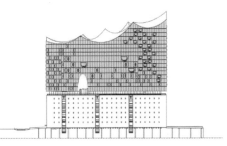

汉堡易北爱乐厅
赫尔佐格 & 德梅隆事务所，汉堡，2016

简介：本项目对既有建筑体块进行垂直延伸，并覆盖波浪起伏的异形屋顶，同时采用与原有红砖材质对比强烈的玻璃立面，使得易北爱乐厅遥遥相望鲜明可见。

课后思考

1. 更新型城市设计的核心任务是什么？

2. 各类更新型城市设计手法有何差异和关联？

3. 更新型城市设计的常见问题应对有哪些？

4. 各类更新型城市设计手法的应用场景有何侧重？

推荐阅读

[1] 彭建东，刘凌波，张光辉.城市设计思维与表达 [M]. 北京：中国建筑工业出版社，2016.

[2] 迈克尔·A·冯·豪森.动态城市设计：可持续社区的设计指南 [M]. 北京：中国建筑工业出版社，2017.

[3] [美]特兰奇特.寻找失落空间 [M]. 朱子瑜，译.北京：中国建筑工业出版社，2008.

[4] 张松.城市笔记 [M]. 上海：东方出版中心，2017.

[5] 阳建强.西欧城市更新 [M]. 南京：东南大学出版社，2012.

[6] 陈易.转型时代的空间治理变革 [M]. 南京：东南大学出版社，2018.

[7] [美]多宾斯.城市设计与人 [M]. 奚雪松，黄仕伟，李海龙，译.北京：电子工业出版社，2013.

[8] [英]罗伯茨.城市更新手册 [M]. 叶齐茂，倪晓晖，译.北京：中国建筑工业出版社，2009.

[9] [英]科斯托夫.城市的组合 [M]. 邓东，译.北京：中国建筑工业出版社，2007.

[10] 唐燕.城市更新制度建设 [M]. 北京：清华大学出版社，2019.

[11] 冯斐菲.旧城谋划 [M]. 北京：中国建筑工业出版社，2014.

[12] 王一.城市设计概论 [M]. 北京：中国建筑工业出版社，2018.

[13] 吴良镛.中国建筑与城市文化 [M]. 北京：昆仑出版社，2008.

[14] 龙迪勇.空间叙事研究 [M]. 北京：生活·读书·新知三联书店，2014.

[15] 李昊.公共空间的意义 [M]. 北京：中国建筑工业出版社，2015.

[16] 于雷.空间公共性研究 [M]. 南京：东南大学出版社，2005.

[17] 中国建筑学会.建筑设计资料集 [M]. 北京：中国建筑工业出版社，2017.

[18] [南非]迈克尔·洛.老建筑改造与更新 [M]. 姜楠，译.桂林：广西师范大学出版社，2019.

第 5 章
片区空间设计
开 发 型 城 市 设 计 案 例 解 析

本章导读

01 本章知识点

- 开发型城市设计的空间类型;
- 交通枢纽型片区的设计原则;
- 行政中心型片区的功能布局;
- 文体中心的类型;
- 商业商务片区的功能组织;
- 案例解析的方法和层次。

02 学习目标

在了解开发型城市片区整体空间设计分类和布局方法的基础上,通过案例研究学习,了解开发型城市片区的功能类型、结构特征,并学会案例解析的一般方法。

03 学习重点

理解开发型城市设计和更新型城市设计的内容差异。

04 学习建议

- 本章内容是城市新区设计。首先针对开发型城市设计的分类是由空间的定位划分而来,明确不同类型城市片区或中心的设计需求,帮助我们理解开展设计的不同原则和设计要点。
- 本章需要相关知识背景的拓展阅读,理解城市新区设计的相关规划背景,需要一定的城乡规划相关知识。
- 对本章案例的学习可以参考各位设计师的相关理论文章和读物,深刻理解设计背景与设计师的价值站点。熟悉城市设计工作开展的基本站点和方法流程。

5.1 开发型城市设计概述

> 开发型城市设计多位于城市新区，在城市或片区上位规划的指导下，挖掘设计所在地段的经济、文化和社会价值，在连接已有城市空间的基础上，进行空间设计的创新。其设计对象通常为城市未来发展的中心城区，综合交通枢纽片区、行政片区、商业商务片区或者是大型体育片区，是体现城市未来发展可能的重要地区。此类片区周边多为待开发、未形成相对完备的空间形态。因此，此类城市设计更加重视地段物质环境建设所能带来的新的空间价值。

5.1.1 内容与目标

城市新区空间是城市发展的新舞台，伴随市民新的生活诉求而出现。以新区建设为主的开发型城市设计主要涉及用地潜力研判、功能布局合理、空间品质塑造、城市形象建立等相关内容，以推动新城市人文生活、社会经济、生态环境和生活品质等方面的综合提升（表 5-1）。

表 5-1　开发型城市设计的内容与目标

	项目	要点
开发型城市设计内容	地段潜力研判	基于城市总体规划确定的原则，分析该地段对于城市整体的价值，为保护或强化该地段及其周边已有的自然环境和人造环境的特点和开发潜能，提供并建立适宜的操作技术和设计程序。提出相应的设计目标、设计定位和设计概念
	功能布局合理	在未来城市发展中为设计地段及功能确定一个合理的功能定位。配置符合特定时期社会经济特征，市民行为特征的片区功能模块，并对各模块所占功能比重进行比较研究，对各模块的功能进行细分。通过资源配置完善功能业态布局，为城市新区发展提供动力原点和物质基础
	空间品质塑造	以设计概念为基础，从交通、建筑、景观等方面出发设计空间。通过案例整理分析、多方案比较、空间深化等过程，构建出满足设计目标和定位的空间体系和环境形式。尤其关注对象的可识别性和特色性，突显城市品质。在二维和三维层面表达设计思路
	城市形象建构	城市设计回馈公众的审美需求，并集中反馈在设计的任务当中。通过对都市形象的整合与塑造，着重在天际线、视线、地标、节点空间等方面进行深度设计，让城市新区展现出和谐可识别的空间形态，回应文化特色和城市活力
开发型城市设计目标	环境生态融合	开发型城市设计所在的城市新区，往往有较多的自然环境要素，如山体、水体、农田、林地等，在设计时需要考虑在视线上、尺度上、功能上、空间形态上回应自然环境要素，做到"设计结合自然"。同时现有的开发型城市设计应紧跟城市发展步伐，回应绿色、生态、智慧的城市要求
	文化生活复合	文化生活是市民生活的重要方面，城市设计的本体是人，人文生活为城市设计注入内核。因此城市设计应从人的生活需要出发，关注不同的社会群体的居住、交通、游憩、工作需求，建造复合多样、功能完备、尺度宜人的城市空间，为市民的生活提供各种可能
	社会经济振兴	城市环境综合的发展需要持续的资金支持。开发型城市设计所在区域往往为城市新的经济增长点，具有带动周边土地价值的基本职能。优越的区位条件、完备的基础设施，尤其是交通设施是此类城市设计的要点。同时新的片区往往带来新的职能和生活方式，是促进片区综合发展的有效路径

5.1.2　原则

开发型城市设计的重点是对一定城市地域空间内的各种物质要素的综合设计和安排，通过创造性的空间组织和设计，为公众营造一个舒适宜人、方便高效、健康卫生、优美且富有文化内涵和艺术特色的城市空间，提高人们生活环境的品质。故而应从整体空间、文脉持续、社会开放、空间艺术和绿色持续等方面进行综合考虑，并遵循以下原则。

1. 空间整体性原则

整体性是现代城市设计的基本原则，包含两个层面的含义：一是城市区域的整体性，每个独立片区都是城市整体的组成部分，设计应从活动系统、交通系统、功能系统等多方面强化新建片区与城市整体的联系。二是片区自身的整体性，通过结构的水平联系、垂直分层，合理的功能配比、景观优化，设计风格适宜、结构完备的新片区。

2. 文脉延续性原则

每个城市都有自身独特的文脉特征，这种特征既反映在自然山水中，也反映在历史构架和场所中。尊重设计地段所在城市的本土文化，在设计中适当兼顾地方特色和文化多样性是开发型城市设计的又一重要原则。而对文脉的延续往往应该运用较为隐性的方式，挖掘文化的深层特质，以防过度地用符号化的方式彰显文化。

3. 社会开放性原则

城市空间是城市社会的真实反馈。社会环境的自由和公正、经济的持续繁荣是维持城市健康持续发展的重要保障。开发型城市设计应当以人为本，尊重人的使用感受，回应人的社会需求，强调城市空间的公共开放，同时促进社会公平，满足不同群体的空间利益，加强公众参与，使城市成为所有市民的共享家园，为城市发展创造更多的积极因素。

4. 空间艺术性原则

城市设计的过程不仅要从使用的安全性、建造的规范性、设计的经济性三个方面着手，更重要的是要实现城市空间的艺术品质。作为对城市美好未来的一种设计，它关系到每个城市居民生活和工作环境的质量优劣，通过创造艺术性的空间场所，满足人们物质与精神、生产与生活的发展需要，从而改进人的生活质量。建筑、景观设计需要城市设计的整体统筹。

5. 绿色可持续原则

在城市设计过程中，我们需要用新的眼光及新的方式来看待和理解城市以及城市生活对人类所产生的影响。遵循可持续城市设计的基本原则，构建一个稳定的生态安全格局，是保障城市可持续发展，实现绿色、节能、环保目标，营造健康良好城市生活的基础条件。可持续城市设计以节能环保、资源集约为目标，贯彻精细化设计原则，重点在于处理生态环境和空间环境的耦合关系。

5.2　城市商业街区

　　商业中心是城市商业服务设施高度集中的地区，是城市公共中心系统最主要的组成之一。商业中心具有经济功能，是商品流通的舞台，作为商品走向市场的窗口，商业中心的信息起着指导和调整商品生产的杠杆作用，具有生活服务功能，是购买力实现的场所（图 5-1～图 5-3）；具有社会功能，是社会交往的主要场所；具有文化表征功能，是城市文化和城市形象的重要展现。以商业服务为主要职能的商业中心，按照其形成方式、主导功能可以分成传统商业中心，零售商业中心和休闲娱乐中心。按照空间类型可分为街巷式商业街、综合体式商业街、混合式商业街。商业中心的内容具有多样性、综合性、聚集性的特点。商业中心的用地包括公建用地、公共活动用地、道路交通用地以及其他用地四大类。商业中心的设施构成包括基本公共设施、其他公共设施、辅助设施三大类（表 5-2）。商业中心规划应结合商业中心的性质规模、内容构成、历史沿革、建筑现状、发展条件、交通组织和空间组织等，综合考虑人的需求、活动特征以及商业运转的内在规律进行。

图 5-1　成都太古里商业街区

图 5-2　福冈博多水城

表 5-2　商业街区的设施构成

设施类型	设施构成		
	零售商业设施	文化娱乐设施	饮食服务设施
基本公共设施	综合性商店（百货、购物中心、超市等） 专业商店（专卖店、专营、特许等） 市场（批发、零售、交易）	影剧院、音乐厅等 舞厅等 游戏厅等 展览馆、博物馆等 健身房等	旅游 饮食（快餐、餐厅、风味小食等） 美容、洗浴 药店 照相、眼镜
	金融设施	办公设施	信息通信设施
其他公共设施	银行 证券 保险等	商务办公 行政办公 一般办公	邮电局 广播电视 报社、出版社等
辅助设施	商业附属设施（批发、生产辅助用房、作坊等） 市政公用设施（集中供热、供气、电力、给水排水、消防等） 游憩设施（休息、小品等） 商业管理（保安、工商、税务等）		
	用地类型		
	公建用地	公共活动场地	道路交通用地	其他用地
商业中心用地构成	混合或综合公建用地 其他公共设施用地 文化娱乐设施用地 饮食服务业用地 商业用地	绿地 休憩性广场 休憩活动场地	道路用地 自行车停车用地 机动车停车用地 公交站场 公交集散广场	市政公用设施用地 其他混合或综合设施用地

注：表中"商业中心设施构成"包括"基本公共设施、其他公共设施、辅助设施"三部分。

图 5-3　东京银座商业街

1. 成都锦里古街商业区

建成时间: 2004 年　　　　地点: 中国成都
面积: 3km²　　　　设计团队: 成都亚林

简介: 锦里位于成都市中心一环路, 其前身是成都武侯祠旁的一条名为 "曹营坝" 的小巷, 是成都武侯祠博物馆的一部分。 "锦里古街" 由旧民房改造而来, 是一个将建筑、风俗、民生高度融合的商业片区佳例, 对于旧城改建重建和城市功能再生有重要的参考作用。锦里通过空间尺度上的巧妙分割, 将不足 400m 的商业街分割成为相得益彰的动静业态区域。商业街规划设计共分为四个板块, 分别为锦绣文华区、餐饮娱乐区、名特小吃区和市井生活区。以明末清初川西民居作外衣, 三国文化与成都民俗作内涵, 集旅游购物、休闲娱乐为一体。

总平面肌理图

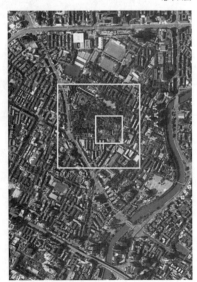

总平面图

1000m × 1000m 尺度下的城市形态

道路肌理　　　　建筑肌理　　　　景观系统

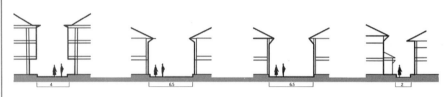

道路断面

400m × 400m 尺度下的空间形态

典型建筑　　　　建筑东立面

片区鸟瞰

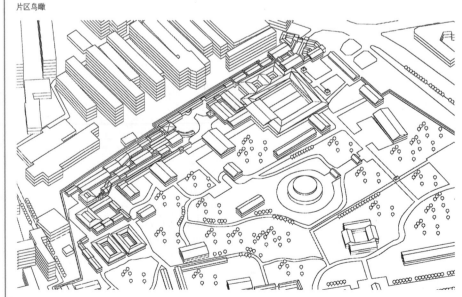

1000m×1000m 尺度下的城市形态

道路肌理

建筑肌理

景观系统

 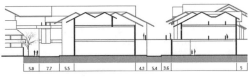

道路断面

400m×400m 尺度下的空间形态

典型建筑

建筑南立面

2. 成都远洋太古里

始建时间: 2015 年　　　　　　地点: 中国成都
面积: 0.11km²　　　　　　　　设计师: 欧华尔

简介: 成都远洋太古里坐落于成都中心地带, 是太古地产和远洋集团携手开发的开放式、低密度的街区形态购物中心。项目毗邻大慈古寺, 是一个融合文化遗产、创意时尚都市生活和可持续发展的商业综合体, 有着丰富的文化和历史内涵, 其中包括的六座传统院落和建筑均得以妥善保护修复。规划中, 利用与都市环境和文化遗产紧密结合的广场、街巷、庭园、店铺、茶馆等一系列空间与活动, 建立起一个多元化的可持续创意街区, 使地方重新焕发生机, 也再塑了成都市中心。

总平面肌理图

总平面图

片区鸟瞰

3. 北京三里屯

始建时间：2008 年　　　　　　地点：中国北京

面积：0.135km²　　　　　　设计师：KengoKuma 等

简介：三里屯位于北京市朝阳区中西部，是太古地产在中国大陆地区首个落成启用的综合商业项目，采用开放式购物的形式，由 19 座低密度的当代建筑布局而成，整个项目分为南、北两个区域，既与周边建筑融合在同一个区域之中，同时也保持着相对的独立性。三里屯太古里的设计灵感来自老北京的胡同与四合院，并融入时尚元素，在传统的基调上，赋予古老事物以时尚的新面貌。三里屯 SOHO 由 5 个购物中心和 5 幢 30 层高的办公和公寓楼组成，项目体现了使用多种材质、外观呈曲线的隈研吾式风格。

总平面肌理图

总平面图

1000m×1000m 尺度下的城市形态

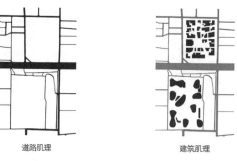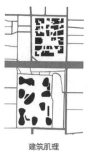

道路肌理　　　　　　建筑肌理　　　　　　景观系统

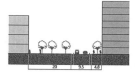

道路断面

400m×400m 尺度下的空间形态

典型建筑　　　　　　建筑东立面　　　　　　建筑南立面

片区鸟瞰

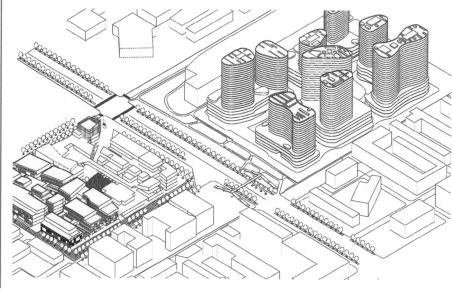

1000m×1000m 尺度下的城市形态

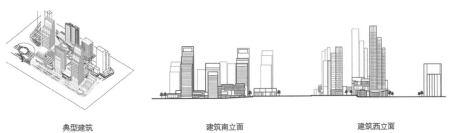

道路肌理　　　建筑肌理　　　景观系统

道路断面

400m×400m 尺度下的空间形态

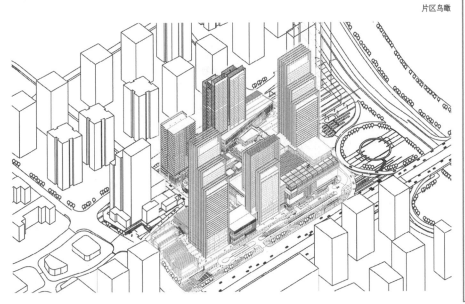

典型建筑　　　建筑南立面　　　建筑西立面

片区鸟瞰

4. 深圳万象天地

始建时间：2015 年　　　地点：中国广东深圳
面积：0.021km²　　　设计团队：华润置地

简介：深圳万象天地位于深圳市南山区深南大道与沙河西路交汇处，该项目由华润置地与福斯特团队共同探索，大胆的提出了"街区＋mall"的理念，希望通过一种新的建筑空间组合去回应城市人的需求。用若干个大小盒子构成街区的空间层次，利用不同层级的街道系统，将大盒子的传统空间切割成若干个大小各异的盒子，产生了许多独立的街区式空间，并且在步行街道宽度两侧建筑高度还有广场的大小上都以人的感官舒适为原点精确设计每一处细节的尺度。以2分钟150m的步行距离为标准创造了丰富的街巷内部核心步行动线，串联五大广场等公共空间。

总平面肌理图

总平面图

5. 博多水城

始建时间: 1996 年	地点: 日本福冈
面积: 0.344km²	设计团队: 美国捷得事务所

简介: 日本福冈, 是日本南部九州岛地区的政治、经济、文化中心。老城区内的商业繁华地主要集中在名为天神的历史商业街区和 JR 博多车站周边两地, 而天神和博多车站之间的中州川端地区历史上是工业区, 商业氛围极弱, 相对萧条。为了对不繁荣的区域进行再开发, 将天神和博多站周边地区两极分化的街区连接起来, 为包括中州川端地区在内的整个福冈地区繁荣起来, 在原钟纺福冈旧址上进行再开发, 建设一座集店铺、饭店、商务办公、剧场、娱乐等多功能为一体的大型综合设施——博多水城, 目的是促进福冈中心的共同繁荣。

总平面肌理图

总平面图

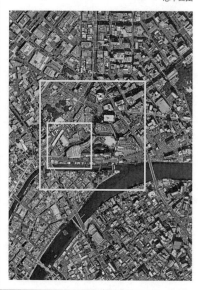

1000m×1000m 尺度下的城市形态

道路肌理

建筑肌理
景观系统

道路断面

400m×400m 尺度下的空间形态

典型建筑　　　　建筑北立面　　　　建筑西立面

片区鸟瞰

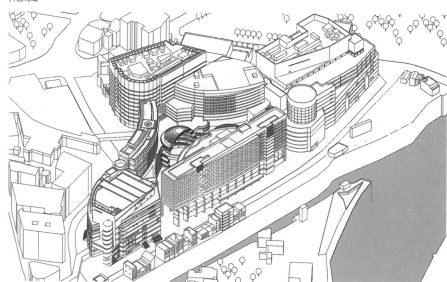

1000m×1000m 尺度下的城市形态

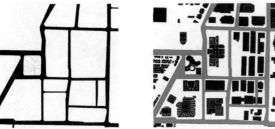

道路肌理　　　　建筑肌理　　　　景观系统

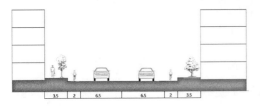

道路断面

400m×400m 尺度下的空间形态

典型建筑　　　　建筑东立面　　　　建筑南立面

片区鸟瞰

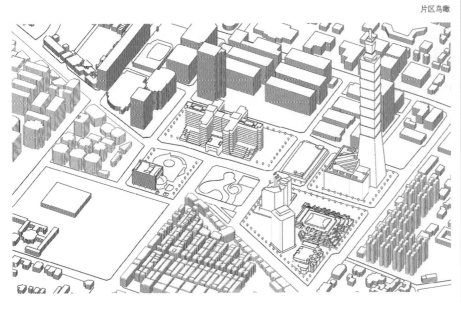

6. 台北 101 商业片区

始建时间：2000 年　　　　　　地点：中国台湾

面积：0.032km²　　　　　　　设计师：李祖原

简介：台北 101 坐落于台湾省台北信义区金融贸易区中心，是该片区最繁华地段，提供符合国际水准的硬体设施及服务，集结办公、会议、购物、文艺活动等综合功能，区分成三个主要营运事业体：办公大楼、购物中心及观光旅游。台北 101 于 2004 年底正式落成后，即以 508m 的高度成为世界最高建筑；2011 年再取得美国绿建筑协会 LEED 既有建筑类别白金级认证，为世界最高绿色建筑。台北 101 大厦作为典型地标与周边城市空间达成了良好的天际线关系。

总平面肌理

总平面图

7.深圳欢乐海岸

始建时间: 2012 年　　　　地点: 中国广东深圳

面积: 0.385km²　　　　设计团队: SWA

简介: 欢乐海岸地处深圳湾商圈核心位置,位于深圳华侨城主题公园群与滨海大道之间,是深圳市"塘郎山—华侨城—深圳湾"城市功能轴的起点。欢乐海岸汇聚全球大师智慧,以海洋文化为主题,以生态环保为理念,以创新型商业为主体,以创造都市滨海健康生活为梦想,将主题商业与滨海旅游、休闲娱乐和文化创意融为一体,整合零售、餐饮、娱乐、办公、公寓、酒店、湿地公园等多元业态,形成独一无二的商业+娱乐+文化+旅游+生态的全新商业模式。实现集主题商业、时尚娱乐、健康生活三位一体的价值组合。

总平面肌理图

总平面图

1000m×1000m 尺度下的城市形态

道路肌理

建筑肌理

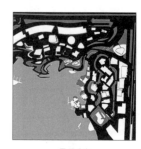

景观系统

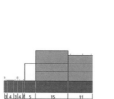

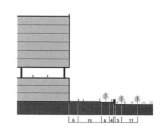

道路断面

400m×400m 尺度下的空间形态

典型建筑

建筑北立面

建筑南立面

片区鸟瞰

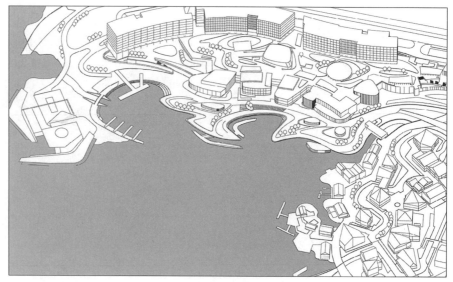

5.3　城市商务片区

　　城市商务中心多被称为 CBD（central business district），即中央商务区（或中心商务区）。商务中心是城市（或区域性）商务办公的集中区，聚集着商业、金融、保险、服务、信息等各种机构，是城市经济活动的核心地带。自 1980 年代以来，伴随着全球经济一体化和信息化的进程，国际性经济中心城市的作用日益重要，纽约、伦敦、东京、香港等城市的商务办公职能已发展成为洲际区域性乃至全球性经济发展的管理与控制枢纽，并相互构成网络，商务设施职能不断升级，商务区不断扩大，形成了国际性城市商务中心（图 5-4~图 5-6）。另一方面，各区域大中城市的商务办公职能日趋扩大，在原有城市中心的基础上不断发展，不同程度地形成了地区性城市商务中心。商务中心多为城市和区域的形象片区（表 5-3）。

图 5-4　巴黎拉德芳斯新区

图 5-5　广州天河 CBD

表 5-3　商务片区的设计原则

设计内容	设计要点	
	典型功能	一般功能
商务中心的功能构成	总部型办公——大型贸易公司、企业总部等。普通办公——各类中小公司使用的一些综合性办公建筑。金融办公——银行、保险公司、不动产公司、证券公司等。其他办公——出版、商务咨询等。服务活动——通信、会计、律师、宾馆等辅助的商务活动。 上述功能活动一般占城市商务中心建筑面积的 50% 左右	零售业、文化娱乐作为城市商务中心活动的重要功能，在城市商务中心的初级形态中，占据大量的空间。对于一个日益成熟的城市商务中心，零售与文化娱乐化的空间比重有所降低，但它仍在发展之中，这种发展表现为专业化发展以及与其他功能的复合。上述功能活动一般占城市商务中心建筑面积的 30% 左右
商务中心与城市区域的位置关系	①商务中心与城市（商业）中心混杂，多为混合中心形式的城市商务中心； ②商务中心与城市（商业）中心分化，多为单一中心形式的城市商务中心； ③城市商务中心脱离城市中心区，一般为多中心形式的城市商务中心	
	商务中心与城市（商业）中心混杂　　商务中心与城市（商业）中心分离　　商务中心脱离城市中心	
商务中心的典型结构	商务中心的核-框结构	商务中心的扩散复合结构
	I CBD核心区　II CBD框架　III 框架各功能区	"区域+核"型 "双核"型　　"核+外环"型

图 5-6　纽约曼哈顿航拍

1.广州天河中央商务区

始建时间：1998 年	地点：中国广州
面积：6.19km²	设计师：扎哈、许李严等

简介：广州天河中央商务区是中国三大国家级中央商务区之一，广州天河 CBD 范围以城市新中轴线的珠江新城和天河北为核心。珠江新城建成后以冼村路为界，分东、西两区，东区以居住为主，西区以商务办公为主，两区以珠江滨水绿化带和东西向商业活动轴线贯通。在广州城市中轴线和珠江新城景观轴的交汇处，规划建设了多个标志性建筑，如广州歌剧院、博物馆、图书馆、青少年宫等重要公共设施，中轴线广场群、海心沙市民广场等。

总平面肌理图

总平面图

1000m×1000m 尺度下的城市形态

道路肌理

建筑肌理

景观系统

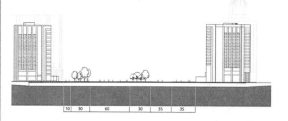

道路断面

400m×400m 尺度下的空间形态

典型建筑　　　　建筑南立面

片区鸟瞰

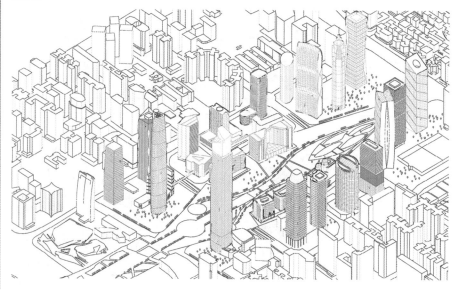

1000m×1000m 尺度下的城市形态

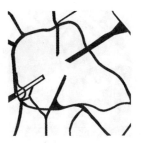

道路肌理

建筑肌理

景观系统

2. 巴黎德芳斯新区

始建时间：1958 年	地点：法国巴黎
面积：7.5km²	设计师：施普雷克尔森

简介：德芳斯新区是世界上首个城市综合体，位于巴黎市的西北部，巴黎城市主轴线的西端。本是工业区，1950 年代成为工业展览区；1970 年代，大规模改造新增摩天大楼，附设各种设施。1980 年代德芳斯区规划注重利用城市空间，通过开辟多平面的交通系统，严格实行人车分流的原则，车辆全部在地下三层的交通道行驶，地面全作步行交通之用。在区域的中心部位建造了一个巨大的人工平台，有步行道、花园和人工湖等，不仅满足步行交通的需要，而且还提供游憩娱乐的空间；商业服务设施采取分散集中相结合的布置方式。德芳斯成为了城市商务功能集中的核心片区。

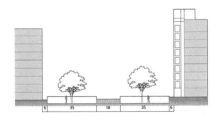

道路断面

400m×400m 尺度下的空间形态

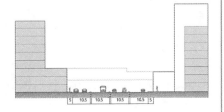

总平面肌理

典型建筑

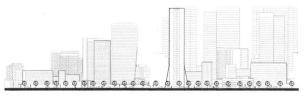

建筑东立面　　　　建筑南立面

片区鸟瞰

总平面图

3. 上海陆家嘴 CBD

建成时间: 2015 年　　　　地点: 中国上海

面积: 1.7km²　　　　设计师: 罗杰斯等

简介: 上海陆家嘴 CBD 位于上海市浦东新区的黄浦江畔，面积 31.78km²，它是唯一以"金融贸易区"命名的国家级开发区。陆家嘴高楼林立，坐拥东方明珠、金茂大厦、环球金融中心、上海中心大厦等上海最高的几座建筑，是中国最具影响力的金融中心之一。罗杰斯的方案以集中式交通为出发点，重点放在公共交通上，以行人为主。城市的框架由连接主要铁路和公交车站的一系列节点构成，节点相对集中布置以便空出地方给露天公园、步行道路和休闲空间，建立了一种能够满足高人口密度城市中人们各种需求的都市结构。

1000m×1000m 尺度下的城市形态

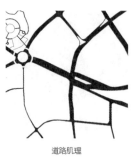

道路肌理

建筑肌理

景观系统

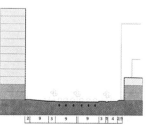

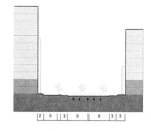

道路断面

总平面肌理图

400m×400m 尺度下的空间形态

典型建筑　　　　建筑北立面　　　　建筑南立面

总平面图

片区鸟瞰

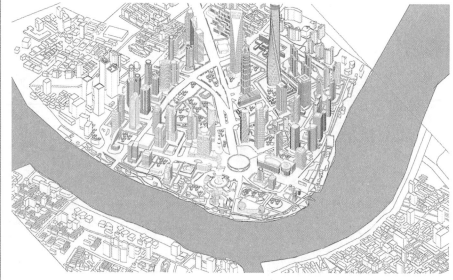

1000m×1000m 尺度下的城市形态

道路肌理　　　　建筑肌理　　　　景观系统

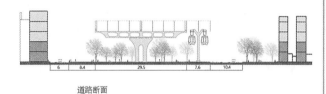

道路断面

400m×400m 尺度下的空间形态

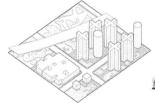

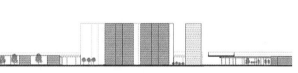

典型建筑　　　建筑东立面　　　建筑南立面

片区鸟瞰

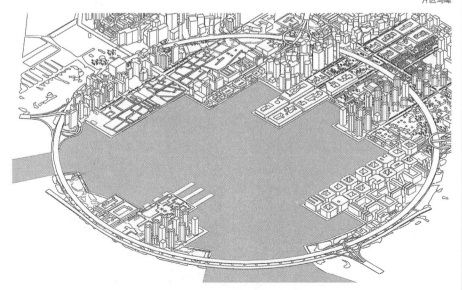

4.前海新城核心区

始建时间：2011 年　　　　　　地点：中国深圳

面积：14km²　　　　　　　　设计师：OMA

简介：该项目为投标方案。前海新城位于深圳，毗邻香港，地处在广东省南部，珠江口东岸，是广东省副省级市、计划单列市、超大城市，国务院批复确定的中国经济特区、全国性经济中心城市和国际化城市。案例为深圳市前海新城核心区，功能与空间的复合独具特色。由于前海是中国大陆面向香港的重要门户，在珠江三角洲占据战略重要性位置。因此该设计将前海定位为一个新的城市中心，以一个直径为 3.4km 的环带界定前海湾，并与深圳的其他中心相联系。同时将基地由东向西分层，避免单一城市结构的集中。

总平面肌理图

总平面图

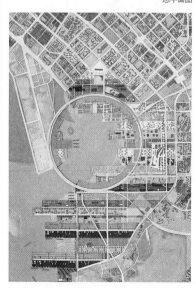

5.闵行莘庄商务片区

始建时间：1791 年　　　　地点：中国上海

面积：1.24km²　　　　设计师：未知

简介：该项目为竞赛方案。莘庄商务中心是闵行区依托上海现代服务业发展和虹桥枢纽建设而形成的西上海重点商务发展区域，莘庄商务区填补了莘闵地区缺乏高端商务聚集区的空白。规划以发展现代服务业为主导，集商务办公、会议讨论、科技研发、总部基地、商业休闲、文化交流等功能于一体，是立足上海，辐射江浙，接轨国际的智慧型、国际化、生态型商务中心区。规划设计以纵横两条主轴进行空间组织，沿城市主干道发展商业商务等功能，形成闵行商务景观大道，同时对基地中部的水系进行调整，通过空间的收放形成丰富的空间效果，组成区域的水绿景观轴线。

总平面肌理图

总平面图

1000m×1000m 尺度下的城市形态

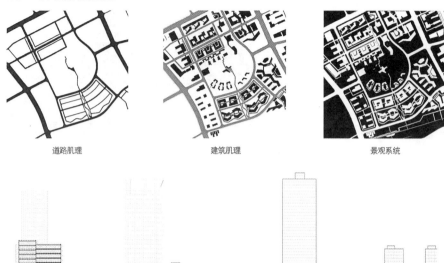

道路肌理　　建筑肌理　　景观系统

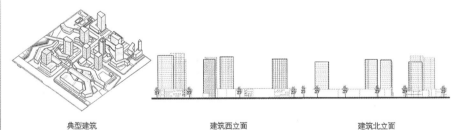

道路断面

400m×400m 尺度下的空间形态

典型建筑　　建筑西立面　　建筑北立面

片区鸟瞰

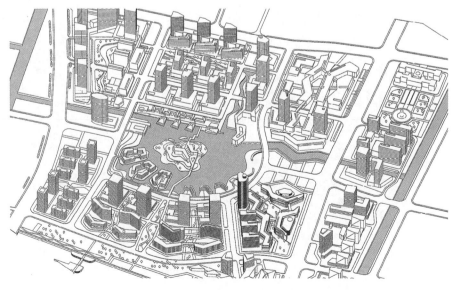

1000m×1000m 尺度下的城市形态

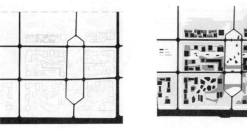 

道路肌理　　　建筑肌理　　　景观系统

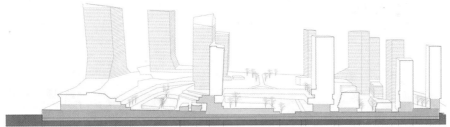

道路断面

400m×400m 尺度下的空间形态

 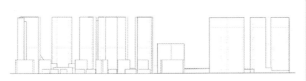

典型建筑　　　建筑北立面　　　建筑西立面

片区鸟瞰

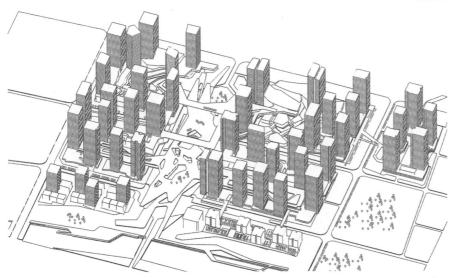

6.横琴万象世界商务片区

始建时间：2016 年　　　地点：中国珠海
面积：2.33km²　　　设计团队：华润置地

简介：珠海市位于中国南部广州省，南与中国澳门相连。案例是由 10Design 设计的华润置地横琴万象世界，位于珠海南部的横琴自贸区，目的是在中国珠海创建充满活力的新城市中心的主要支柱。设计团队利用自然环境优势，因势利导打造一个山水交融的"中央体验广场"。此大型中心枢纽将化身成整个总体规划的活跃心脏地带，贯穿邻里四个社区，成为一个精彩的购物及文娱地标。横琴万象世界是一个以"体验式购物地标"为定位的大型综合体，旨在缔造充满活力及多元化的新城市中心。

总平面肌理图

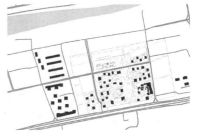

总平面图

7. 德国波兹坦广场

始建时间: 2002 年　　　　　地点: 德国柏林

面积: 0.54km²　　　　　设计师: 伦佐·皮亚诺等

简介: 德国波茨坦广场位于柏林行政中心与西边的商业中心之间, 广场中心位于波茨塔默大街与埃伯特大街相交处。波茨坦城铁竣工后, 它成为了柏林的最繁荣的都市文化及交通中心。波茨坦广场是柏林的新中心, 它周围的城市景象生动活泼又多姿多彩。在高大宏伟的现代化建筑里, 餐厅、购物长廊、剧场和电影院形成了一种独特的大融合。其引人注目的建筑群集餐馆、购物中心、剧院及电影院等于一身, 使它不仅吸引着观光的游客, 也吸引着柏林人经常到此游玩。

1000m×1000m 尺度下的城市形态

道路肌理

建筑肌理

景观系统

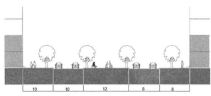
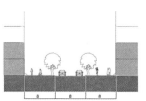
道路断面

总平面肌理图

400m×400m 尺度下的空间形态

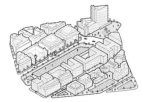
典型建筑　　　　建筑北立面　　　　建筑西立面

总平面图

片区鸟瞰

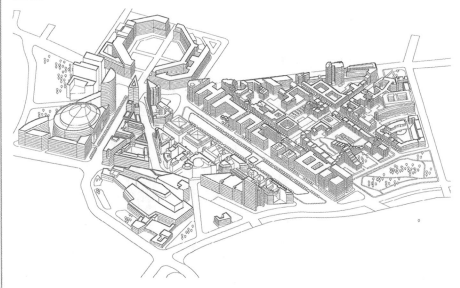

5.4　城市行政中心

　　城市行政办公中心是城市中政治决策与行政管理机构的中心，是体现城市政治功能的重要区域，在城市中处于非常重要的地位。政府是掌握国家公共权力的公共管理机关，具有权威性。就国家层面的行政机构而言，较适合通过集中布局的方式体现国家尊严，而地方行政机构更强调其服务性，并不提倡集中式的行政中心设置。行政中心往往结合文化职能设置，与市民公共活动息息相关。城市行政中心一般以政府办公机构为主，包括政党、政府、人大、政协、司法等机构及行政会议中心，通常还包括供市民集会和活动的市政广场及大型或重要的城市文化设施，如影剧院、美术馆、博物馆、图书馆、科技馆、纪念性建筑等。

图 5-7　德国柏林行政中心

图 5-8　美国华盛顿行政中心

图 5-9　美国波士顿市政广场

表 5-4　行政中心的设计原则

设计原则	设计要点	
功能的原则	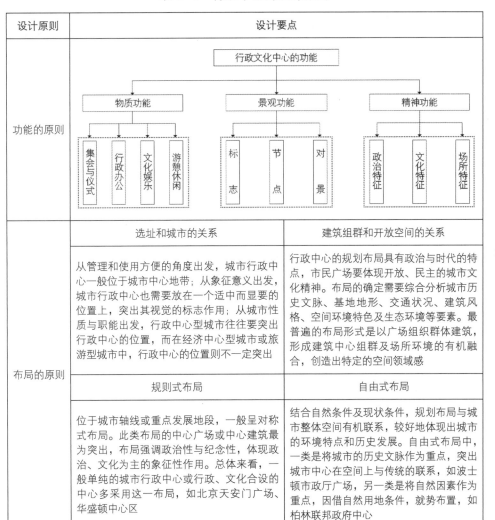	
布局的原则	**选址和城市的关系**	**建筑组群和开放空间的关系**
	从管理和使用方便的角度出发，城市行政中心一般位于城市中心地带；从象征意义出发，城市行政中心也需要放在一个适中而显要的位置上，突出其视觉的标志作用；从城市性质与职能出发，行政中心型城市往往要突出行政中心的位置，而在经济中心型城市或旅游型城市中，行政中心的位置则不一定突出	行政中心的规划布局具有政治与时代的特点，市民广场要体现开放、民主的城市文化精神。布局的确定需要综合分析城市历史文脉、基地地形、交通状况、建筑风格、空间环境特色及生态环境等要素。最普遍的布局形式是以广场组织群体建筑，形成建筑中心组群及场所环境的有机融合，创造出特定的空间领域感
	规则式布局	**自由式布局**
	位于城市轴线或重点发展地段，一般呈对称式布局。此类布局的中心广场或中心建筑最为突出，布局强调政治性与纪念性，体现政治、文化为主的象征性作用。总体来看，一般单纯的城市行政中心或行政、文化合设的中心多采用这一布局，如北京天安门广场、华盛顿中心区	结合自然条件及现状条件，规划布局与城市整体空间有机联系，较好地体现出城市的环境特点和历史发展。自由式布局中，一类是将城市的历史文脉作为重点，突出城市中心在空间上与传统的联系，如波士顿市政厅广场，另一类是将自然因素作为重点，因借自然用地条件，就势布置，如柏林联邦政府中心

行政文化中心的功能
├── 物质功能
│   ├── 集会与仪式
│   ├── 行政办公
│   ├── 文化娱乐
│   └── 游憩休闲
├── 景观功能
│   ├── 标志
│   ├── 节点
│   └── 对景
└── 精神功能
    ├── 政治特征
    ├── 文化特征
    └── 场所特征

1.巴西利亚行政中心片区

始建时间: 1956 年　　　　　　地点: 巴西巴西利亚
面积: 5.15km²　　　　　　　　设计师: 科斯塔、尼迈耶

简介: 巴西利亚位于中部戈亚斯州境内，马拉尼翁河和维尔德河汇合而成的三角地带上，是巴西联邦共和国首都，也是城市规划史上的一块里程碑。案例为巴西利亚行政中心片区，位于喷气式飞机的"机头"部分，由总统府、最高法院和国会组成三权广场，具有强烈的现代主义规划特征。设计认为城市中的一切元素都应该与城市的整体结构相吻合，城市的布局严格按照功能进行分区，行政管理区域和居民住宅区域布局对称，同时城中的每个建筑物也都是对称的，特别是政府办公楼，体现了极强的创新精神和丰富的想象力。

总平面肌理图

总平面图

1000m×1000m 尺度下的城市形态

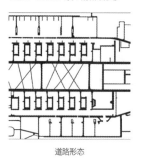
道路形态

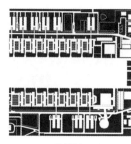
建筑形态

景观形态

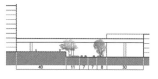

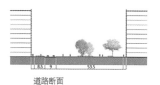

道路断面

400m×400m 尺度下的空间形态

典型建筑

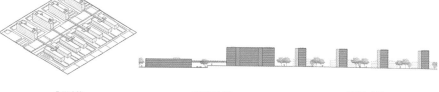
建筑东立面　　　　　　　建筑南立面

片区鸟瞰

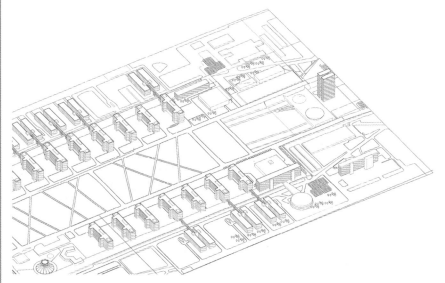

1000m×1000m 尺度下的城市形态

道路形态　建筑形态　景观形态

 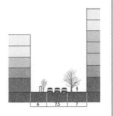

道路断面

400m×400m 尺度下的空间形态

典型建筑　建筑北立面　建筑东立面

片区鸟瞰

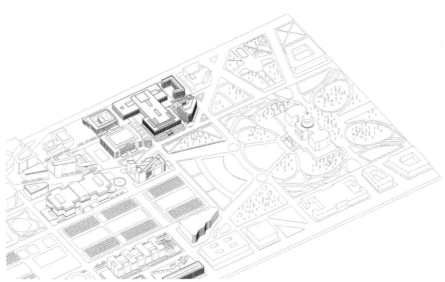

2.华盛顿行政中心片区

始建时间：1791 年　　　　地点：美国华盛顿
面积：2.3km²　　　　设计师：P.C.朗方

简介：案例位于美国的东北部、中大西洋地区。美国独立战争后，1791 年聘请法裔美国建筑师 P.C.朗方对城市进行规划。朗方的规划首先确定了国会和总统府的位置，将轴线垂直相交处的国会大厦和总统府作为城市的中心，国会建在场地最高的一个山地上，在国会和总统府前安排公共花园和宽阔的大道。城市道路则以国会大厦为轴心，开辟 13 条大道向四面八方辐射，在大道交汇处形成 15 个城市广场。朗方规划还确定了首都的中轴线，这条中轴线从国会山向东西两侧延伸，分别抵达西边的波托马克河和东边的阿纳卡斯蒂亚河，该规划影响了整个华盛顿的空间结构。

总平面肌理图

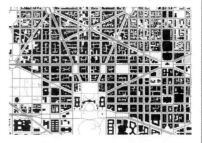

总平面图

3.堪培拉

始建时间：1913年　　　　地点：澳大利亚堪培拉

面积：4.95km²　　　　设计师：W·B·格里芬

简介：案例位于澳大利亚东南部山脉区的开阔谷地上。其总体布局包括地轴、水轴的关系建立，以首都山为中心规划了四条轴线，把一系列重要意义的建筑物与居住区连接起来。同时将国会北部的低洼谷底开凿成格里芬湖，形成以广阔湖面为中心的"城市水轴"。水轴从黑山开始，向东南方向延伸，使城市与水光山色相互映衬。在规划中，整个平面通过与地形相关的两条巨大轴线联系起来。"地轴"的两个顶点是东北部安斯利山和西南部宾贝里山，轴线上的这两处突出地形后来分别成为国会山和议会山。期间的大片区域布设了城市主体建筑，形成了清晰的空间格局。

总平面肌理图

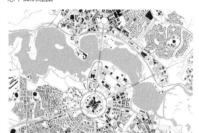

总平面图

1000m×1000m 尺度下的城市形态

道路形态

建筑形态

景观形态

道路断面

400m×400m 尺度下的空间形态

典型建筑

建筑南立面

片区鸟瞰

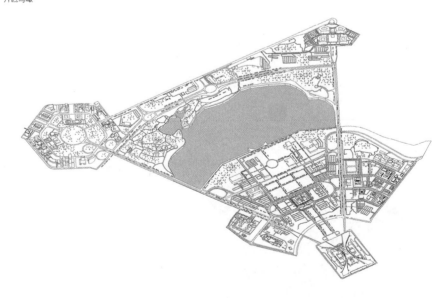

1000m×1000m 尺度下的城市形态

道路形态

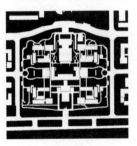

建筑形态

景观形态

4.北京市政府片区

始建时间：未知　　　　　　地点：中国北京
面积：1.1km²　　　　　　　设计师：未知

简介：2018 年 12 月北京市级机关正式搬迁入驻，标志着通州正式成为了北京市的行政副中心。北京政府片区位于通州区潞城镇北运河北岸，该项目毗邻北运河，背靠潞城中心公园，回应中国传统空间的轴线序列，形成了一条邻水接绿的片区轴线。整个项目分为三部分，分别为北京市政府、市级行政中心和南边的生态公园。市委、市人大常委会、市政协办公区采用院落式布局方式在北、东、西三面呈品字形排列，轴线最终与城市的生态网络串接在一起，利用城市开放空间的公共性和自由性使南北向的轴线消解在自然之中，与城市融合。

道路断面

400m×400m 尺度下的空间形态

典型建筑　　　　　　建筑南立面　　　　　　建筑西立面

片区鸟瞰

总平面肌理图

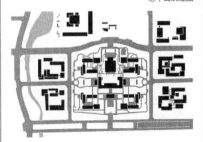

总平面图

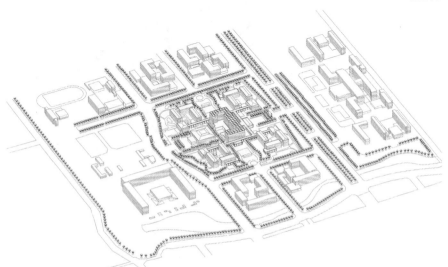

5.绍兴市政府

始建时间：未知   地点：中国浙江绍兴
面积：0.28km²   设计师：未知

简介：绍兴市行政中心位于绍兴城市中心的东南方向，四周环水，是该片区生态斑块的核心。北部为镜湖渔猎公园，南邻绍兴科技馆，西侧为城市体育中心，规划并未刻意遵循传统行政中心中轴对称的布局方式，只在市政府办公楼和广场处构建了局部偏心的轴线。周围的一般行政办公建筑采用U字形布局方式，朝向周边的环城河，景观良好的同时，形成了相对自由的布局方式。同时，方案沿滨河空间利用自由曲线布置绿色环带，使方正建筑空间与自然环境良好互动。

总平面肌理图

总平面图

1000m×1000m 尺度下的城市形态

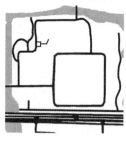

道路形态

建筑形态

景观形态

道路断面

400m×400m 尺度下的空间形态

典型建筑

建筑南立面   建筑东立面

片区鸟瞰

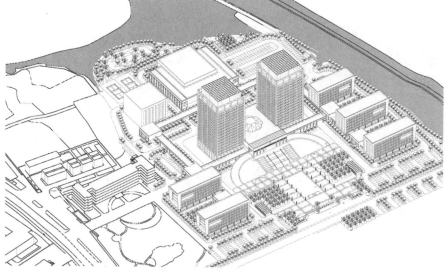

5.5　城市交通枢纽

交通枢纽类型多指因大型交通枢纽设施集聚形成的城市专业服务集中片区，主要围绕火车站、高铁站、汽车站和航站楼设置，成为促使城市新区发展的因素，还包括围绕港口等形成的滨水服务片区等，功能构成多以商业商务为主，并辅以一定数量的相关产业服务配套。交通枢纽作为城市新区系统内人流、物流、信息流的大动脉，对城市新区形态具有划分作用，对空间形态也具有一定的影响。区域交通设施会促进或制约城市片区的发展，进而影响城市功能和空间体系，交通出行方式的差异从动态流量的角度带来城市片区结构形态的差异，从而影响到其空间布局。

图 5-10　交通枢纽促进 TOD 模式开发

表 5-5　交通枢纽的设计原则

类型	设计要点		
车站 / 地铁站	**组织多式换乘**	**连接城市各功能分区**	**提升周边环境**
	为城市公共电、汽车与地铁、轻轨、铁路、水路、航空运输等方式提供客货交换服务，是交通性质转变的场所	建立点（枢纽）、线（线路）结合的公交网络，从而创造条件，更为便捷地连接城市各功能分区，以及更合理地组织城市交通	大量的人流集散，有助于构建 TOD（公共交通导向型发展）模式，形成交通建设与土地利用有机结合的新型发展模式
港口 / 码头	**港口工程**	**填海及适应性改造**	**休闲及旅游目的地**
	大型的航运港口，集装箱装卸、岸线配置、设备更新、区域经销网以及对环境的影响都是重要的规划要素。港口城市设计要寻找安全且具有吸引力的观看点，可为市民提供一个观看港口的机会	填海式开发是一个激发港口空间的触媒。适应性设计是空间发展的有效策略，在创造新的活动目的地的同时展现滨水枢纽空间的独特风貌。成功的设计可促进当地的经济发展并提供地方归属感	滨水区枢纽设计的早期阶段应鼓励投资以促进旅游业发展。滨水空间的公共领域可提供教育、休闲等功能和活动，使游客可以随时欣赏变化着的滨水景象
综合交通枢纽机场 / 火车站 / 高铁站	**混合建筑利用**	**混合土地利用**	**分层立体设计**
	结合交通枢纽形成含居住、商务办公、出行、购物、文化娱乐、社交、休憩等多种功能复合开发、高度集约的建筑综合体。可分为轨道交通换乘、地面换乘、地上商业景观平台 / 步行集散、上层商务办公等多个层面	鼓励在枢纽及周边地区建设高密度、混合功能的紧凑土地利用模式，综合安排商业、商务、文化等公共服务和居住功能。在满足城市综合承载能力的前提下，适当提高交通枢纽及周边地区（半径1000m左右）的土地使用强度	以枢纽的交通功能为核心，协调组织站场与周边商业服务功能等布局关系。引导各功能布局由平面分散布置向集中和垂直布置转换，空间结构呈现多层化，充分利用地下空间和城市公共空间，使建筑空间向城市空间渗透

图 5-11　东京六本木片区

图 5-12　上海五角场片区

1. 铁路上海站地区

设计时间：未知　　　　　地点：中国上海

面积：260km²　　　　　设计团队：MIT Team

简介：本项目为国际竞赛方案项目毗邻上
海火车站，上海周边、长三角地区的各大
城市均与本车站相连。1.6km的铁路车场
分割了南北街坊，基地阻隔了目前上海
商业走廊的发展，仅有隧道和高架穿过。
MIT团队重新定义周边城市空间，提升区
域的开发潜能，以一种新的街区形态连接
城市肌理，横跨铁路的建筑赋予其新的活
动场所。整合铁路服务设施，并以一种特
殊的框架式开发，调和铁路空地与城市的
关系构建未来内外一体的轨道交通体系，
使上海火车站成为将近五千万人口的"中
央火车站"，强化长三角地区的城际商务
交流。

总平面肌理图

总平面图

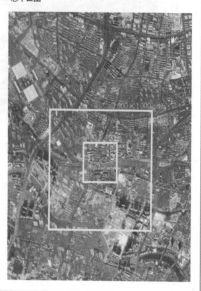

1000m×1000m 尺度下的城市形态

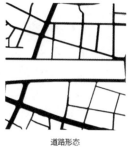
道路形态

建筑形态

景观形态

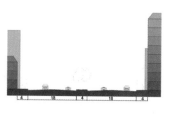

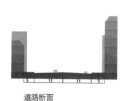

道路断面

400m×400m 尺度下的空间形态

典型建筑

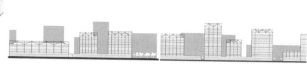
建筑北立面　　　　　建筑南立面

片区鸟瞰

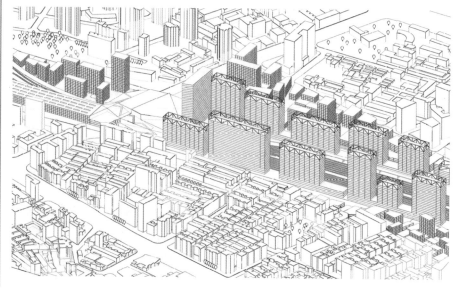

1000m×1000m 尺度下的城市形态

道路形态　　　　　　　建筑形态　　　　　　　景观形态

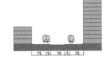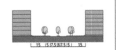

道路断面

400m×400m 尺度下的空间形态

典型建筑　　　　　　建筑东立面　　　　　　建筑南立面

片区鸟瞰

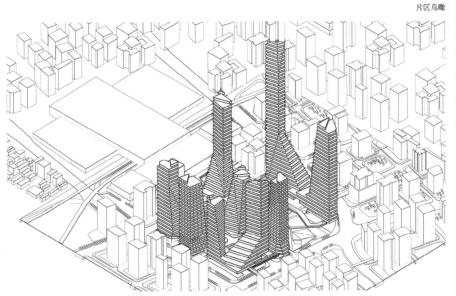

2. 深圳北站商务区

设计时间：2017 年　　　　　　地点：中国深圳

面积：0.2043km²　　　　　　设计团队：IAPA

简介：本项目是深圳北站商务区城市设计竞标方案之一。北站商务片区位于深圳地理中心和城市发展中轴上，片区规划主要以"两轴四片"空间结构为核心，深圳北站商务片区为四片之一。澳大利亚 IAPA 公司将中国山水画中群峰错落的意象进行提炼，依据"拟山筑城"的设计理念，将写意的群山形象进行艺术化的抽象与再现，形成一幅似山峰又似楼宇的水墨剪影。对建筑的功能布局及高度控制进行重新设计，并引入立体化发展、混合性布局、空中花园、二层连廊等现代规划设计理念，经过重组、穿插、连接、变形和修饰等步骤，形成了一组造型简练有力的超高层商务片区。

总平面肌理图

总平面图

3.Camp Mare 港口片区

设计时间: 2018 年　　　　　　　地点: 韩国统营
面积: 0.51km²　　　　　　　　　设计师: HENN 等

简介: 营地马雷 (Camp Mare) 位于韩国统营的新区,地处韩国国立公园的中心地带,三面环海。场地原为造船厂遗址,场地北边邻水,南边连山,设计团队构想了两个直线型的海滨扩建地带,并涵盖曾经的造船厂区域,将南部的山地景观通过两个公园与海滨区域相连。整个项目分为5个不同的区域,每个区域都有自己的特点,由不同的设施和建筑构成,它们将整个公共海滨地带连接起来。通过重用一些工业结构来演绎其传统,同时引入了一系列新计划和建筑,以打造手工艺、旅游、研究与开发和生活的枢纽。

总平面肌理图

总平面图

1000m×1000m 尺度下的城市形态

道路形态

建筑形态

景观形态

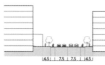
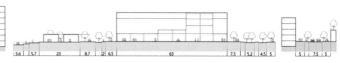

道路断面

400m×400m 尺度下的空间形态

典型建筑

建筑东南立面　　　　　　建筑西南立面

片区鸟瞰

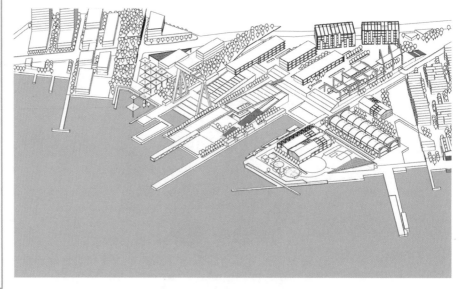

道路形态

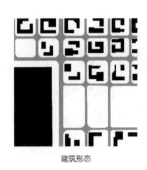
建筑形态

景观形态

1000m×1000m 尺度下的城市形态

道路断面

400m×400m 尺度下的空间形态

典型建筑

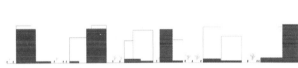
建筑北立面　　建筑南立面

片区鸟瞰

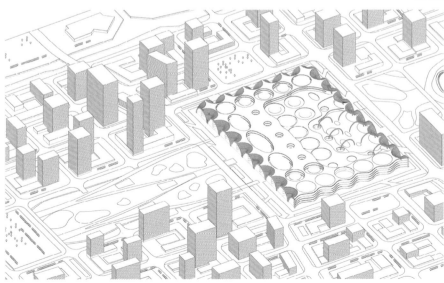

4.杭州西站枢纽片区

始建时间：未知　　　　地点：中国杭州
面积：6.14km²　　　　设计团队：PCPA

简介：该项目为竞赛方案。杭州西站枢纽综合体项目位于有东方"硅谷"之称的杭州城西科创大走廊。项目所在的杭州新城，旨在打造一个以交通导向为特点的未来科技城。城市片区以重直立体布局的多元复合西站枢纽综合体为中心，结合周边密集的道路网络和多元功能，实现了交通枢纽与城市功能的高度融合。作为区域核心的西站交通枢纽，被精心设计为一座以人为本的地标建筑，灵感取自西湖轻盈优雅的石拱桥，化为一系列优雅的圆拱形元素，构成建筑通透灵动的外部形象及内部空间，为杭州畅想了一个以交通为导向的新城蓝图。

总平面肌理图

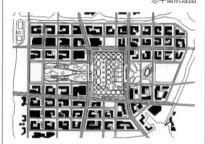
总平面图

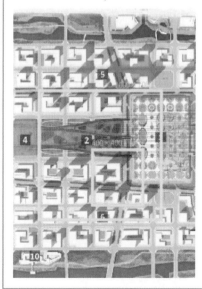

5.深圳太子湾片区

设计时间: 2000 年　　　　　地点: 中国深圳
面积: 0.7km²　　　　　　　设计团队: OMA

简介: 本项目为竞标方案。太子湾位于深圳南山区南端沿海, OMA 计划以 "一城、三坊、太子湾" 将其打造成花园城区, 形成将 "坊" 引进其中的格局, 成为兼容 "港务坊、商业坊" 和 "社区坊" 的既有历史韵味, 又可持续、充满活力且宜居的工作、生活及旅游场所。三坊的几何形态回应现有的岸线形状, 各坊都有各自的功能主题, 坊的存在能在花园城区和滨海地区之间起到过渡作用。三坊之外, 基地其余部分定义为花园城市。道路网络把花园城市划分为有规律的网格, 街区以及主要道路交汇处都有公共绿地。规则的布局为城区带来便捷的交通, 使街区的用途变得相当灵活。

总平面肌理图

总平面图

1000m×1000m 尺度下的城市形态

道路形态

建筑形态

景观形态

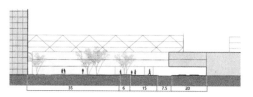
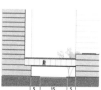

道路断面

400m×400m 尺度下的空间形态

典型建筑

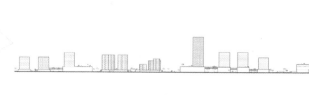
建筑南立面　　　　　　建筑西立面

片区鸟瞰

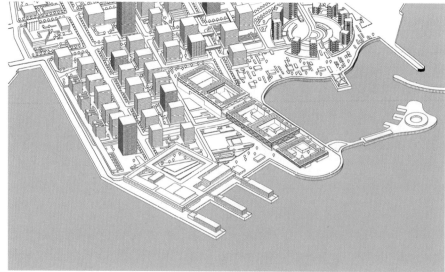

5.6　城市文体中心

文体中心是城市大型的文化活动场所，以举办大型展览和会议、体育赛事为主，集集会、运动、展览、会议、贸易、娱乐、办公、食宿等多项功能为一体的大型公共生活片区，是体现城市文化功能和反映城市文化特色的重要区域，具有较强的形象展示需求。一般包括城市体育中心、文化中心、博览中心等，有时以上三类中心也混合设置。

表 5-6　文体中心的设计原则

类型	设计要点		
文化中心	多样公共活动的尺度要求	与开放空间复合设置	内容构成丰富
	城市文化中心除城市大型文化活动之外，还需满足城市居民的日常室外活动内容，所以应适当地考虑硬质铺装和小尺度空间的介入	城市文化中心可以在设计时考虑与公园绿地等开放空间复合设置，解决公园绿地活动方式单一的问题，也为文化中心提供更多的活动场所，如东京的上野公园	城市文化中心一般以大型或重要的文化设施为主，可包括影剧院、美术馆、博物馆、图书馆、科技馆、纪念性建筑等。随着物质文化生活水平的不断提高，文化中心的内容也越来越丰富
体育中心	外部交通组织	多种体育场馆和设施	多元化的设计需求
	在比赛期间大量人流、车流都要在同一时间通过城市道路系统进行集散，因此体育中心的交通出入口与外围城市道路和公共交通车站之间，应合理布局，保证观众的安全疏散和避免大量人流阻塞城市交通。体育中心的建设往往会带来城市道路的改造，以适应交通需求量的增加	将田径、球类、游泳、自行车以及其他多种类型的体育建筑物和设施，集中地布置在一个基地内。体育中心用地大小取决于体育中心各类场馆和所能接纳的容量。除了安排一定数量的比赛场馆外，还应配套相应的运动员活动练习场。为提高非竞赛时间的使用效率，体育中心一般作为集训队或业余体育学校的训练基地使用	体育社会化、产业化和全民健身运动，促进了体育健身娱乐业的发展，同时，在政府和社会对体育健身娱乐业基础设施的大力投入下，有组织的和自觉性的参与体育人口大幅度增加，对体育健身娱乐业在规模、内容、形式等方面也有了更多的需求，并呈现出多元化特点
博览中心	功能的完整性	选址与城市布局的关系	内部交通组织
	出入口：包括主要出入口和多处次要出入口。展览：包括室内展馆和室外展场两大部分。配套设施：为博览会、展览会举办提供的会议、旅馆、娱乐及展品库等配套设施。后勤服务：包括后勤接待、职工宿舍等。公共服务：包括餐饮、医务、环卫、小卖部、保安、问讯、停车场、广场、绿化等	大型博览中心多出现在经济发达地区，并且会由会展中心发展为城市新区甚至新的城市。以展示功能为核心，辅以酒店、会议等配套功能，此类型用地规模大，因此选址也多为城市边缘甚至另辟新区，在交通方面则往往选择临近枢纽或者快速干道的地块。如英国国家展览中心，新慕尼黑贸易展览中心，达喀尔国际交易中心	参观路线应划分等级，有主参观路线、辅参观路线、交通性道路等区别；内部道路组织应保证各展区和后勤服务区的便捷联系；内部交通宜采取以步行交通为主，游览车和空中观景车为辅的方式；博览中心内部游览车运行路线宜形成环路，方便乘坐；道路设计应满足应急车辆通行；满足无障碍设计要求

图 5-13　洛杉矶盖蒂中心

图 5-14　新加坡会展中心

图 5-15　慕尼黑奥林匹克公园

1. 代代木体育中心

始建时间: 1964 年　　　　　　地点: 日本东京

面积: 0.57km²　　　　　　设计师: 丹下健三

简介: 代代木体育中心位于东京西南部的涩谷区，是东京都特别行政区之一。案例为亚洲第一位普利兹克建筑奖得主日本建筑师丹下健三的作品，具有极强的想像力，达到了材料、功能、结构、比例及历史观的高度统一。第一体育馆为两个相对错位的新月形，第二体育馆为螺旋形，像一只蜗牛，两馆均采用悬索结构，中间的空地形成中心广场。宽敞的人行步道将两馆联系起来，观众人流和车流也巧妙地分开了。案例位于代代木公园周边，旁边毗邻日本最大的 NHK 电视台，明治神宫亦在其附近。这些历史自然人文景观，激活了整个区域的活力。

总平面肌理图

总平面图

1000m×1000m 尺度下的城市形态

道路形态

建筑形态

景观形态

道路断面

400m×400m 尺度下的空间形态

典型建筑　　　　　　建筑北立面　　　　　　建筑西立面

片区鸟瞰

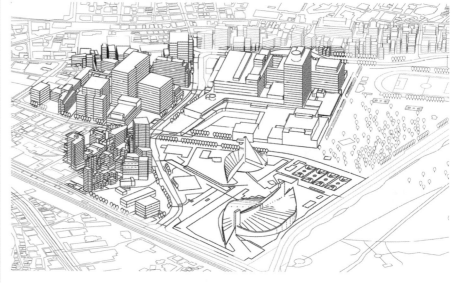

1000m×1000m 尺度下的城市形态

道路形态

建筑形态

景观形态

2.北京奥体中心

始建时间：2007 年	地点：中国北京
面积：11.59km²	设计师：赫尔佐格等

简介：北京奥体中心位于北京市朝阳区，园区以五环路为界划分为北区和南区，两区中间设置一座跨越五环路的"生态廊道"。廊道西侧设奥林匹克公园曲棍球场、奥林匹克公园射箭场及奥林匹克公园网球场。除了奥运村之外的各区域按照规划功能进行组合各个片区。包括体育功能区的国家体育场"鸟巢"，国家游泳中心"水立方"等；文化科教区、特色商业区、森林游憩区。在奥林匹克公园的设计中，还规划了一条斜轴，联系亚运会场馆、国家体育场等大型设施，与中轴线相交，通往燕山山脉，使景观更为丰富。

道路断面

400m×400m 尺度下的空间形态

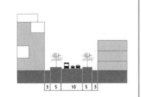

典型建筑

建筑南立面

建筑东立面

总平面肌理图

总平面图

片区鸟瞰

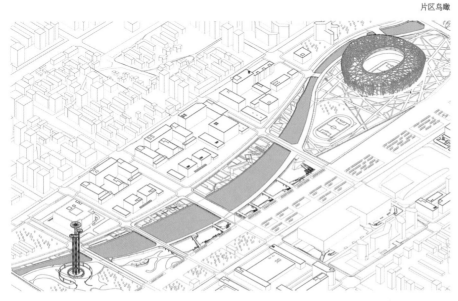

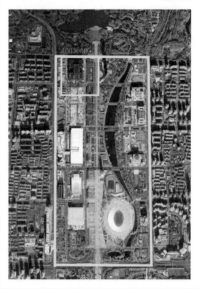

3. 上野公园

始建时间：1873 年	地点：日本东京
面积：0.525km²	设计师：柯布西耶等

简介：上野公园位于日本东京市台东区，面积约 53 万 ㎡。上野公园是日本的第一座公园，历史文化深厚，景色秀美。公园内聚集多位大师建筑之作，包括柯布西耶的国立西洋美术馆、谷口吉生设计的东京国立博物馆、久留正道的旧东京音乐学校奏乐堂、六角鬼丈设计及监修的东京艺术大学美术馆，由安藤忠雄担任修复翻新的国际儿童图书馆都在园区范围，再加上最具人气的国立科学博物馆等。美术及艺术展馆内的各大展览，令这里常年游客如织。上野公园是文化中心与开放空间复合设置的典型案例。

总平面肌理图

总平面图

1000m×1000m 尺度下的城市形态

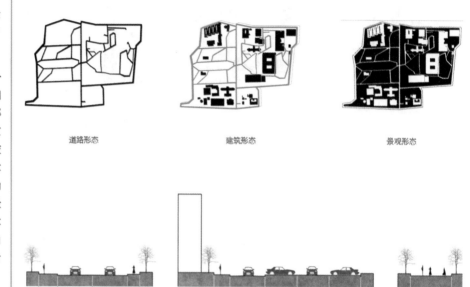

道路形态　　　　建筑形态　　　　景观形态

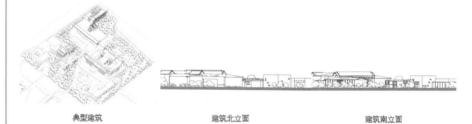

道路断面

400m×400m 尺度下的空间形态

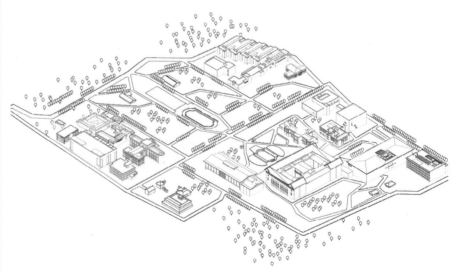

典型建筑　　　　建筑北立面　　　　建筑南立面

片区鸟瞰

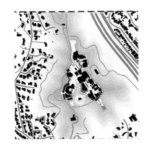

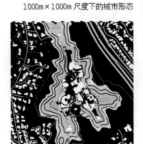

1000m×1000m 尺度下的城市形态

道路形态　　　　建筑形态　　　　景观形态

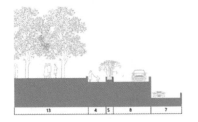

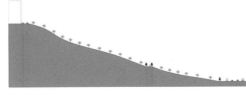

道路断面

400m×400m 尺度下的空间形态

典型建筑　　　　建筑北立面　　　　建筑南立面

片区鸟瞰

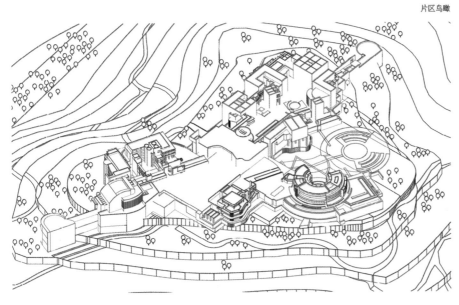

4. 保罗盖蒂艺术中心

始建时间: 1990 年　　　　地点: 美国洛杉矶

面积: 0.45km²　　　　设计师: 理查德·迈耶

简介: 保罗盖蒂艺术中心坐落在圣莫尼卡山脉的山脊上, 场地顺着圣迭戈高速公路延伸, 由圣莫妮卡山向南伸出。其高位的地面使得城市景观与山脉和海洋成为建筑景观环境的组成部分。经过近二十年的设计和建设过程, 保罗盖蒂艺术中心在圣莫尼卡山脉上形成了一个展示艺术、文化和设计的堡垒。洛杉矶的城市路网关系, 以及自然本底的关系共同决定了建筑的格局。建筑组团由礼堂、办公楼、文化保护中心、博物馆、入口广场、中心花园等组成。自 1997 年开放以来, 这个中心已经成为洛杉矶盆地重要的文化中心, 吸引着世界各地的参观者。

总平面肌理图

总平面图

课后思考

1. 城市设计解析工作如何开展？有哪些层次？
2. 开发型城市设计和更新型城市设计的异同？
3. 交通枢纽对于城市新区发展的意义是什么？
4. 商业和商务中心需要哪些具体职能？
5. 行政中心和文化体育中心的设计特点是什么？

推荐阅读

[1] 王建国.城市设计[M].南京：东南大学出版社，2019.

[2] [美]汤姆·梅恩.复合城市行为[M].丁俊峰等，译.南京：江苏人民出版社，2012.

[3] [美]寇耿，（美）恩奎斯特，（美）若帕波特.城市营造 21 世纪城市设计的九项原则[M].赵瑾，译.南京：江苏人民出版社，2013.

[4] [德]波登沙茨.柏林城市设计—— 一座欧洲城市的简史[M].易鑫等，译.北京：中国建筑工业出版社，2016.

[5] [美]罗恩·卡斯普利辛.城市设计 复杂的构图[M].朱才斌等，译.北京：机械工业出版社，2016.

[6] 卢济威等.城市设计创作——研究与实践[M].南京：东南大学出版社，2012.

[7] [德]迪特尔·普林茨.城市设计（上）——设计方案（原著第七版）[M].吴志强译制组，译.北京：中国建筑工业出版社，2010.

第6章
设计图示表达
城 市 设 计 的 构 思 与 呈 现

本章导读

01 本章知识点

- 图示的基本要点；
- 城市设计图示表达的相关诉求；
- 城市设计分析图的基本分类、表达过程以及要素；
- 城市设计成果图的分类和表达重点。

02 学习目标

- 在了解城市设计表达完整过程的基础上，理解图纸与设计的必要性关联，明确不同类型图纸表达的重点及目标。

03 学习重点

- 掌握城市设计各类型分析图、成果图以及各种图示组合在城市设计图示时的特点及表达要点。

04 学习建议

- 本章内容是城市设计的图示表达，是对城市设计中构思和过程的图示总结，包括分析图与成果图两部分内容。分析图呈现城市设计的全过程，包含设计基本情况的图纸描述，设计的思路形成与设计最终方案的解释；成果图纸是城市设计表达的核心，充分反映和介绍设计师的空间构想和空间结果，是城市设计方案的重要载体；只有了解了城市设计成果图示的基本原则与方法才能开展和完成具体的城市设计工作。
- 本章需要相关知识背景的拓展阅读，理解不同规模不同类型的城市设计在成果内容和成果要求上的差异。
- 对本章的学习可以参考设计美学、视觉传达等相关文章和读物，深刻理解视觉表征与设计内核、表达内容与阅读需求之间的关系，这是城市设计工作的最后一步，也是城市设计内容传播的开始。除了对本章的学习之外，可参照第 7 章学生作业的具体图示成果内容，深化知识要点。

6.1　图示表达基础

随着图像化时代的到来，可视化的文化传播日益成为我们生活中十分重要的部分。图像逐渐担当起社会生活中的重要物质力量，在日常生活、文化交流以及科技研究中扮演着重要角色。城市设计，关注不同范围与尺度的空间问题，最后都是通过创造性的规划设计方案回应现实需求，实现发展目标，因此从方案过程中的构思、推敲到最后的确定与呈现，都需要通过准确的图示语言表达。各种类型的图示语言是城市设计语汇不可或缺的组成部分，所有的空间形态，都需要用准确清晰的图示语言呈现出来。图示的作用不再是仅限于专业人员之间的交流，而是提供给不同知识背景的受众进行阅读审视。因此，学习并掌握简洁有效、符合大众阅读习惯的图示语言非常重要。在这个过程中，城市设计师的思路能否借助设计图纸传达出准确无误的设计信息，并被城市管理者、投资方以及大众正确解读和认可，对于最终设计目标的实现意义重大。

6.1.1　图示表达的评价标准

城市设计图纸的形式多样，内容复杂，表现方式各异，是城市设计工作者最终设计成果的集中体现，在绘制的过程中需要确定一种评价方式，避免出现图示表意不清或是有碍观瞻的情况。本书将城市设计图纸的评价标准总结为三点："信""达""雅"，即内容信息准确、传达直观有效、图面表达美观三点。

第一，内容信息准确。城市设计图纸以传达设计构思为首要功能，这也是其图示存在的根本意义和价值，同所有图形视觉表现与创造一样，均是围绕其根本目的——准确传递相对应的信息进行的。城市设计图示的训练目的就是帮助学生选择合适的角度，用自己的"图语"表达对城市设计对象的认识、理解和看法，传达自己的概念，从而实现其设计意图传达的目的。好的图示表达意义明确、意味深长，既可准确表意，又带给人们深刻的回味和无尽的想象。

第二，传达直观有效。城市设计图纸以具体可视的形象来表述信息，通过丰富的表现力吸引人的视线。图示的直观性是判断图示效果的重要标准，图示的形式以及色彩关系可以使人们心理转换迅速，无需费太多的时间，这和视觉观看图形的思维过程有关。图形所呈现的画面与其所表达的内容十分契合，大脑在感知时无需再进行转化过程，是一种大脑本能的直觉反映。设计图纸就是通过图示的方式，使人们在关注城市设计方案时与理性分析、理性判断等思维活动划清界线，而通过直观的图示促使人们快速通过直觉与设计方案产生联结。

第三，图面表达美观。城市设计图纸作为现代图示体系中的一种特定类型，除了对设计构思的解析之外，也将成为现代图形设计的一部分，并成为独立的信息传导实体而存在，具有一定的原创性、个性化表达趋势。一张主次分明、色彩协调的城市设计图示能够为设计方案的表达增添直观的说服力。

城市设计图示的起点是对真实空间环境的抽象，借助图示要素将真实三维城市空间的各个要素在纸面上进行投影。以下是城市设计表达中"内容准""逻辑清""形式美"的三大原则示意。

内容准

图示所传达的是构成要素及其相互关联的基本内容，每一张城市设计图都有其明确的主题要素，以城市设计结构构图为例。

 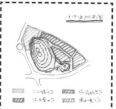 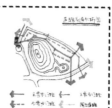 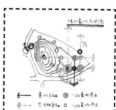

空间结构图：
着重于表现出入口空间，主次节点空间，主次轴线空间等若干种空间要素之间的相互关系。

功能结构图：
着重于表现方案中各功能要素的图形构成、位置分布，要素之间的组织关系。

交通结构图：
着重于表现道路交通中主次干道、人流车流的流线等各个要素的关系。

景观结构图：
着重于表现景观点、线、面的构成以及景观渗透、景观通廊等线性的联系规律。

逻辑清

图示的直观性是判断图纸好坏的重要标准，图示的形式以及色彩可以使人们心理转换迅速、简单，无需费太多的时间。

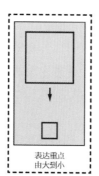 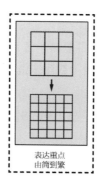 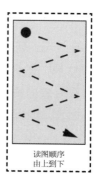 

表达重点
由大到小

表达重点
由明到暗

表达重点
由简到繁

读图顺序
由上到下

读图顺序
由左到右

形式美

设计图纸具有一定的原创性，个性化表达趋势。主次分明、色彩协调的城市设计图纸能够为设计方案的表达增添直观的说服力。

对称

均衡

 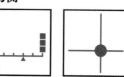

比例

对比

节奏

多样统一

6.1.2　典型图示内容

城市设计图示的类型丰富，是集数理分析、量化比较、逻辑建构、关系梳理、空间表达、美学修饰等内容的综合图示表达体系。通过归纳和整理当前的各类城市设计图纸，形成了如下三十二个类型的图示内容（图6-1），具体的表达内容与要素如后页所示（图6-1）。

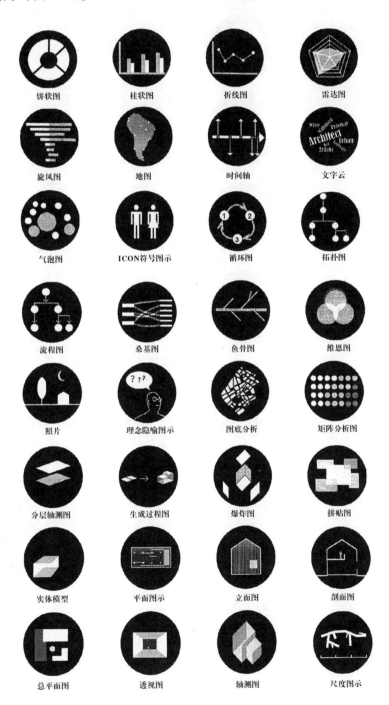

图 6-1　典型图示内容示意

表 6-1 典型图示基本信息表

图式名	基本信息	简图	表达内容	表达要素	举例
柱状图	表示分布的情况，常显示某类信息随时间变化的关系，或用来比较两个或以上的数值		常用于表达影响设计对象的某一类因素或者条件在时间维度中的变化	量化比较	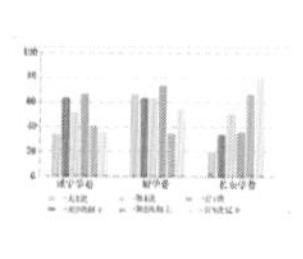
饼状图	表示数据系列中各项的大小与各项总和的比例		城市功能分布、场地使用方式或使用人群类型等	比例关系	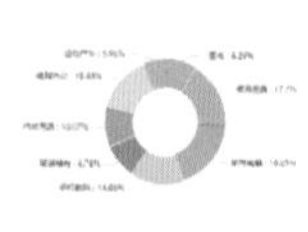
折线图	折线图一般用来表示连续时间的变化趋势。可以分析固定值在不同时间点的变化		常用于展示与设计密切相关的背景信息，如环境污染、碳排放上升等	变化趋势	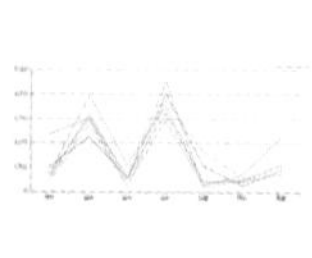
雷达图	雷达图中放射外点与中心的距离表示该变量在某方面的数值大小或变化趋势		常用于表示某一地区的风向状况，不同功能空间的使用强度、人流密度，或地块交通可达性等内容	比较关系	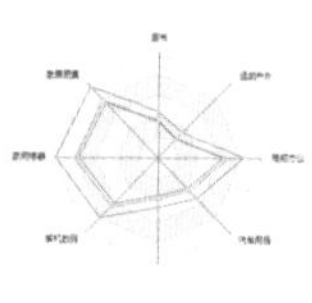
旋风图	旋风图式学名叫作"背离式条形图"或"成对条形图"，用于内容之间的对比		表达不同性别在不同年龄段的人口对比或不同国家地区的人口差异等	对比差异	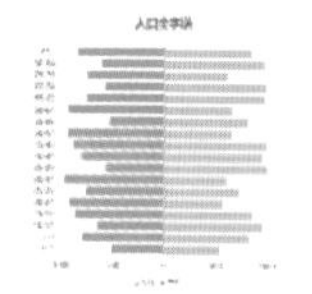
气泡图	作为简洁直观的表现方式，气泡图式表示不同事物之间建立联系的可能性，可直观表示不同元素的比例关系及层级属性	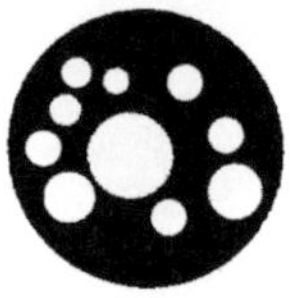	可以通过气泡的大小表达设计对象的影响因素强弱，也可以通过气泡的相对位置关系进行空间定位，如功能关系和位置示意	功能关系	
文字云	文字云将不同的文字组整合为集合簇团形状，并将设计中出现频率较高或传达内容较为重要的信息聚合形成"关键词"		常结合设计前期实地调研或问卷调查，将与设计相关的各类数据信息文字以某种特定的逻辑进行编排组合	功能关系	
循环图	循环图是由节点和圆形（或弧形）边界构成，将相互关联的不同要素或同一要素的不同方面串联在一个闭合环形系统中的图式	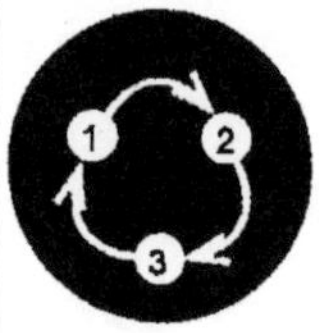	在城市设计的前期策划阶段，常用循环图式表达项目达到预期目的的效果，以及所需具备的若干条件	流程关系	

续表

图式名	基本信息	简图	表达内容	表达要素	举例
时间轴	时间轴是一种将系列事件或要素按照时间序列进行排列的图示	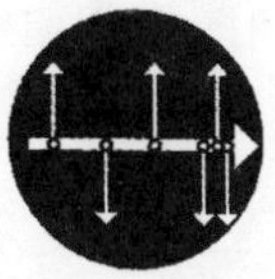	常用来表达历史发展线索、人文信息演化、物质空间演变等研究内容	时空关系	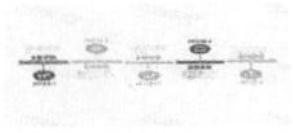
地图	以二维或三维形式在平面或球面上表示地形环境、建筑、道路等内容的图形或图像		依据所要表达的概念，将各要素组合或单独提取，表达各要素之间的相互制约关系	肌理要素	
流程图	流程图是流经一个系统的信息流、观点流或物质流的图式。主要用来说明某一过程	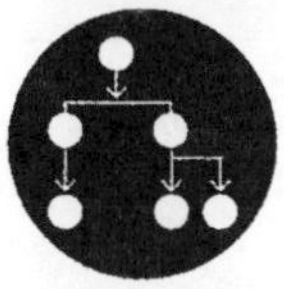	流程图可以阐释各个部分之间的空间关系及联结网络	功能分区	
桑基图	桑基图是一种特定类型的流程图，图中延伸的分支的宽度对应数据流的大小		常用于前期的设计结构组织、功能布局、设计理念阐述宏观局面，整体概念的表达	能量流动	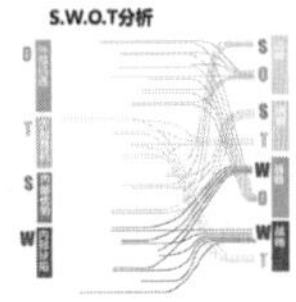
维恩图	维恩图是在两个或多个信息集合之间，展示所有可能性的逻辑关系的图式，通常以圆圈或圆环的形式出现		可帮助设计者将各种关联信息利用圆圈集合的方式进行归纳、并置和交叉，易于理解	对比差异	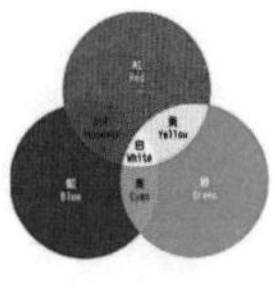
拼贴图	是一种综合性的表达技术，通过重构、叠展整合时拼贴不同的素材以形成复合图像		拼贴图通过模拟真实环境的方式，表达设计师对于现实场景的未来愿景，是一种建议式的空间再现	图像拼接	
图底分析	图底分析作为一种有效的场地分析方式，通过强烈的对比效应和直观的辨识图案，传达设计理念		可以辅助设计师更好地理解城市空间密度，交通网络，建筑轮廓，布局方式以及场地的建筑功能等	肌理关系	
过程演进	过程演进是从最初的基地或环境条件出发，在充分理解和分析建筑产生的条件基础上，将建筑的设计过程拆解为彼此关联的场景，予以展示		过程演进图式需要设计方案的构思，由简单清晰的逻辑进行支撑，每一步方案深化的过程，便是凝练和优化设计概念的过程	演变过程	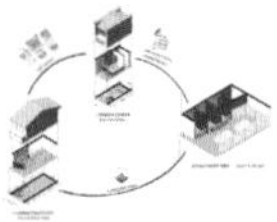

续表

图式名	基本信息	简图	表达内容	表达要素	举例
矩阵图	利用视觉习惯特点设计的阵列图表，适合说明每个单体之间的细微对比	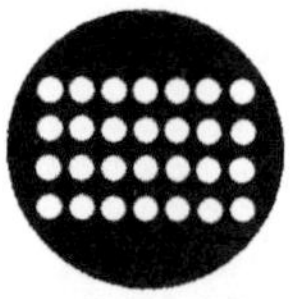	利用每个单体间变化的逻辑关系来展示设计过程、分析空间多样性、区分空间构成	差异比较	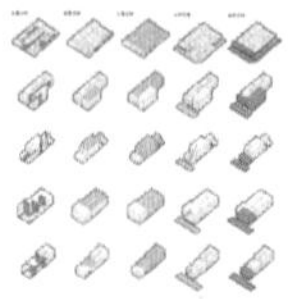
爆炸图	将建筑或场地环境按照设定的逻辑，从横向及竖向两个维度上将目标对象的各个元素进行扩散式拆解		爆炸图能够直观地表达设计对象的拆分步骤及空间、功能等层次结构	空间结构	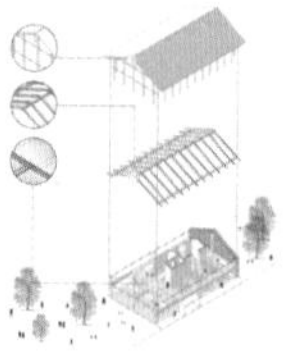
叠层图	叠层图提供了一种有效的视角，借助不同层级图形在统一维度和角度进行展示		可用于分析场地、结构、建筑空间、景观、构筑物等空间元素	空间元素	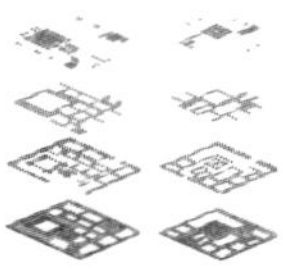
轴测图	轴测图是一种能同时表达物体多个面的单视点三维视图，传递着一种精准的立体感		相较于透视图，轴测图可以打破静态空间的单一表现形式，以客观、精准的图形特征展示动态的建筑空间	形态空间	
平面图	平面图，需按比例绘制，主要用于表达建筑内部功能组织及室内外空间布局，是最基本的设计表达图示		展示设计理念、平面空间关系、基本功能布局及建筑与场地环境关系等	平面布局	
立面图	立面图主要用于表达建筑或城市空间的外部垂直界面，场所内部的竖向界面的图示表达		主要表达城市构成空间要素、色彩和材质以及形态的凹凸变化所产生的光影效果	立面要素	
剖面图	剖面图是假想用一个剖切平面将物体剖开，移去介于观察者和剖切平面之间的部分，对于剩余的部分向投影面所做的正投影图		剖面可以帮助我们在水平及竖向两个层面上理解城市空间的形成逻辑	结构要素	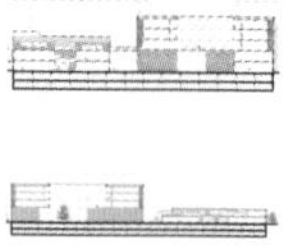
透视图	透视图是一种运用绘画技巧的观察方法，根据视觉空间的变化规律。用笔准确地将三维空间的景物描绘到二维图纸上		用于城市人视点的效果表现以及空间场景的分析	效果展示	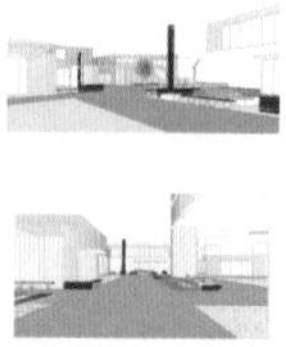

6.2 设计过程图示表达

城市设计是一个持续的过程而非一次性结果，因此，过程中各个阶段的工作内容都需要通过图示语言进行呈现。城市设计主要包括三个工作阶段：第一，基地认知与问题发现阶段；第二，目标确立与策略制定阶段；第三，空间方案生成阶段。因此，设计表达的过程就是针对这三个阶段进行图示表达的过程。这类图纸对具体对象和设计内容以一定的方式进行概括性表达，作为形象化的思维图示为城市设计中的关键性设想提供了对象和视觉载体，促进了设计全过程、各阶段的思维交流与共享。该部分的图纸往往跳出纯粹的空间思维，需要介入综合地理、经济、文化、生态等相关知识体系的全局性思维。

6.2.1 基地认知与问题发现

一般来说，设计基地处在特定的城市及片区环境之中，受到不同层级、不同维度的要素影响，具有不同的设计先决条件，这些条件从宏观基底、中观联系以及微观特征三个层面展开，囊括区位、自然、经济、社会、人文、产业、空间等多个系统。如表 6-2 所示，将这些基地认知的相关内容进行整理归纳。该部分是城市设计的起始环节，通过全面的分析，尝试建立对基地的认知，并且在详实认知基地的基础之上，综合各个关联因素，建构 SWOT 目标体系，寻找影响基地未来发展的关键问题，为设计目标的建构提供依据。

表 6-2 基地认知与问题归类表

层次	分项	主要内容
宏观层面 城市背景	区位条件	基地所在城市的基本地理区位、周边交通联系，经济关联等内容
	自然基底	基地所在城市各种自然资源，包括气候、地形地貌、水文，生态资源等
	经济基底	基地所在城市主要的经济产业结构、支柱产业、经济制度以及相关经济发展水平的特征
	人文基底	基地所在城市的历史发展脉络、文化资源现状、社会人口条件、地方传统民俗等
	空间基底	基地所在城市的空间发展历程整理
中观层面 片区条件	发展研判	基地及周边区域的发展角色定位、相关政策解读、发展趋势分析
	特色资源	基地及周边区域的历史人文资源、旅游开发资源、科技教育资源
	空间本底	基地及周边区域的建设发展过程以及现状的空间肌理分析
微观层面 基地现状	产业构成	基地内部的业态构成、运营状态以及生产空间现状等
	社会生活	基地内部的人群构成、生活样态以及生活诉求等
	物质空间	基地内部的整体格局、系统分析、建筑分析以及环境构成等

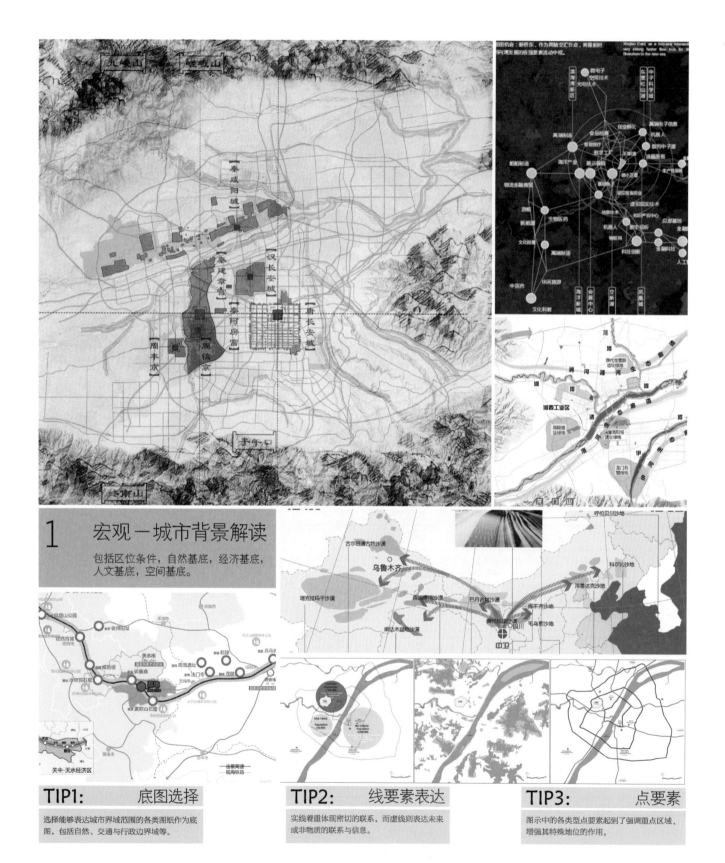

1　宏观－城市背景解读

包括区位条件，自然基底，经济基底，
人文基底，空间基底。

TIP1:　　　底图选择

选择能够表达城市界域范围的各类图纸作为底
图，包括自然、交通与行政边界域等。

TIP2:　　　线要素表达

实线着重体现密切的联系，而虚线则表达未来
或非物质的联系与信息。

TIP3:　　　点要素

图示中的各类型点要素起到了强调重点区域、
增强其特殊地位的作用。

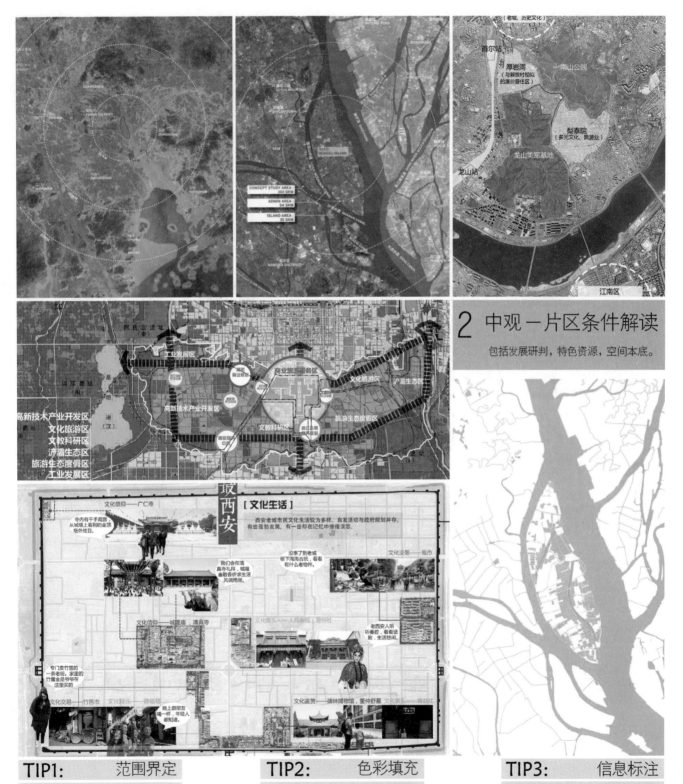

2 中观—片区条件解读
包括发展研判，特色资源，空间本底。

TIP1:　　　范围界定

范围界定，选择恰当的片区作为研究范围，以道路、水域、行政边界等作为片区的基本边界。

TIP2:　　　色彩填充

通过块状提取的方式使得关键的对象清晰明辨。

TIP3:　　　信息标注

结合文字注释、图形标注与图片标注的方式，进一步查明分析的关键信息。

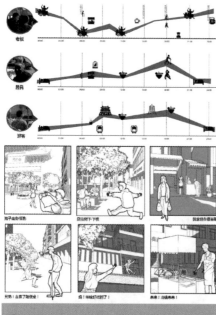

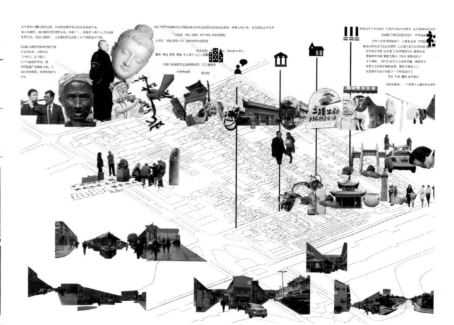

3 微观－基地现状解读

包括产业构成，社会生活，及物质空间等方面的内容。

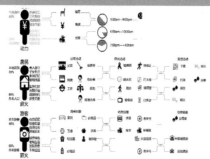

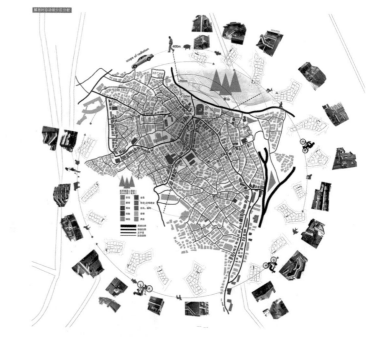

TIP1: 确定时空维度

该类分析图往往以二维时间和三维空间作为标尺展开。

TIP2: 二维与三维结合

二维平面分析与三维的人视点分析相结合，形成合理的类型化。

TIP3: 要点的凸显

对关键要素通过色彩上的强调，线型的变化以及明暗对比等方式进行强调。

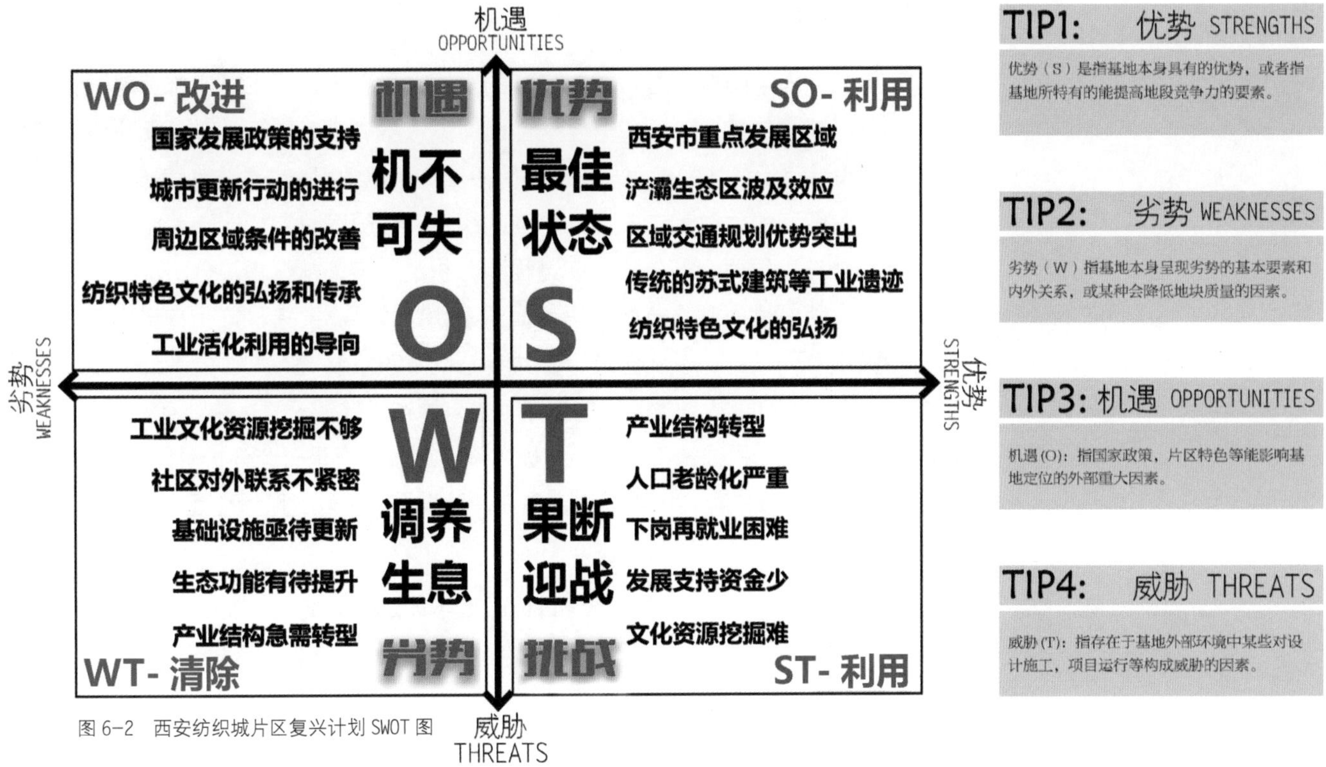

图 6-2 西安纺织城片区复兴计划 SWOT 图

TIP1: 优势 STRENGTHS
优势（S）是指基地本身具有的优势，或者指基地所特有的能提高地段竞争力的要素。

TIP2: 劣势 WEAKNESSES
劣势（W）指基地本身呈现劣势的基本要素和内外关系，或某种会降低地块质量的因素。

TIP3: 机遇 OPPORTUNITIES
机遇（O）指国家政策，片区特色等能影响基地定位的外部重大因素。

TIP4: 威胁 THREATS
威胁（T）指存在于基地外部环境中某些对设计施工，项目运行等构成威胁的因素。

综上，通过三个层次多个维度展开的系列研究形成了专项问题库，由于城市设计具有一定层面上的战略导向，因此这里借用战略分析模型 SWOT 建立问题库的合理归纳与选择（图 6-2），把各种因素相互匹配起来加以分析，从中得到一系列相应的结论，而结论通常带有一定的决策性。这些决策为现状问题研判的结论，支撑进一步的设计分析（图 6-3）。

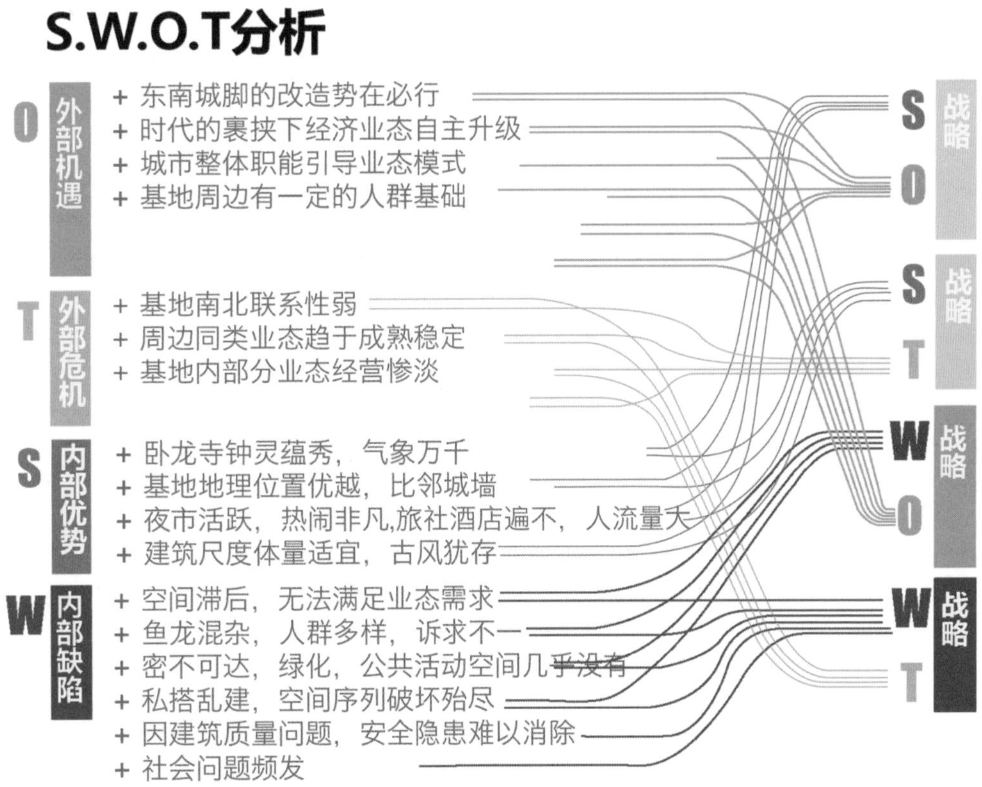

图 6-3 西安东南城角改造 SWOT 分析图

6.2.2　目标确定与策略制定

　　目标确立与策略制定是对城市设计的发展定位、目标愿景及实施策略进行逻辑思辨和路径建构的重要阶段，需要结合设计概念与切入点自行拟定"设计任务书"。主要包括设计目标任务的确立与细化与阶段实施策略的提出与制定（表6-3）。

　　本阶段图示的关键点在于抽象思维的图示，必须同时完成以下两个阶段，即内在过程和外在过程两个部分。内在过程即分析的内容，从认识、分析、提取、抽象进入表达；外在过程则是分析的语言，从事物、关系、要素、符号直至形象。因此广泛地汲取空间设计、景观塑造、公共参与以及政策制定等方面的基础知识，并通过恰当的图示进行表达是本阶段的重点，也是城市设计图示表达的难点。

　　城市设计的结果往往不是一个终极的设计愿景，而是一个分析阶段的成果序列，因此，在表达过程中，会按照近期、中期、远期系列的表达阶段（图6-4）。

表 6-3　目标确定与策划制定表

阶段	任务	具体内容
设计目标任务的确立与细化	目标确立	分类目标、时序目标等
	任务细化	阶段性详细任务书
阶段实施策略的提出与制定	非空间策略	活动策划、制度优化、平台搭建等
	空间策略	建筑改造策略、环境提升策略等

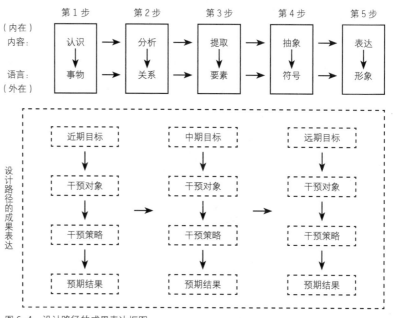

图 6-4　设计路径的成果表达框图

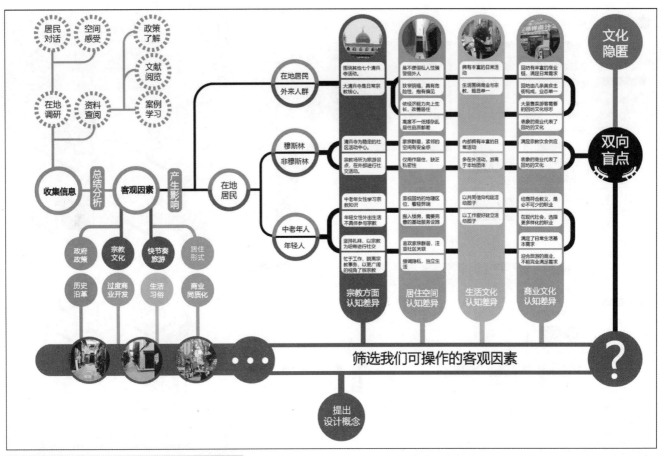

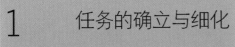

1   任务的确立与细化

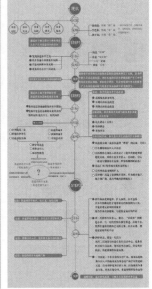

TIP1:   图表建构

选择表格、流程图、思维导图等各类型能够将
思考分析具象化。

TIP2:   文字说明

增加文字，表达不同线索上的具体思考内容。

TIP3:   图符增色

可选择具有形象性的各类图形，进一步将抽象
思考运用图示语言展示。

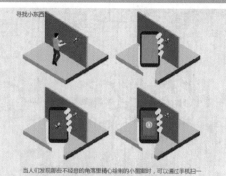

2　策略的提出与制定

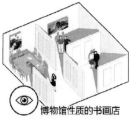

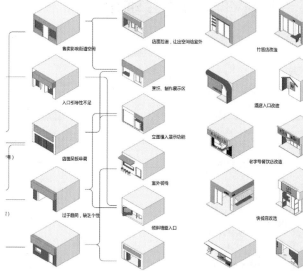

TIP1:　场景选择

将相关的各类型要素通过预设真实场景的方式进行图示再现。

TIP2:　类型组织

按照不同的使用场景，可以进行可视化的多样类型化组织。

TIP3:　图幅标注

通过相应的图形与文字标注，形成丰富的空间内涵表达。

6.2.3　空间生成与场景表现

　　设计目标与手段的多样性决定了这一阶段图示表达内容的丰富性，具体的策略包括非物质层面的活动策划组织和制度体系设计，以及物质层面的建筑更新改造、环境设施提升、场地活化利用、公共空间营造等。城市设计的空间方案是设计表达的重点，尤其是方案的内在生成逻辑以及空间的多维度呈现手段。作为城市生活的物质载体，单纯的平立剖面的表达缺乏与生活场景之间的关联，在当下大量的城市更新类设计课题中，逐渐形成了以建构"空间-场景-制度"为核心的系列表达方式，而在开发类城市设计课题中则延续了"平面-功能-系统"的表达逻辑，如下表就是两类城市设计课题中在空间方案生成过程中的图示内容（表6-4）。

表 6-4　不同类型城市设计空间生成逻辑表

更新类城市设计——空间、场地、制度		
微小干预的设计表达	物质空间层面设计	建筑局部更新、装置设计、环境整治等
	非物质空间层面设计	活动策划、制度优化等
扩大干预的设计表达	物质空间层面设计	建筑单体或群体更新、场地活化等
	非物质空间层面设计	生活模式更新、产业结构优化等
持续引导的设计表达	物质空间层面设计	建筑空间类型化更新、外部环境整体提升等
	非物质空间层面设计	街区生活模式构建、产业发展集群构建等
开发类城市设计——平面、功能、结构		
城市结构分析	平面、功能、结构	分析城市的平面结构，包括设计空间结构的分析，平面分区，平面布局变更调整的分析，是对方案整体结构的剖析和层次抽象，反应设计整体和布局的关系
建筑元素分析	体量、高度、密度	对地块退线、地块入口、建筑群体的高度和密度进行控制分析，建立原则，主要在控制性详细设计中使用，给出适宜建设的指标体系
空间元素分析	街道、广场、公共空间	包括对步行体系、车行体系、公交体系、静态交通体系的设计分析，广场和公共空间的布局分析
景观元素分析	水体、绿化、植物	对景观视线、景观风貌、绿化分布、山水关系等进行分析的同时，还包括对绿化植株选择、城市小品家具选定的意象分析

——公共空间更新场景展示

scene B   scene C   scene D   scene A   scene B   scene C   scene D
scene F   scene G   scene H   scene E   scene F   scene G   scene H
scene J   scene K   scene L   scene I   scene G   scene K   scene L

1   微小干预解读

包括建筑局部更新、环境整治、活动策划、制度优化等。

TIP1:   细节刻画

适当增加生活中的细节模型、人物、材质的纹理等，可以提升图纸的丰富度。

TIP2:   色彩填充

通过局部色彩的填充，突出设计对象主次关系，并形成和谐的图面关系。

2　扩大干预解读

包括建筑单体或群体更新、场地活化、生活模式更新、产业结构优化等。

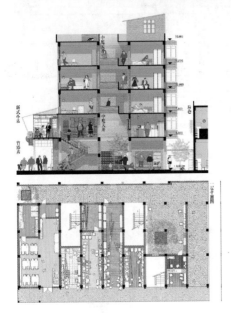

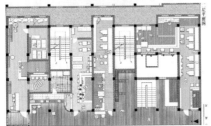

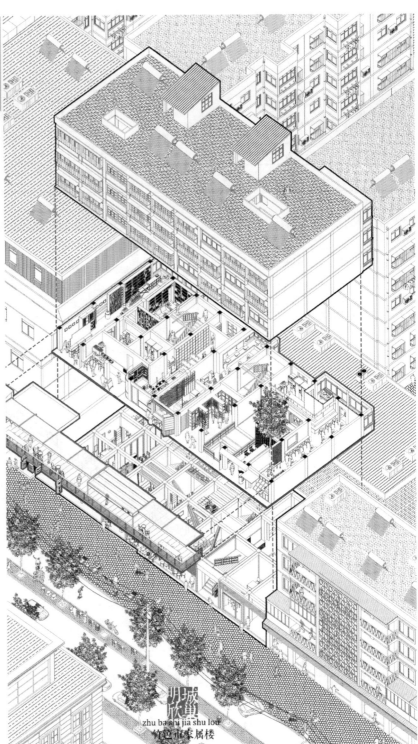

TIP1:　结构框架

具体表达建筑的基本结构关系。

TIP2:　内外联系

图示需体现新增体量与周围环境的联系，如出入口，道路交通等。

TIP3:　景观适配

适当地增加烘托空间场体验的各种植物要素与景观设施。

顺城巷内街   书馆阅览空间   书馆内庭院   书馆管理空间

3　持续干预解读

包括建筑空间类型化更新、外部环境整体提升、街区生活模式构建、产业发展集群构建。

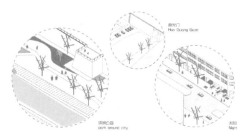

park around city

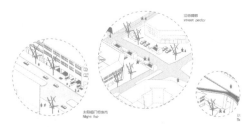

Night Fair

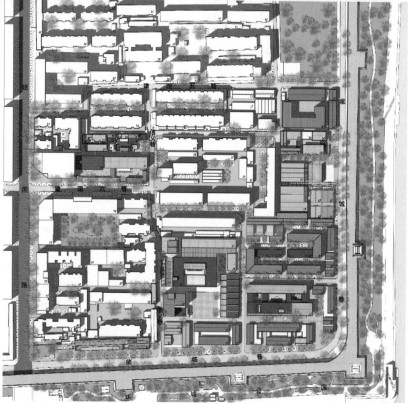

TIP1:　场所刻画

对于片区整体场所氛围的整体刻画由建筑群形成的城市空间片段表达。

TIP2:　环境细化

从人的视角出发，运用丰富的植物、铺装、设施等细节内容，形成具体的环境细化。

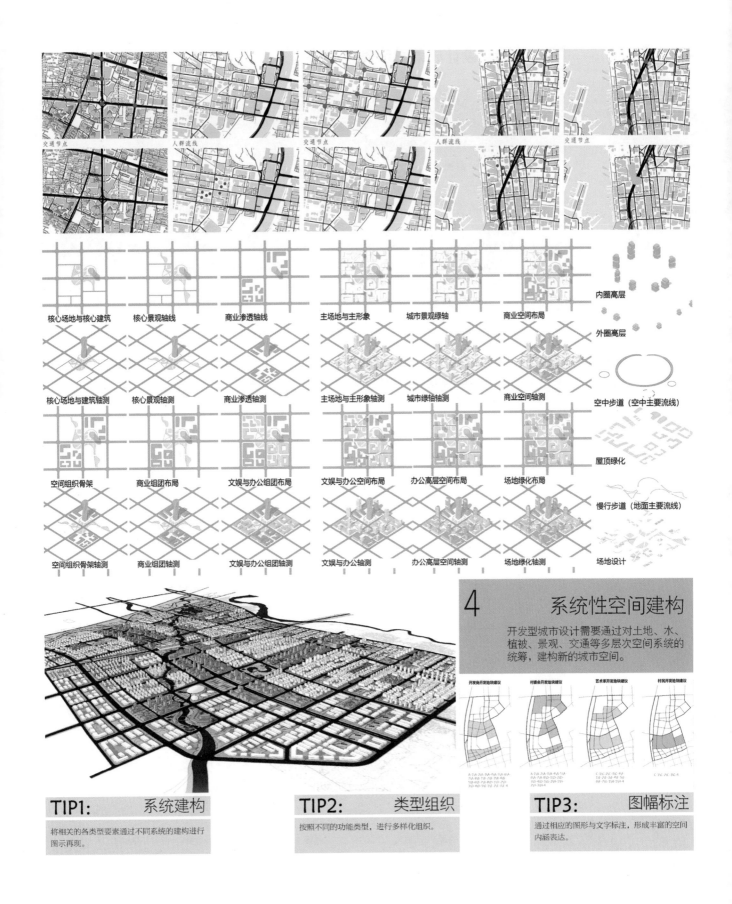

交通节点　　人群流线　　交通节点　　人群流线　　交通节点

核心场地与核心建筑　核心景观轴线　商业渗透轴线　主场地与主形象　城市景观绿轴　商业空间布局

内圈高层

核心场地与建筑轴测　核心景观轴测　商业渗透轴测　主场地与主形象轴测　城市绿轴轴测　商业空间轴测

外圈高层

空中步道（空中主要流线）

空间组织骨架　商业组团布局　文娱与办公组团布局　文娱与办公空间布局　办公高层空间布局　场地绿化布局

屋顶绿化

空间组织骨架轴测　商业组团轴测　文娱与办公组团轴测　文娱与办公轴测　办公高层空间轴测　场地绿化轴测

慢行步道（地面主要流线）

场地设计

4　系统性空间建构

开发型城市设计需要通过对土地、水、植被、景观、交通等多层次空间系统的统筹，建构新的城市空间。

开发商开发地块建议　　村委会开发地块建议　　艺术家开发地块建议　　村民开发地块建议

TIP1:　系统建构

将相关的各类型要素通过不同系统的建构进行图示再现。

TIP2:　类型组织

按照不同的功能类型，进行多样化组织。

TIP3:　图幅标注

通过相应的图形与文字标注，形成丰富的空间内涵表达。

6.3　设计成果图示表达

　　成果图纸是对前期设计过程及想法的整理、提炼和升华，需要高度的精准性、合理性、可读性与示范性，其表达目标在于，为多方利益主体提供一个可以共同交流、探讨设计方案的基本语境。对于城市设计而言，其成果图纸主要包括空间设计和非空间设计两部分内容，空间设计类成果涵盖与城市物质空间环境建构相关的多个维度，如建筑、场地、景观、道路设计等，综合表现出设计者在地段整体风貌管控、总体规划布局、重要节点塑造等方面的概念和意象。非空间设计类成果作为空间设计的必要补充，从制度设计、活动设计等软质层面体现城市设计的动态性、综合性、可持续性特征，不断拓展"设计"的内涵和范畴，创造性地应对城市发展建设过程中面临的多种问题。对城市设计成果的内容、形式、要点进行分类梳理，将有助于设计方案的全面、清晰表达。

6.3.1　内容与重点

　　内容的准确性是图纸表现首先要强调的，具体内容如表6-5所示。

表6-5　成果图示类型与内容

图示类型	主要注释	表达内容
平面图	图名、比例尺、指北针、建筑层数、主要建筑性质功能、主要出入口、周边道路名称、经济技术指标	规划用地范围、道路红线、用地红线等主要控制线；原有地形地貌的保留、改善或改造形式；准确表述设计地块内所有建筑、道路、场地和环境的总体布局、平面形态及排布组织关系；绿化、广场、铺地、步道及环境设施的位置、形式和布置示意
立面图	图名、比例尺、线型区分、建筑高度、建筑层高、尺寸标注、文字标注	准确描绘设计地块内主要沿街建筑群体的立面造型、体量尺度、色彩材质以及建筑与街道景观的相互关系，相对于平面图更能体现出建筑的立体感及与周边环境的天际线关系，用以阐释沿街建筑群体在垂直方向上连续的形态、体量及高差变化
剖面图	图名、比例尺、剖切位置、剖切方式、线型区分、建筑高度、建筑层高、建筑门窗洞等尺寸、文字标注	重点表达空间的竖向高度变化，准确描绘设计地块内主要沿街建筑群体的室内空间与外部场地的高差变化和组织方式，以及地上、地下空间的相互关系，特别是整体上的各层空间之间的构成与联系
效果图	图名、图标标注、文字标注	通过二维的功能空间布局表达与三维的空间形态组合，综合呈现重点地段建筑、场地、环境、人群活动所共同形成的完整"场景"，直观反映了设计者对于"人—建筑—场所—设计"的思考和态度。其中，环境氛围渲染对于效果图的呈现尤为重要

> **要点提示**
>
> 　　效果图还可分为：鸟瞰效果图、轴测效果图、轴测爆炸图、人视效果图和活动场景图等。

平面图 / 立面图 / 剖面图 / 效果图 / 轴剖图

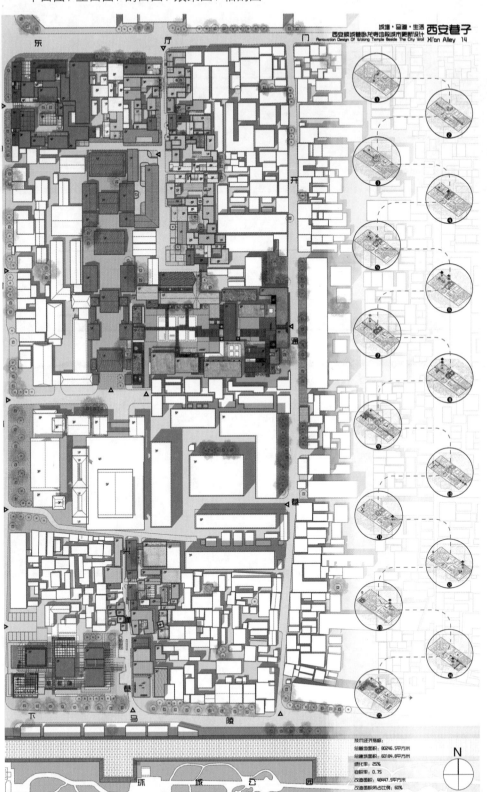

案例示意
创新共享走廊与中央公园

TIP1: 外部表达

规划用地范围、道路红线、用地红线等主要控制线；适当表达设计地块周边建筑及环境的布局情况。

TIP2: 内部表达

准确表述设计地块内建筑、道路、场地和环境的总体布局、平面形态及排布组织关系。

TIP3: 对比层次

通过色彩留白、明暗对比、添加阴影等表达技巧强化建筑、道路、场地、环境的层次关系。

TIP4: 主要注释

图名、比例尺、指北针、建筑层数、主要建筑性质功能、主要出入口、周边道路名称、经济技术指标表。

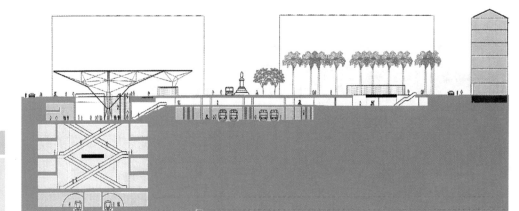

TIP1:　关系准确

通过色彩明暗对比、外墙填充、植物配景等表达方式强调水平方向上建筑室内空间与室外场地环境的穿插、过渡及连接方式，强化图纸层次关系。

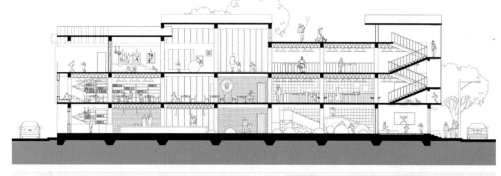

TIP2:　立面连接

通过色彩明暗对比、色相饱和度区分等方式，突出单体建筑或建筑群体的连续立面形态，强化立面整体轮廓线。

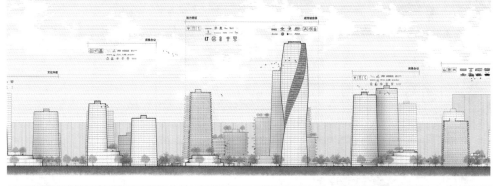

TIP3:　具有技术感

通过适当的景观配景表现建筑与环境的组织关系；适当的动植物、人物故事能够增添与建筑的互动感。

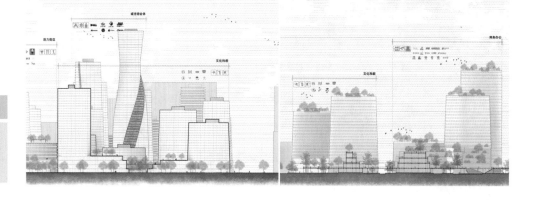

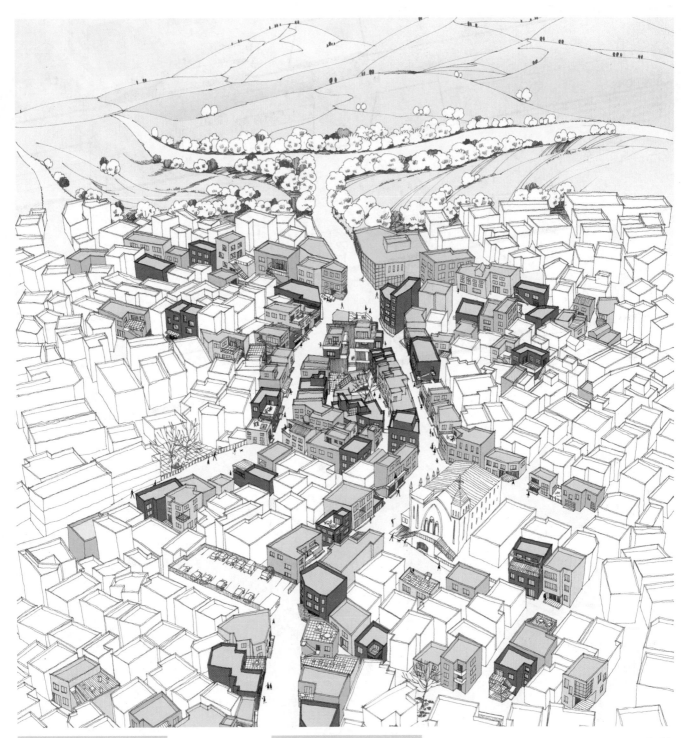

TIP1: 符合透视关系

手绘效果图相对机绘更加灵活，可以提炼夸大某些需要重点强调的空间关系，但必须符合基本的透视原理。

TIP2: 线条表达流畅

线条是手绘表达中最重要的媒介，可根据不同要素选择直线、抖线、虚线、曲线等不同类型的线条。

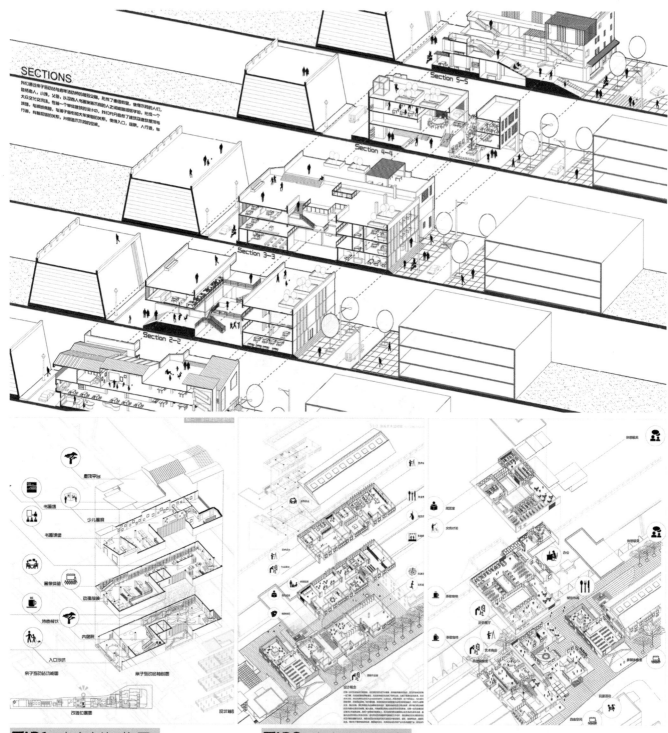

TIP1: 确定剖切位置

主要有横剖和纵剖两类，横剖表达空间
在水平上的丰富变化，纵剖则表达垂直
空间的趣味性。

TIP2: 丰富空间要素

在具有体量的空间中，增加人物、植物、
设施等要素，体现空间的使用场景，使
其更加具有表现力。

6.3.2　样式与风格

在城市设计过程中，单纯的分析类图纸往往无法传达出多维度、全方面的设计概念与意向，需要配合丰富的空间效果展示类图纸共同展示。当前的空间效果展示类图纸表达样式与风格众多，囊括超写实风格、小清新风格、线稿风格、极简风格、插画风格、拼贴风格、个性化风格等多种类型（表6-6）。不同风格样式的图纸所传递的信息密度、重点、特质都大不相同，对其差异性进行深入了解，有助于灵活运用。

表 6-6　样式与风格信息表

1. 超写实风格	2. 小清新风格	3. 线稿风格	4. 极简风格	5. 插画风格	6. 拼贴风格	7. 个性化风格
超写实风格，往往通过真实配景、真实材质、细腻光影等要素来营造出较强的现实氛围，强调材质选择、图面角度、光线表达、活动氛围准确性	简单的线稿底图，配合水彩风格的植物、材质、人物、配景等素材的运用，可以营造淡雅简洁的图面效果，风格清新自然、表意明确	线稿风格的表达对城市设计模型的要求较为精细，注意区分线稿的层次，划分线型粗细等使图面具有层次感；同时，通过局部色彩的填充应用，突出设计对象主次关系	极简主义以简单到极致为追求，达到用较少要素表达饱满内容的目标。但由于图面视觉结构相对单薄，图面语言表达空间受到制约，所以以表达的内容与深度也会受到一定限制。因此，难以承载过于复杂的空间设计和厚重的情感体现	插画风格可以营造方案设计的整体场景氛围，并具备一定的叙事性，能够唤起阅图者的情绪共鸣	拼贴风格，又被称为 Collage 风格，具有叙事性强、文艺性强、适用范围广泛、操作性强的优势	除了前面六种风格样式的图纸效果表达之外，还有许多个性化突出的表达风格。值得一提的是以 Sasaki Associates 事务所为代表的炫彩风格，及近几年比较受欢迎的古风绘图风格

行于光阴，不止生活
Rediscovery of Life

1   超写实风格

参考真实世界的相机视角进行构图，是提高整个画面舒适度的关键。

2   小清新风格

淡雅简洁的图面效果，风格清新自然，表意明确。

TIP1:   视角选择

参考真实世界的相机视角进行构图，是提高整个画面舒适度的关键。

TIP1:   颜色选择

不同色系颜色搭配时，多采用低饱和度、低对比度的色彩调配方式。

TIP2:   构图组织

空间组织相对匀称，图面表达的正负空间编排比例相近。

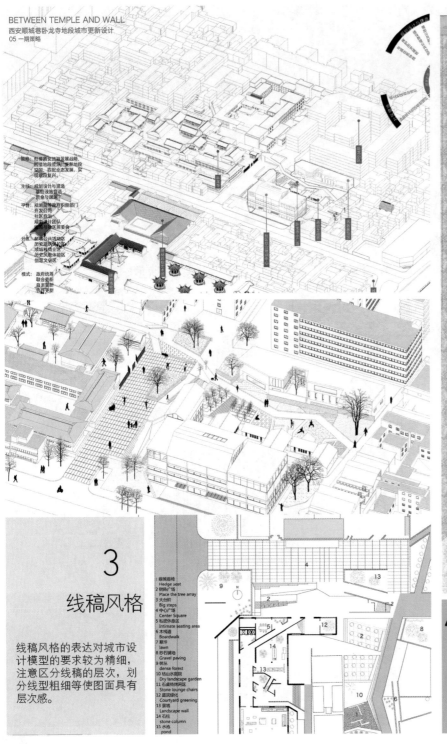

BETWEEN TEMPLE AND WALL
西安顺城巷卧龙寺地段城市更新设计
05 一期策略

改造前总平面 1 : 100

3
线稿风格

线稿风格的表达对城市设计模型的要求较为精细，注意区分线稿的层次，划分线型粗细等使图面具有层次感。

4
极简风格

色彩选择上，在低饱和、低对比、灰色系色调的基础上，用其他颜色进行局部修饰；空间组织上，通过景观、植物的点缀，道路、铺装等的留白进行环境烘托；形式语言上，将视觉元素严格限制在图面质感、几何形状、群体关系、规划结构以及色彩等抽象性的元素上，追求相对的一致性。

TIP1: 细节刻画

适当增加生活中的细节模型、人物、材质的纹理等，可以增加图纸细节丰富度。

TIP2: 色彩填充

通过局部色彩的填充应用，突出设计的关键位置。

TIP1: 适度留白

仅表达空间的关键要素，其他的各类型要素可通过简化或者适度留白的方式表达。

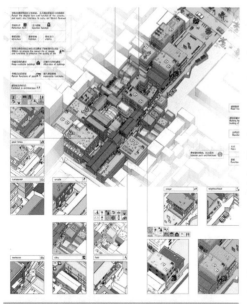

5   插画风格

对于插画风格而言，构图、视角、色彩、场景相协调是完成一张图的关键。

6   拼贴风格

在构图组织中，图片类型可以包括一点透视、轴测表达、平行透视、多点透视等

TIP1:   氛围营造

结合配色，从材质肌理、明暗关系、细节营造、素材拼贴等方面，传递方案的设计情绪与内容。

TIP1:   颜色选择

主色调不宜太过艳丽，细节用饱和度较高的颜色。

TIP2:   素材选择

在主线部分的基础上，可以结合世界名画或者艺术品等。

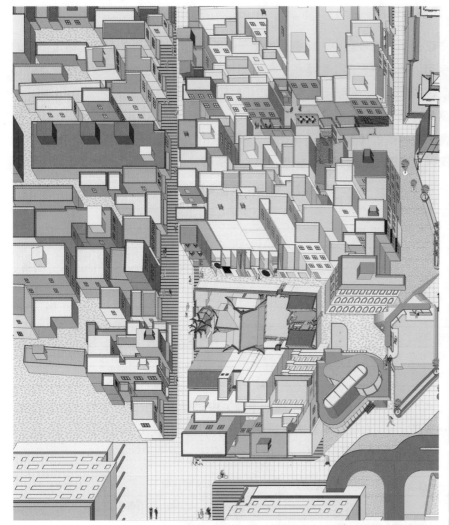

7
个性化风格

炫彩风格

往往选择饱和度、对比度、色彩明度比较高的颜色进行搭配，具有较强的视觉冲击力和表现力。

古风风格

在古典风格下兴起的古风图纸表达也得到了许多人的认可。

TIP1:　　　色彩运用

在黑白底图的基础上，运用高饱和度、高明度色彩，强调环境状况。

TIP2:　　　色彩填充

通过局部色彩的填充应用，突出设计对象主次关系。

TIP1:　　　色彩选择

在低饱和、低对比、灰色系色调的基础上，用其他颜色进行局部修饰。

6.3.3　比例与深度

城市设计图纸的表达中，比例是关乎于图纸表达准确与否的基础。通过不同的设计比例可以确定平面图、立面图、剖面图细部表达需要达到的深度。每个比例都有需要表达的精确度，每张图都需要确定相对较大和较小的比例。

1.常用比例表达

蒂姆·沃特曼的《景观设计基础》一书中列出了一组比例尺度，目标是为平面图、地图以及表现图的绘制提供参考，如表6-7所示。

表6-7　常用比例及实际尺寸

1：1	实际尺寸
1：10	公交车站
1：100	绿地花园
1：500	城市公园
1：1000	邻里关系
1：20 000	城市
1：200 000	城市群
1：1 000 000	国家
1：5 000 000	亚洲

结合城市规划基础教材《城市规划原理》中对规划图纸的比例给出的建议值，将其与相应层次的城市设计平面图、剖立图进行对应，如表6-8所示。

表6-8　规划层级常见图纸

城市设计层次	城市规划层次	总平面图比例	剖立面比例
总体城市设计	总体城市规划	大、中城市为1：25000~1：10000，小城市1：10000~1：5000	/
	分区城市规划	1：5000	/
重点片区城市设计	分区规划或专项规划	1：2000~1：1000	1：1000~1：500
重点地段城市设计	城市详细规划	1：500~1：200	1：500~1：200

2.常见比例尺表现形式及不同比例尺的选择

比例尺可以直观表达设计中建筑、设施及环境的体量关系，是实际与图纸之间重要的尺寸衡量标准（图6-5），一般与风玫瑰或者指北针共同排版，所以对其精准性要求较高。

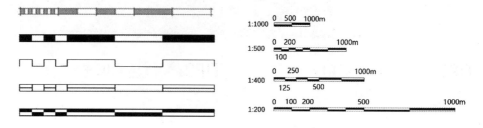

图6-5　常见比例尺表达图

3. 不同比例尺下图纸细化表达

图纸绘画中，根据表达内容的精度要求选择不同的比例尺。比例尺越小，对图纸精细度表达要求越高。以城市设计中平面图绘制为例，如下图所示。

TIP1:　整体结构

选择 1:2000 的比例尺，将建筑形态、体量关系及周围道路宽度、走向以及中观层次的景观环境表达清楚即可。强调整个范围内规划、建筑及景观的协调性。

TIP2:　空间关系

选择 1:1000 的比例尺，需要更多的细节表达，如建筑屋顶双线、居住区三级道路、人行铺装及机动车道的区分、景观的差异化表达、地下车库出入口等。

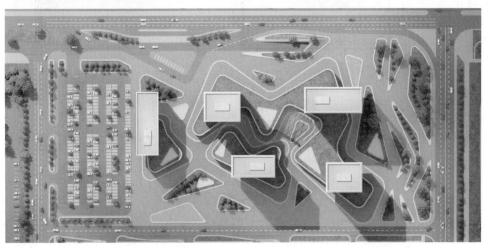

TIP3:　细节构成

在 1:500 的比例尺中，要求更为详细，需要表达建筑及铺装材质、主要建筑出入口、景观小筑、车辆停放、盲道路径、机动车道数量等。

6.3.4　组合与排版

一份完整的城市设计图纸基本包含以下三部分内容：效果展示类图纸，包含鸟瞰图、透视图、场景图、平面图、手工模型照片等；思路展示类图纸，包含前期分析、城市肌理、场地分析、概念生成、目标策略、功能分区、空间分析、节点分析等；技术性展示类图纸，包含经济技术指标表、平立剖面图等。图纸内容的准确性与信息量是图纸表现的首要要求。最终通过图纸的组合与排版，反映整套图纸的设计逻辑。

1.选择图纸尺寸

常见图纸尺寸选择为国际标准大小 A0、A1、A2、A3、A4、A5、A6 等，根据设计要求选择合适的纸张大小，清晰表达设计内容（图 6-6、图 6-7）。

要点提示

确定"天地左右"
在确定了图纸排版模式之后，将整张图幅内容与纸张四周预留出一定的位置，可以选择"天地左右"都预留出来，也可以选择只留其中三边或者两边。"天地左右"的确定，能够帮助提高图纸整体感，同时有助于装订需求的图面布局。

A5(148mm×210mm)　　A4(210mm×297mm)　　A3(297mm×420mm)　　A2(420mm×594mm)

中心型

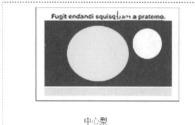
中心型

中轴型

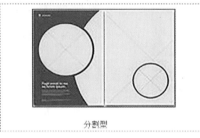
分割型

分割型

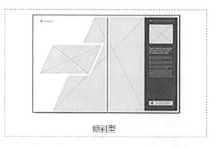
倾斜型

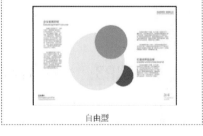
自由型

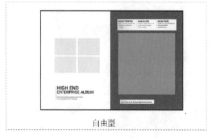
自由型

TIP1:　版式选择

根据图纸尺寸选择合适的排版方式，文字与图纸在排版时需要考虑两者的协调性与一一对应关系。

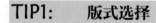

图 6-6　图纸版式选择图

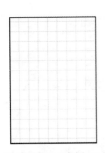

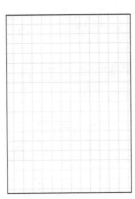

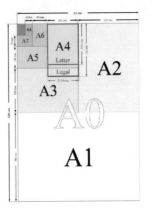

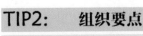

A1(594mm×841mm)　　A0(841mm×1189mm)　　图纸尺寸对比示意

TIP2:　组织要点

图纸相对规则，明确各个图纸对齐和间距
统一，通过块与块的组织使排版和谐统一；
若图纸不规则，可以通过色调、画风、
文字、大小等的运用，进行统一。

中轴型

分割型

分割型

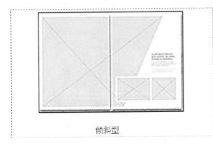

倾斜型

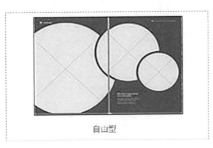

自由型

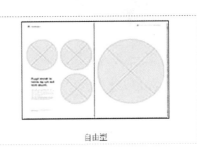

自由型

TIP3:　版式优化

有新意的图纸排版方式可以帮助提高
图纸内容的吸引能力。根据主次表达
需求，选择效果较高的模板。

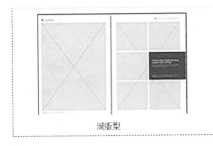

满版型

满版型

图6-7　图纸优化选择图

2. 字体、字号的选择及字间距、行间距、段间距的区分

在可以任意进行文字布局的情况下，借助将主题字放大或者对不同字体的混合搭配使用等方式，对文字进行差异化处理，借此给观者带来视觉冲击力，同时运用圆形等形状布局元素，营造出视觉设计上的重点。

TIP1:   大字点题

大胆使用焦点文字，使其产生跳跃感，会让整体的视觉感受更强烈。

TIP2:   小字释义

分门别类整理信息，在绘制前要事先整理需进行重点表现的信息，并对其进行主次划分。

TIP3:   其他文字

利用视觉要素营造印象，可以利用圆形使整个图面获得延伸感。

在需要进行大段落文字表达时，与效果相称的字体、字号选择及字距微调，明确表达出标题与正文内容的差别；将希望突出呈现的文字视觉化处理；对粗度不同的字体的灵活使用；配合字体的大小设定字间距、行间距、段间距。

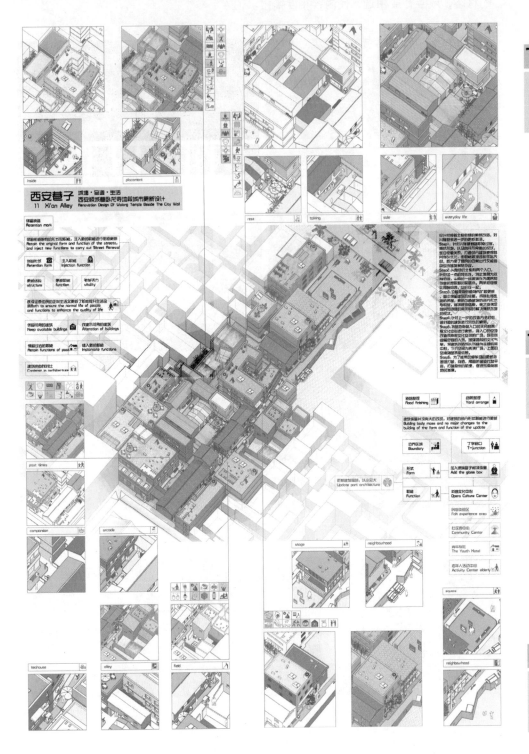

TIP1:　　　　字体间距

根据字体及字号的选择，决定合适的字间距。以舒适为主，不宜太过拥挤及稀疏。同时，应该注意区分中文及其他语言文字对字间距的差异化要求。

TIP2:　　　　行间距

根据文字大小选择合适的行间距，可以防止在阅读时，上下两行文字间距太小带来的信息传达干扰的问题。

TIP3:　　　　段落间距

多段文字说明时，段间距的控制可以区分开说明重点，尤其在前后两个段落文字字体及字号大小不一时，不同的段落间距可以在视觉上更好地将二者区分。

3. 协调背景颜色

文字排版很少独立存在，排版追求色彩的统一和谐，并非只能有一种颜色，而是将色系统一（图6-8）。无论是一种色系还是两到三种色系，都需要达到一种和谐的状态，或互补或相近，使内容相互衔接。

TIP1: 风格统一

根据所选风格类型，在此基础上选择合适的色彩搭配，统一图纸的色系与风格，达到整体的统一。

经典动漫、电影场景配色

TIP2: 表达要点

统一底图色调（深色），深色系底图是达到图面统一、吸引眼球最便捷有效的一种方式，但往往易读性较差，不建议用线稿类型表达。

同一色系的渐变

TIP3: 色带点题

色带贯穿图纸，这种以色带、色块加以渐变的方式使图面达成和谐统一的效果，再丰富亮色的层次变化调节丰富图面。通常以鲜艳颜色为主。

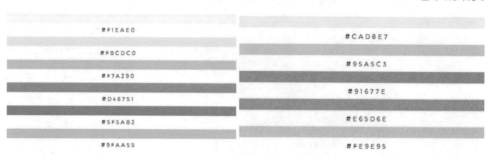

不同风格色系搭配

TIP4: 恰当留白

采用留白的方式，在建筑或景观规划的展板中的运用，可以丰富图面整体想象空间。大多数留白并非等同于平面设计中的"白色"。

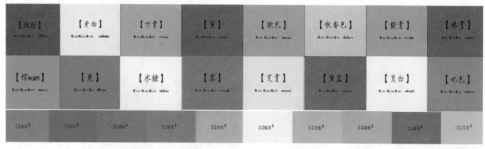

其他经典色调点缀使用

图6-8　色彩搭配选择图

TIP1: 风格选取

本张优秀城市设计表达图纸主要选取拼贴风为图纸表现的风格，因此无论是小型分析图还是大型效果示意图都有大量拼贴元素。

TIP2: 亮色点题

另外图纸统一底图色调为灰色系，重点想要突出表达的部分则采用蓝色系和橘色系的颜色来进行强调。

TIP3: 疏密有致

案例图纸整体给人信息量丰富，较为密集的感觉，但细节可以发现巧妙的留白，密集带有空隙，使画面感具有节奏感。

课后思考

1. 城市设计的图纸主要包括哪些内容，各自有哪些特点？
2. 如何通过清晰的图示逻辑来梳理、传达城市设计的整体思路？
3. 如何通过有效的图示语言来引导控制城市设计的效果？
4. 不同规模、不同类型、不同阶段的城市设计在图示表达上应该有哪些区别？
5. 城市设计图示应该在设计全过程如何充分发挥承上启下的作用？

推荐阅读

[1]　李昊，周志菲. 城市规划快题考试手册 [M]. 武汉：华中科技大学出版社，2011.

[2]　周忠凯，赵继龙. 建筑设计的分析与表达图示 [M]. 南京：江苏凤凰科学技术出版社，2018.

[3]　叶静婕. 城市设计图学 [D]. 西安：西安建筑科技大学，2013.

[4]　赵亮. 城市规划设计分析的方法与表达 [M]. 南京：江苏人民出版社，2013.

[5]　彭建东，刘凌波，张光辉. 城市设计思维与表达 [M]. 北京：中国建筑工业出版社，2016.

[6]　[英] 蒂姆·沃特曼. 景观设计基础 [M]. 肖彦，译. 大连：大连理工大学出版社，2010.

[7]　[美] 吉尔·德西米妮，查尔斯·瓦尔德海姆著. 土地的表达——展示景观的想象 [M]. 李翅，译. 北京：中国建筑工业出版社，2020.

第 7 章
课程作业范例
城 市 设 计 作 业 及 竞 赛 图 纸

7.1 课程作业

7.2 竞赛作业

本章导读

01 本章知识点

- 更新类城市设计课程题目的训练要点、解题思路及综合表达方式；
- 开发类城市设计课程题目的训练要点、解题思路及综合表达方式；
- 竞赛类城市设计题目的训练要点、解题思路及综合表达方式。

02 学习目标

- 了解城市设计开展的基本路径，学习更新类与开发类设计课题的解题重点及应对思路，掌握城市设计综合表达的原则与方法。

03 学习重点

- 学习更新类城市设计课程题目的应对思路与表达方式；
- 学习开发类城市设计课程题目的应对思路与表达方式；
- 学习竞赛类城市设计题目的应对思路与表达方式。

04 学习建议

- 本章内容是城市设计的课程及竞赛图纸展示，通过不同类型城市设计题目的优秀图纸示例，阐释设计开展的思路、方法及相应的表达方式。对于更新类城市设计课程题目而言，现状条件的综合研判及问题、潜力的发现是设计开展的重点前提，创造性地利用空间与非空间设计回应现实问题是这类题目训练的重点，在相应的成果表达中，应突出对于问题的梳理、策略的建构以及各类设计方案的核心内容呈现；对于开发类城市设计课程题目而言，不同功能属性的整体空间结构与形态设计及重点节点空间塑造与深化设计是这类题目训练的重点，在相应的成果表达中，应掌握对于整体片区层面、节点单元层面、建筑单体层面空间设计的表达要点及有效形式；对于竞赛类城市设计题目而言，解题视角与设计概念是这类题目训练的要点，在相应的成果表达中，应学习对于设计概念的直观、高效的传达方式，加强图纸的叙事性、逻辑性及独特性。
- 在本章的学习过程中，学生应重点关注城市设计的现状研判阶段、策略制定阶段、方案设计阶段对应的图纸表达内容及有效的图式语言。

7.1 课程作业

> 城市设计课程是一门综合培养学生场所认知、问题研判、策略制定、整合设计能力的专业核心课程，需要学生熟悉和应用之前所学的全部知识和设计类型。目前，编者所在教学团队围绕更新类城市设计和开发类城市设计两种类型，以西安内城和新区为主要设计对象，开展了不同主题的城市设计教学探讨。从选取的优秀课程作业中，可以看出学生对于不同类型城市空间形态的认知、思考和塑造。

更新类城市设计课题围绕典型类型的存量片区展开，关注设计地段的社会生活和场所内涵，注重对现实问题的分析研判，探讨空间环境渐进式更新的路径方式。课程设计强调对于既有城市空间的整合与认知，从地段现存问题及人的生活行为需求出发，通过创造性地调整优化既有空间环境来解决问题、挖掘潜质，并开展持续的地段更新提升。本节选取四份更新类城市设计课程作业作为范例：

作业一为"西安明城区东南城角片区城市更新设计"，以"早市书摊"为切入点，通过在既有居住生活区中融入不同尺度、类型的社区文化空间带动片区逐步更新。

作业二为"西安顺城巷卧龙寺地段城市更新设计"，通过对基地内西安院子及街道节点空间的持续更新，丰富街道关系、增加街巷层次，创造更多交往与游憩空间。

作业三为"韩国首尔解放村城市更新设计"，从基地内最常见的建筑元素"墙"着手，通过引导居民开展墙的更新与搭建，回应现存的空间隔离、种族隔离、文化隔离问题，同时增加植物墙、水墙等生态元素，形成多元复合的在地生态关系网络。

作业四为"竹笆市—德福巷—湘子庙街沿线城市更新设计"，以提升"市井活力"为目标，从活动策划、街景塑造、建筑更新、公共空间改造等方面开展街道更新。

开发类城市设计课题围绕西咸新区和西安内城待开发地块展开，注重培养学生对于不同城市职能片区的整体空间形态塑造。课程要求学生根据设计地段所处的区位条件和周边环境现状，从片区整体形态、节点群体单元形态、典型建筑单体形态三个维度进行相应的空间设计，在了解商业、商务、文化、居住等不同功能类型的建筑形态特征基础上，结合自身的设计定位与概念，创造不同主题的片区空间环境。本节选取两份开发类城市设计课程作业作为范例：

作业五为"西咸新区北部中心商务片区设计"，学生需要在 20 公顷、有水系穿越的两个地块中完成核心商务区的功能设定及其空间塑造。作业五通过层次渐变的点群聚落和集中的游憩景观公共带体现现代商务区的集约化、人性化特征，作业六依托基地内水系塑造异形点群聚落，并结合生态景观营造商务区的良好环境。

这五份作业从现状研判、问题分析、策略制定、方案设计等方面对城市设计的全过程内容进行呈现，展现多维度"创造性解决问题，提升空间环境品质"的思路与方式。

7.1.1 西安明城区东南城角城市更新设计

成　员：黄　轲
陈嘉琦　于之磊
指导老师：李　昊
叶静婕　鲁　旭
完成时间：2015 年

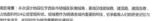

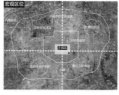

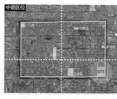

观乎人**文** 以 **化**成天下 *Calling for humanistic spirit of community*

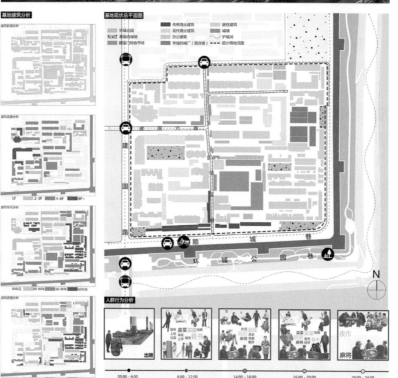

第一阶段 S1 场地选择及干预策略

场地选择

场地覆盖区域

场地形成小型聚集点

顺城巷早市中未被利用的空间现状

A 建筑　B 街道空间　C 信义巷　D 前政府大院

观乎人文 以 化成天下　*Calling for humanistic spirit of community*

第一阶段 S1 设计概念：改变生活态度的"种子"

在调研的过程中，我们在基地顺城巷和信义巷的交叉口发现了一家存在很细微的小书摊。这家小建筑的外墙是附属于早市的，空隙中有不少的小书摊。这些书摊是一对中年夫妇经营的，它既好位于综合市场与早市之间，是人们每天买菜必经之地。人们在生活会停留的居要有处家书摊，既记时市并会停留看几本还比较感兴趣的书，特别是看上一会儿。生活的节奏静悄悄的变慢，老板和老板娘在这里住了几十年头，平时就休息在书摊的旧书的旧书用户，总买卖为生，然后这种坚持与天依旧坚守着放弃。

这种集市中书香的气息成为了我们关注文化教育的第一个出发点。顺城社区的人文精神，早市和综合市场的集市，信义巷社区中老年和儿童最喜欢打游戏机、麻将声日夜回响，平房区儿童成长的晚景，青少年生存的现状，种种现象让我们产生了担忧。

第一阶段第一步：我们尝试在集市、社区、前政府大院，分别针对三类人群（居住区人群、集市消费者、集市商贩）建立不同的小型聚集点（书摊、书屋），这个激活点分别应应现状不同人群对文化教育的需求。

1.早市书摊：我们选择文化中心的空间时，使得相位分布要合理的同时，能够提高环境品质，同时在其中我们想让大院大棚去营养一个较大的平台暴露休憩职能的同时提供连集市的书香气息。

2.综合市场书屋：我们选择利用综合市场体验空间，生活中增加了发生人之间的交流。

3.居住区书屋：我们选择在居住区的一个坐身的二层住区空间为社区的人们建立一个小型的书屋，并中包括了报刊、杂志、书籍，为居住区之中的居住生活添加一点文化的味道。

4.前政府大院书屋：我们改造在前政府大院平房居所的一些身的平房居住空间为这里的人们建立一个小型的书屋，满足这里商贩的孩子和青年的好需求，让他们有一个家同时可以学习交流的公共空间，同时让这里塑造成良好之文化教育氛围所。

 早市的烈大神　 信义巷的街边　 平房区的儿童

改造策略

第一阶段第一步针对于不同的区域条件和不同的书屋属性，我们采用了不同的方式进行建筑更新。我们的选择主要是场地中度房的以及未被合理利用的空间和建筑，同时不同的书屋场地具有较强扩展扩展规模的能力之后影响着未来的发展使用可能性，从各个入的角度出发，达到我们第一阶段第一步的预期。

1.顺城巷早市相似未利用的空间为增加一个新的平台这个平台结合着墙体和花坛来实现新的场所。

2.综合市场利用便捷交通加减，未实现一层与二层空间的联系。

3.信义巷很喜欢庆堂改变其原有的交通朝向以及一部的改造开口新的墙体以及信义巷。

4.在政府大院对居所的平房区角度空间进行室内改造，同时增加室外灰空间。

各区域书屋属性与平面

早市和综合市场书区主题：以书会友

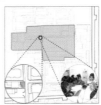

前政府大院片区主题：文化教育

居住区片区主题：书报刊文化信息点

改造场地现状

 A 早市

 B 综合市场

 C 信义巷

 D 平房区

现状空间周围围环境差，建筑质量差

A

早市改造后书摊

B　C　D

综合市场改造后书屋　前政府大院改造后书屋　信义巷改造后书屋

早市改造前

❶

生活场景结构混乱，大量的空间未被利用

早市改造后变化

❷

生活场景结构混乱，大量的空间未被利用

书摊带来的影响

❸

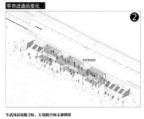

生活场景结构混乱，大量的空间未被利用

东南城墙书馆及其周边场地形成过程

第一步拆顺城巷部分建筑，移除角部绿化　　在顺城巷部分建筑建成后，整改书馆周边　　最后三层及四层的住宅建筑进行一体化改造　　利用穿插的方式将两栋建筑一体化

观乎人文 以化成天下　*Calling for humanistic spirit of community*

顺城巷内街　　　　书馆阅览空间　　　书馆内庭院　　书馆管理空间

顺城巷改造后总平面图

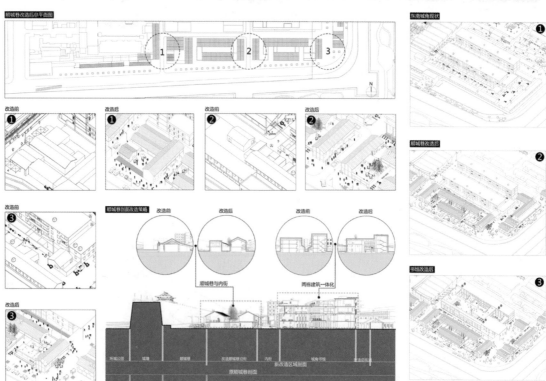

东莞城角现状

顺城巷改造后

书馆改造后

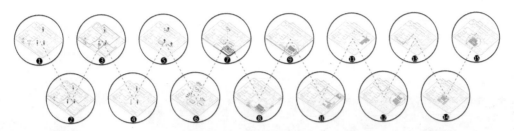

观乎人文 以化成天下 *Calling for humanistic spirit of community*

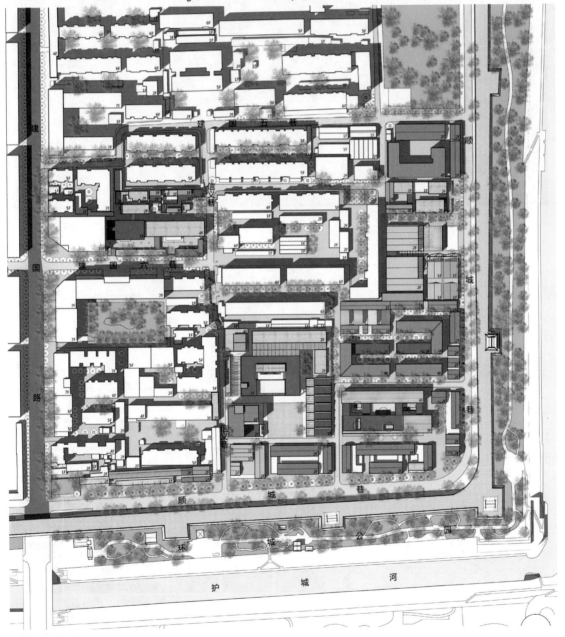

7.1.2　西安顺城巷卧龙寺地段城市更新设计

成　员：向钰滢
郝歆旸　田骅
指导老师：温建群
叶静婕
完成时间：2016 年

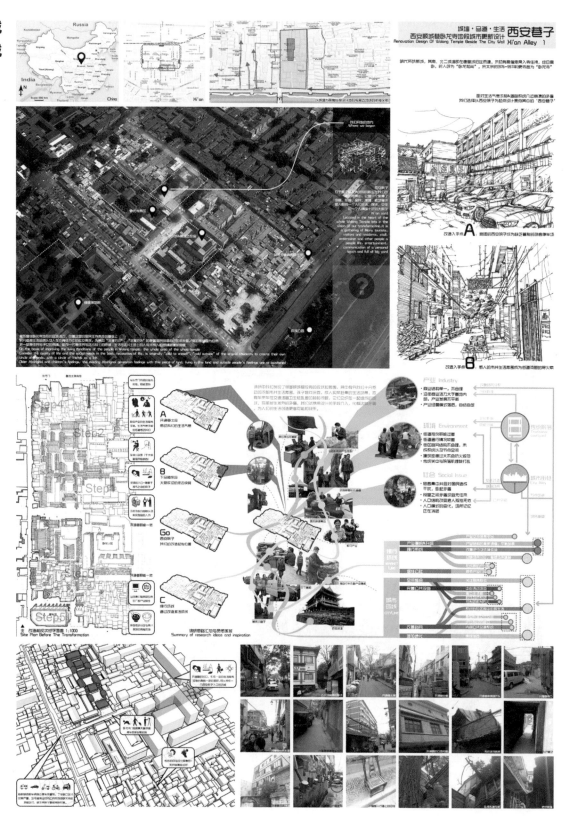

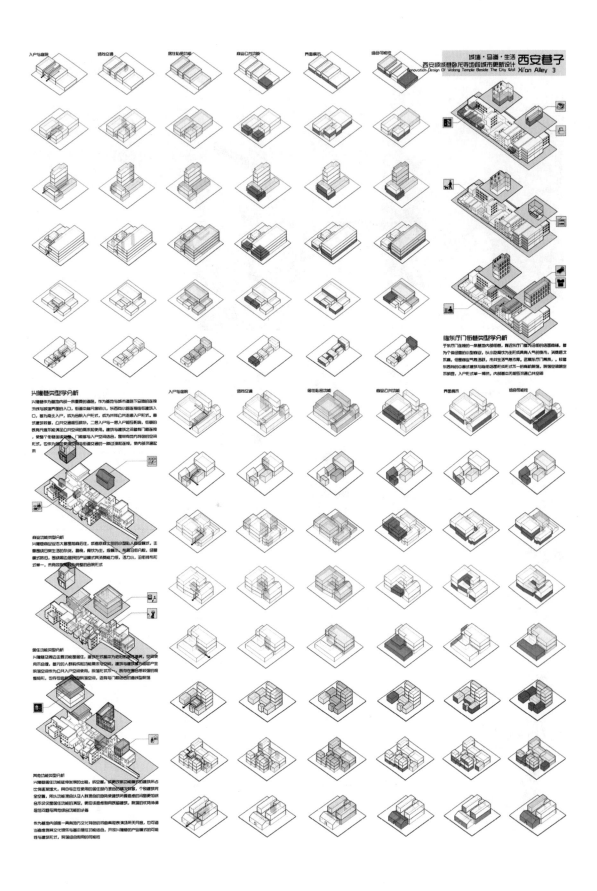

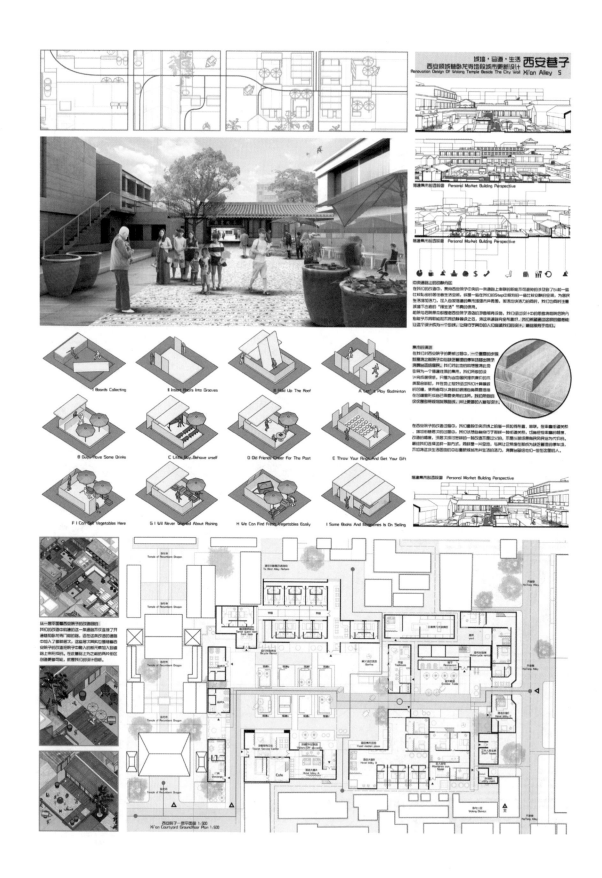

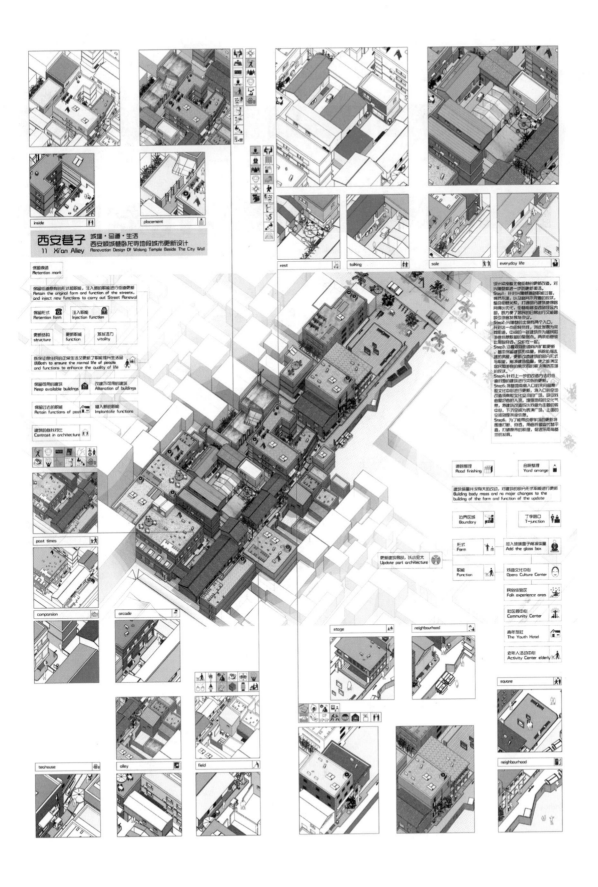

西安巷子
11 Xi'an Alley
城墙·马道·生活
西安顺城巷卧龙寺地段城市更新设计
Renovation Design Of Wolong Temple Beside The City Wall

inside

placement

rest

talking

sale

everyday life

保留痕迹
Retention mark

保留原道原有的形式和职能，注入新的功能进行街道更新
Retain the original form and function of the streets, and inject new functions to carry out Street Renewal

保留形式
Retention form

注入职能
Injection function

更新结构
structure

更新职能
function

焕发活力
vitality

既保证原住民的正常生活又更新了功能提升生活品质Both to ensure the normal life of people and functions to enhance the quality of life

保留可用建筑
Keep available buildings

改建不可用建筑
Alteration of buildings

保留过去的职能
Retain functions of past times

植入新的职能
Implantate functions

建筑的新旧对比
Contrast in architecture

post times

composition

arcade

teahouse

alley

field

stage

neighbourhood

设计结构根据文物的级别进行改造，对兴庆路进一步完善的要求。
Step1：针对兴庆建筑周围过客，提升周边品质。从凌晨到黄昏开放的改造形式。
整合功能体系，打通周边建筑使整体网络融入优化。在凌晨基本道路还在古民内部，我内部了更新的形式网状社交互联部职能游客首要度集中。
Step2：兴庆路的主体构有两个入口。针对这一场进行梳理，清好发查为疏散通道。中间的一建建筑作为展打和游客服务的展示体验。两条街道铺联北面的游客，交织在一起。
Step3：分离凌晨的街道NA进行更新。翻新面貌道路铺装。从新处服务道通的调度，更新凌晨展廊形式毛坯窗户。有差异指标。使之在实际区域内形成的演示空间铺饰。并带由志项的探望。
Step4：针对上一步的改造方式打通经济联接推进进了完成的更新。
Step5：将整理商临入口沟关利益要。提升文化空地进行更新。注入凌晨的改造项目文化经济广场。设计应由观的新有的人流。增强凌晨的文化气息。将建筑交通NA优化为主面的交通中心。下次会成为表演广场。上面应交通连接展示连续。
Step6：为了发展凌晨年龄的建筑体吕。存态。用他形容现代生平面。打通原有的格局。促使乐民市局局的改良。

道路整理
Road finishing

合院整理
Yard arrange

建筑满置并没有大的改动，对建筑的部分形式职能进行更新
Building body mass and no major changes to the building of the form and function of the update

边界区域
Boundary

丁字路口
T-junction

形式
Form

加入玻璃盒子增添情趣
Add the glass box

职能
Function

戏曲文化中心
Opera Culture Center

更新建筑局部，以小见大
Update part architecture

民俗体验区
Folk experience area

社区活动中心
Community Center

青年旅社
The Youth Hotel

老年人活动中心
Activity Center elderly

square

neighbourhood

7.1.3　韩国首尔南山区解放村城市更新设计

成　　员：张书羽
　　　周　昊　阳程帆
指导老师：李　昊
　　　吴珊珊　王墨泽
完成时间：2017.08

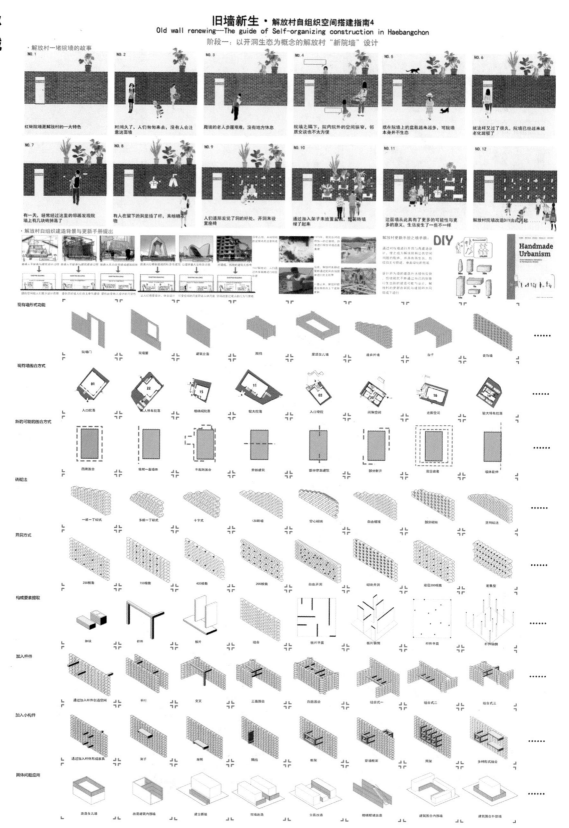

市政厅边的坡道与地库；生态集水设备合为一体

学校通往美军墓地的冥想空间

市政厅边的坡道正视效果

学校广场的综合再利用

旧墙新生・解放村自组织空间搭建指南9
Old wall renewing—The guide of Self-organizing construction in Haebangchon
阶段二：生态线的搭建设计

市政厅总平面

学校总平面

市政厅剖立面

市政厅剖立面

学校剖立面

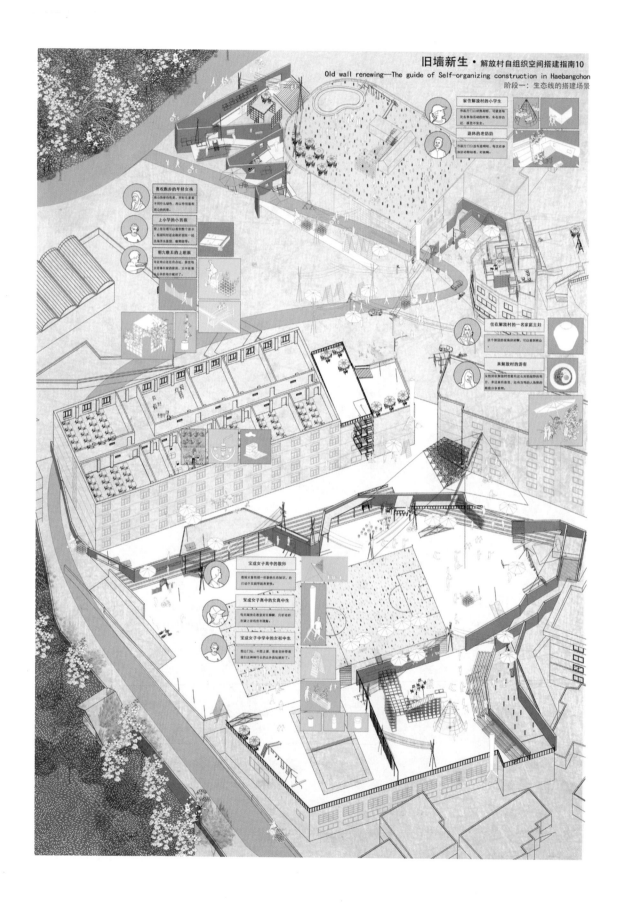

旧墙新生 · 解放村自组织空间搭建指南15
Old wall renewing—The guide of Self-organizing construct on in Haebangchon

阶段三
目标一：解放村与南山，龙山的连接

背景

南山公园，位于韩国首尔市中心，原是首尔地标N首尔塔的所在地。南山公园是首尔市民喜欢的休憩场所，现已成为韩国的代表性观光景点。

龙山基地占地约2.5平方千米，内部设施包含了住宅区、福利社、运动场、医院、学校、儿童中心、旅社，美军基地搬迁后将变成大型公园，基地逐渐进入空置状态。

策略1：功能置换、渗透

教堂的活动引入南山，逐渐被植被形成去形化的教堂，通过绿化创造自然的神圣感，治愈人们的心灵。南山上的绿色的引入使教堂外部逐渐消解，使其不仅仅是庭院的博物场所，而渐渐变成解放村的绿色森林。

教堂的功能渗透到南山，绿色的森林中的一面墙将细描出折挤的神圣场所

学校的功能引入到龙山公园中，利用空置的军事用地与棚房形成公园式学校，透明的围墙成为公共场地的一部分。公园的维修扩散到学校，学校绿化面积增加，生态广场置入，使解放村成为生态居住村落。

南山上墙体的开洞与连接形成的动物之家

最终南山，解放村，龙山公园界限打破，形成一个整体共同发展。

解放教堂的墙体逐渐消解，教堂变为开放的绿色森林

策略2：生物廊道

通过屋顶构建鸟类可视的绿色斑块

在街道、宅前空地形成绿色斑块

是待解放村内生长出许多动物们的踪迹，解，南山与龙山公园的生态廊道建立。

解放村学校的功能扩展到龙山公园，闲置的军事用地及围墙变为大型活动及休闲场地

7.1.4 竹笆市—德福巷—湘子庙街沿线城市更新设计

成　员：符永享
　　　　张道正　付宇龙
　　　　王金果
指导老师：李　昊
　　　　　吴珊珊　王墨泽
完成时间：2018 年

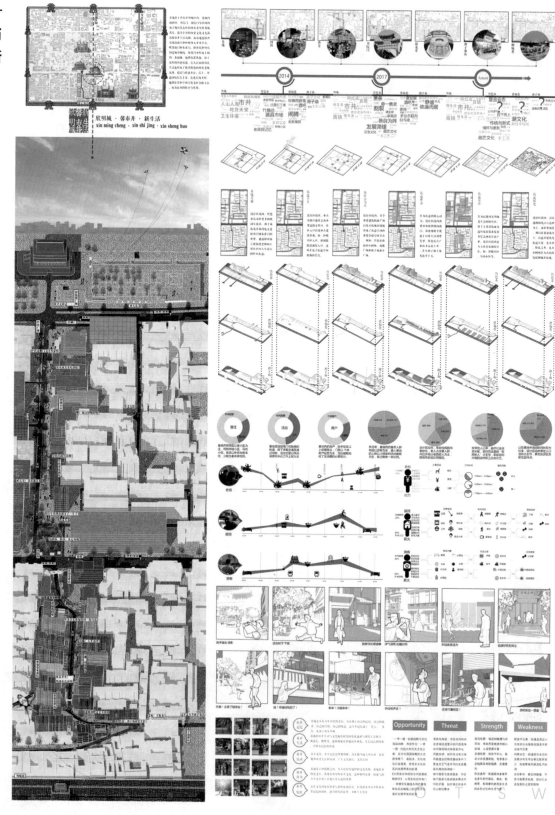

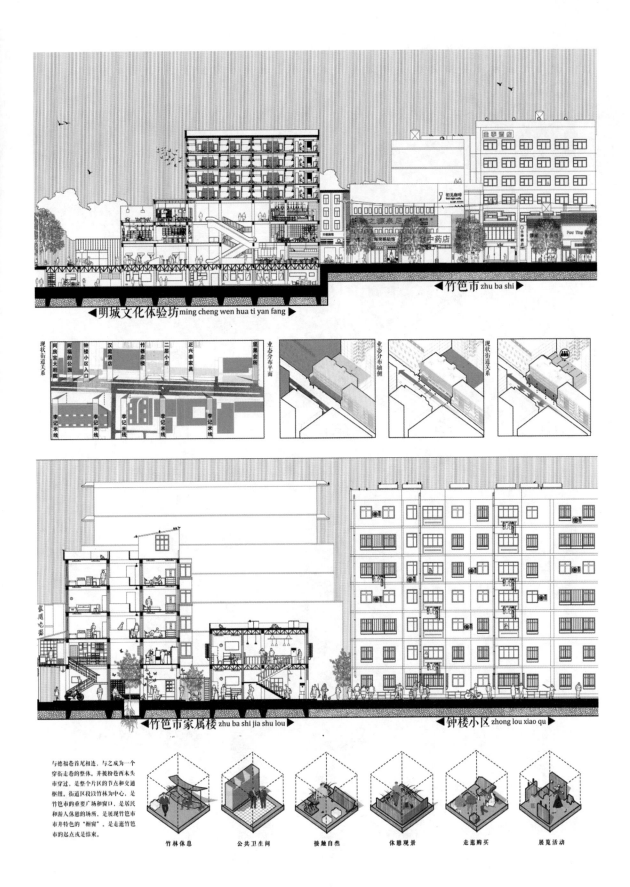

◄明城文化体验坊 ming cheng wen hua ti yan fang ►　◄竹笆市 zhu ba shi ►

◄竹笆市家属楼 zhu ba shi jia shu lou ►　◄钟楼小区 zhong lou xiao qu ►

与德福巷首尾相连，与之成为一个穿街走巷的整体，并被粉巷西木头市街道穿过，是整个片区的节点和交通枢纽。街道区段以竹林为中心，是竹笆市的重要广场和窗口，是居民和游人休憩的场所，是展现竹笆市市特色的"橱窗"，是走逛竹笆市的起点或是结束。

竹林休息　公共卫生间　接触自然　休憩观景　走逛购买　展览活动

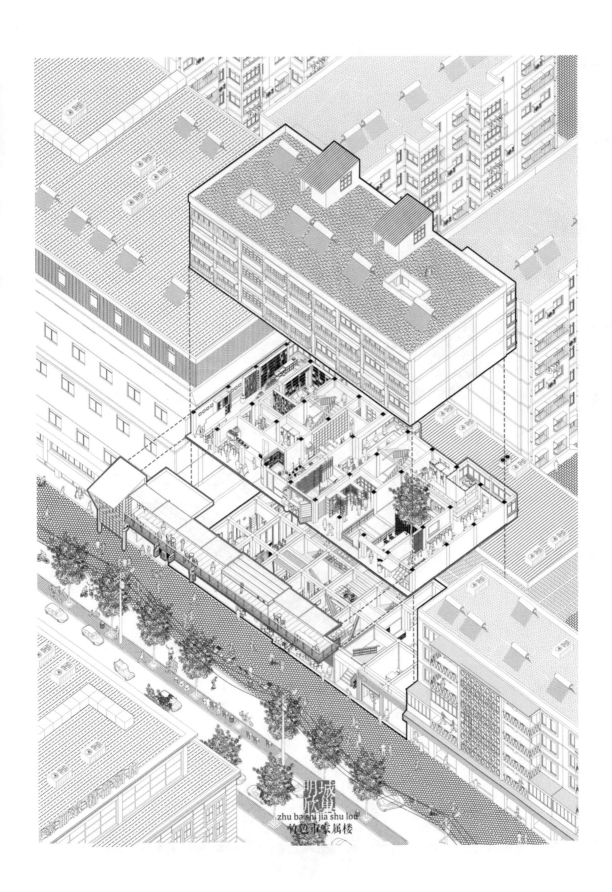

竹筚市家属楼
zhu ba shi jia shu lou
明城
欣聚

7.1.5　西咸新区北部中心商务片区设计

成　　员：李　尧　王星玥　杨　悦
指导老师：李　昊　叶静婕　吴珊珊
完成时间：2021 年

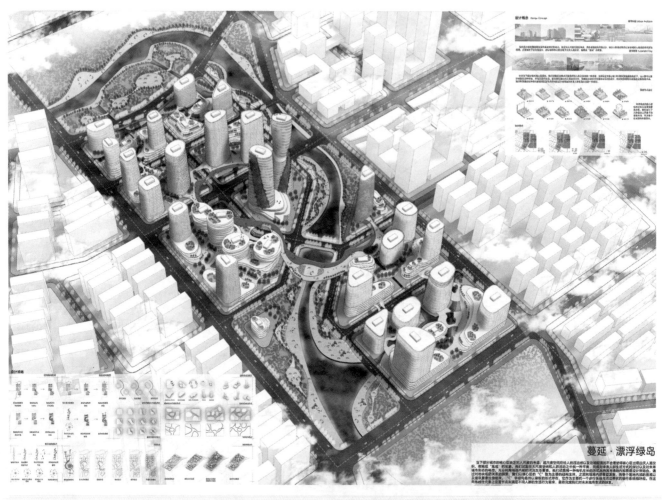

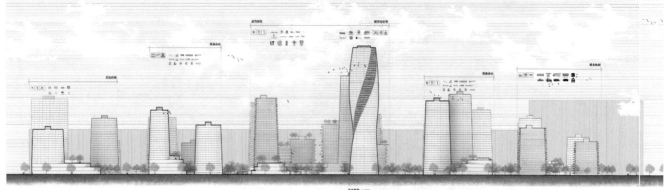

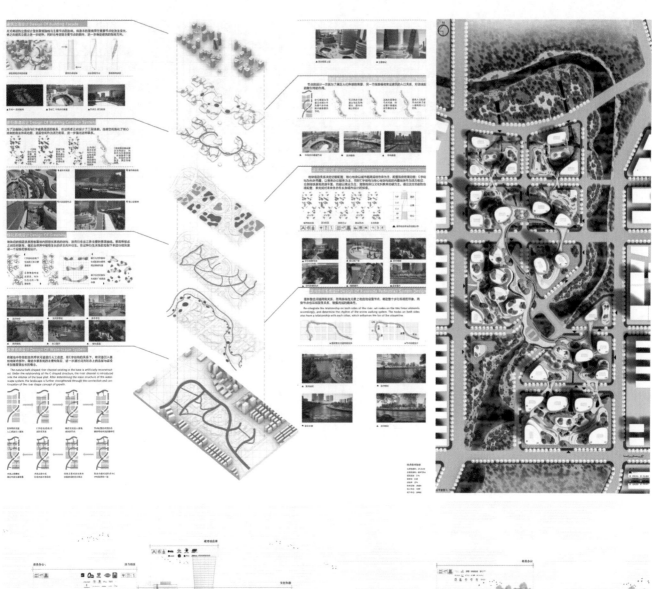

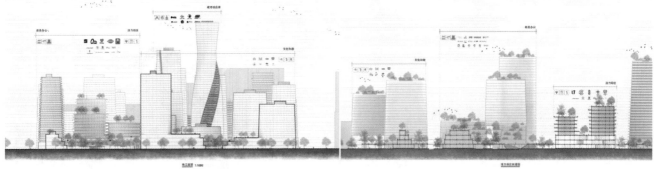

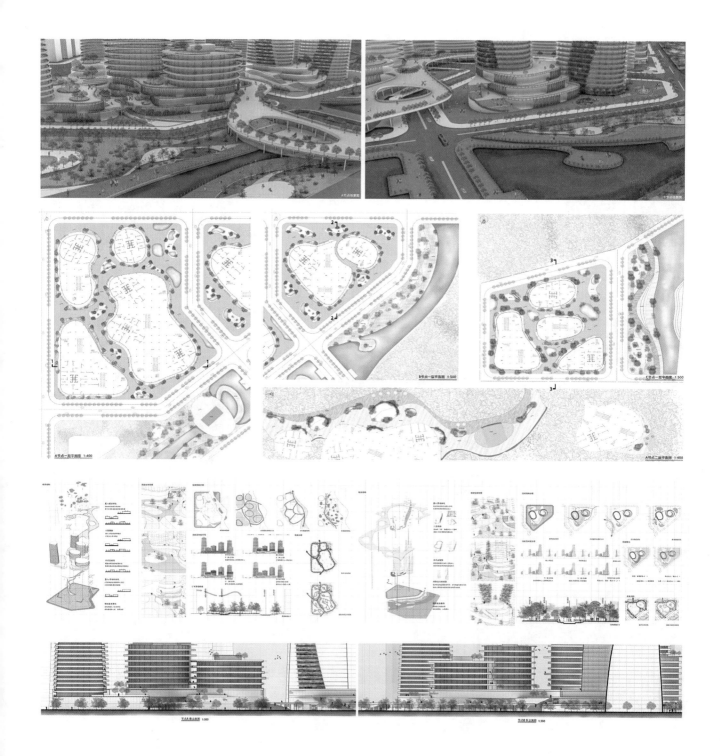

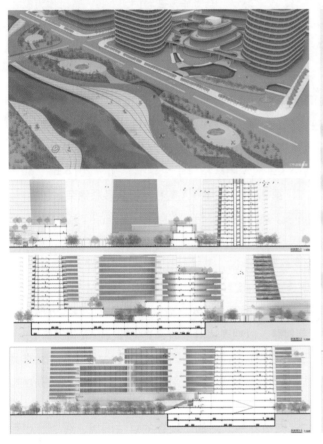

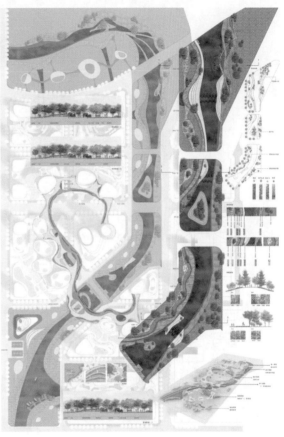

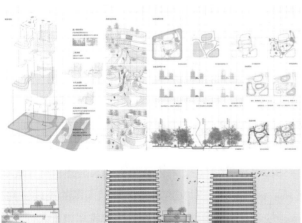

7.2 竞赛作业

> 参加设计竞赛是锻炼学生认知、思考、创新、表达综合能力的有效路径。近年来，越来越多的专业竞赛以城市设计类型为选题，引导学生从更多维、更开放的学科交叉视角思考解决现实问题的可能方式。在开展竞赛设计时，更加强调设计"概念"的新颖性和凝练度，"空间""形态""建筑""环境"有时作为破题的切入口，有时作为设计的重要手段，与创造性解决问题的"其他可能性"共同形成对于当代建筑学发展转向及其内涵的探讨。

UIA（国际建筑师协会）国际大学生建筑设计竞赛被誉为"世界建筑学专业学子的奥林匹克大赛"，是目前世界建筑学专业学生最高规格的专业设计竞赛，自 1948 年至今已举办了 27 届。近几届的 UIA 竞赛均以更新类城市设计为选题，邀请全球大学生共同探讨城市问题的创造性解决路径。本教学团队指导学生相继参加了 2014 年（第 25 届）、2017 年（第 26 届）、2020 年（第 27 届）三届 UIA 竞赛，斩获多项殊荣，包括一、二、三等奖各一项，荣誉优秀奖四项。本节选取三份 UIA 竞赛获奖作品作为范例：

作品一为 2014 年 UIA 竞赛二等奖"Dignity of Human, Place and City"，竞赛选址位于南非德班老城中心的沃里克枢纽站地区，要求学生围绕"适应性，生态性，价值性"，探讨"建筑在他处"的研究路径与实践方式。该作品以"尊严"为设计概念，将其延伸为个人尊严、场所尊严、城市尊严三个层次，分别对应沃里克地区近期、中期、远期三个持续发展阶段的更新策略，以期表达对于地方文化和价值取向的尊重。

作业二为 2017 年 UIA 竞赛三份获奖作品，分别为三等奖"Sweet Life"、优秀奖"From Ex-clusive to In-clusive"及"Pop-up Park"。竞赛选址位于韩国首尔解放村，要求学生在解决解放村现存问题的过程中，融入城市有机更新、生物融合多样性等理念。三份作品分别以解放村的"城市养蜂"活动、现存的居住围墙、线上游戏互动为切入点，从产业发展、空间更新、网络促进等不同维度提出综合性的解决策略。

作品三为 2020 年 UIA 竞赛一等奖"SIHI——Small Industry & Home Industry"，竞赛选址位于巴西里约马累地区，要求学生为马累的废旧工厂片区探寻新的发展可能性，以此提升城市的包容性、安全性、韧性和可持续性。该作品以"家庭产业"为切入点，从家庭–邻里–社区三个层面，提出自下而上的在地产业发展模式，以内生力量带动片区更新，最终促进破败贫民窟与里约城市的融合。

除 UIA 竞赛外，本章还选取 2020 年上海城市设计挑战赛优秀奖作品"Home³ Mall"，竞赛选址位于上海市徐汇区文定坊，这里是上海内环最大的家居建材产业集群地，也是徐汇的商业商务核心区域。该作品通过对文定坊片区现状问题的梳理研判，提出以"乐家、享家、创家"三个板块激活街区发展，将其提升为集家居博览、智慧商城、文化体验、设计互联、信息交互、生活服务等多元功能于一体的城市生活游乐场。

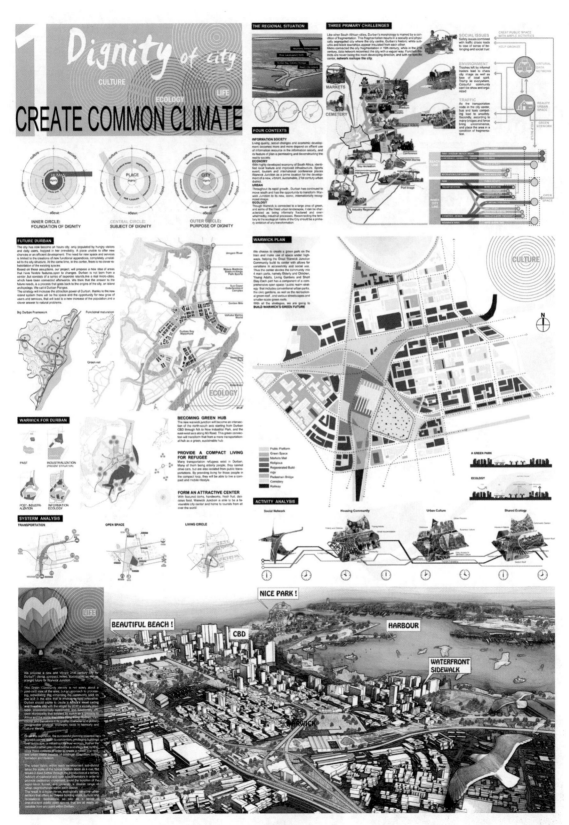

7.2.1　2014 年 UIA 竞赛二等奖作品 Dignity of Human，Place and City

成　员：周正
卢肇松　高元
张士骁　古悦
鞠曦
指导老师：李昊
完成时间：2014 年

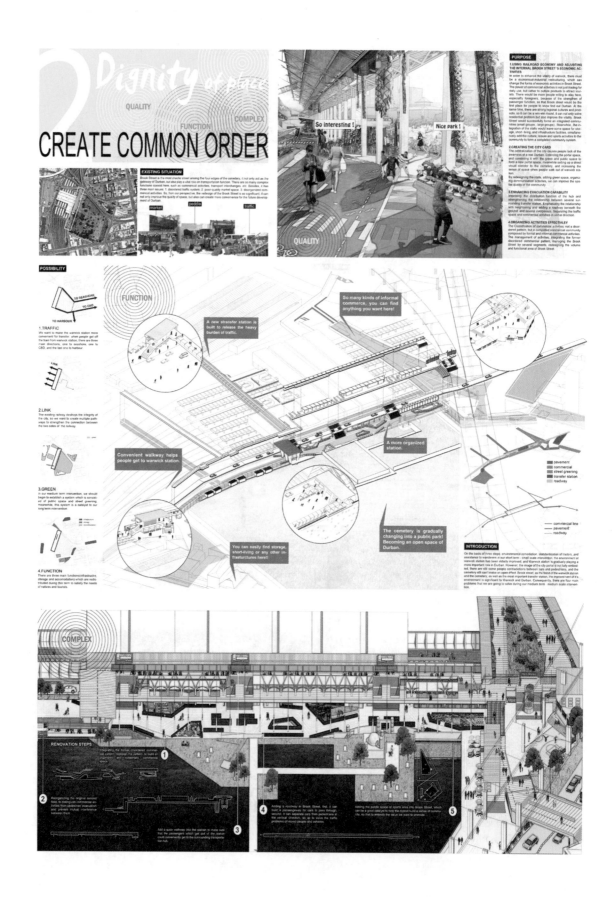

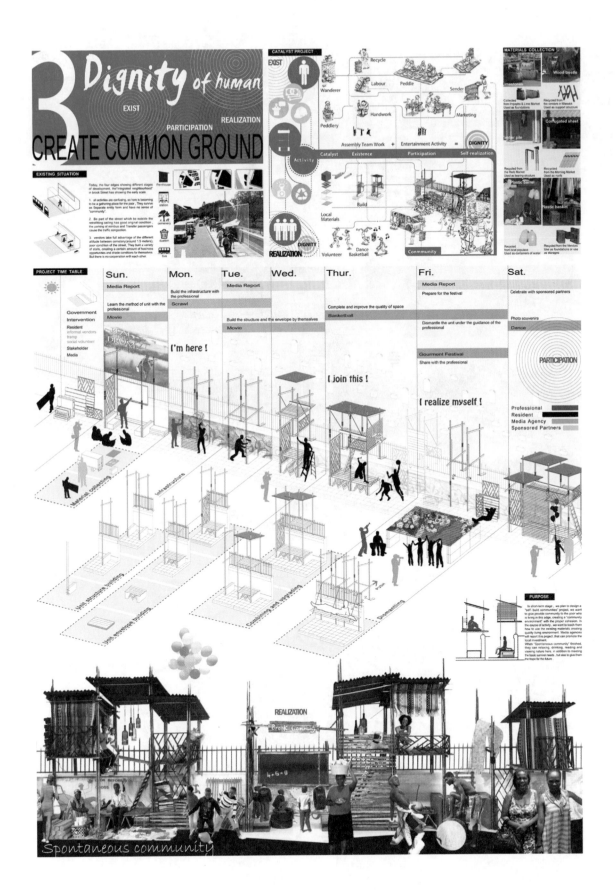

7.2.2　2017 年 UIA 竞赛三等奖 作品 Sweet Life

成　　员：凌　益
王江宁　朱可成
迟增磊
指导老师：李　昊
王墨泽　吴珊珊
完成时间：2017 年

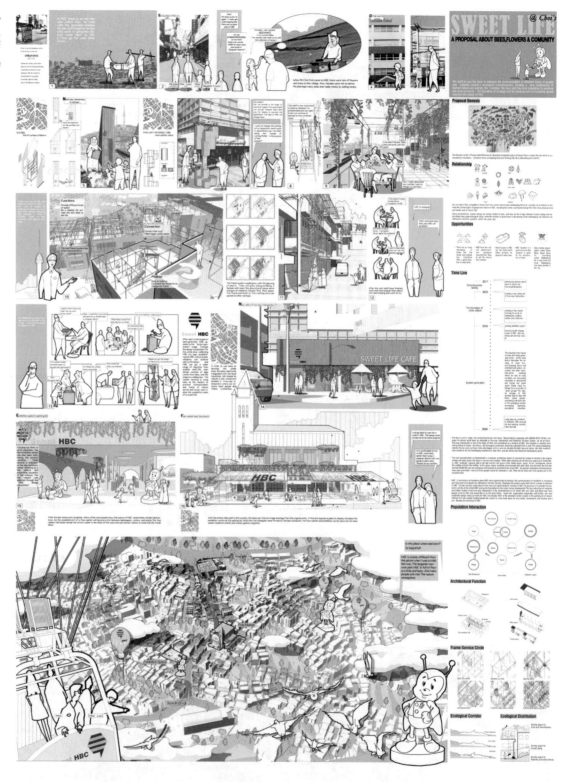

7.2.3 2017 年 UIA 竞赛优秀奖作品 From Ex-clusive to In-clusive

成　员：张书羽　周昊　阳程帆

指导老师：李昊　吴珊珊　王墨泽

完成时间：2017 年

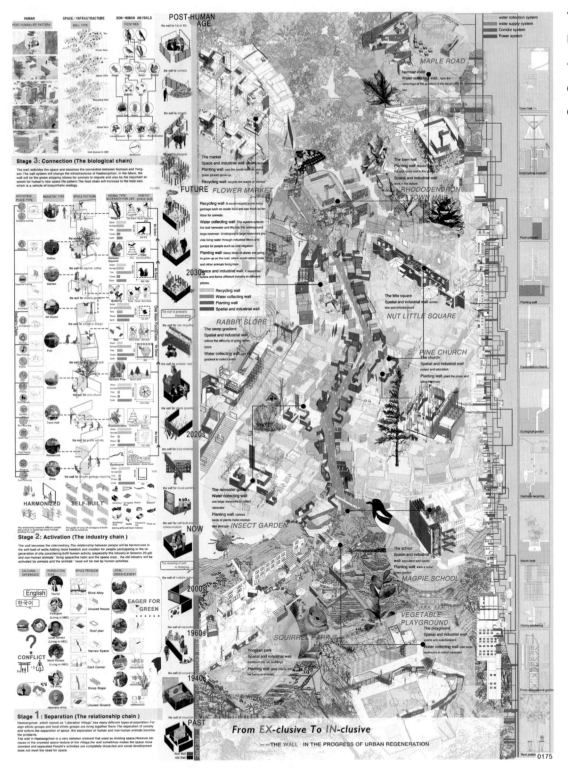

From EX-clusive To IN-clusive

— THE WALL IN THE PROGRESS OF URBAN REGENERATION

7.2.4　2017 年 UIA 竞赛优秀奖作品 Pop-up Park

成　员：赵欣冉
蔡青菲　姚雨墨
指导老师：周志菲
叶静婕　徐诗伟
完成时间：2017 年

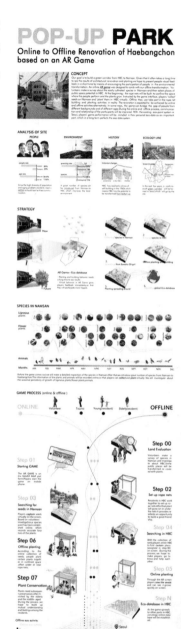

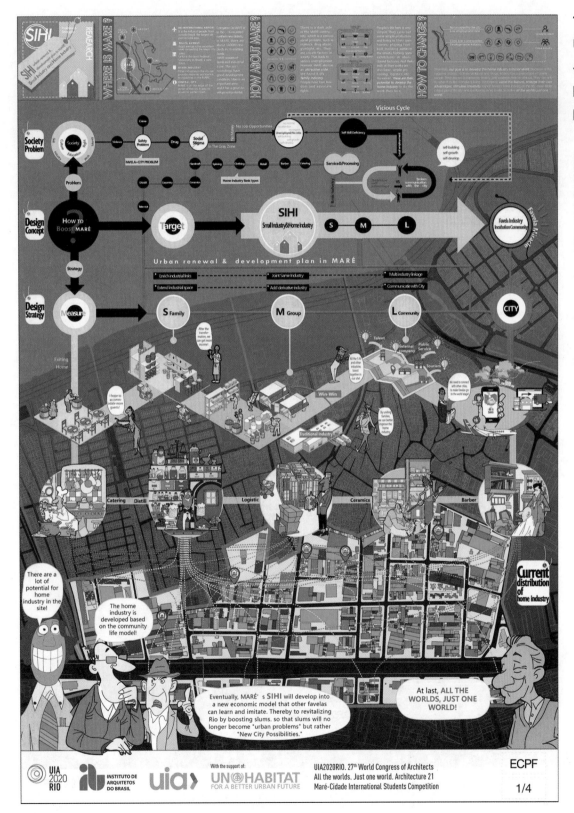

7.2.5 2020 年 UIA 竞赛一等奖作品 SIHI–Small Industry & Home Industry

成　　员：赵苑辰
马　悦　伍婉玲
指导老师：李　昊
吴珊珊　王墨泽
完成时间：2020 年

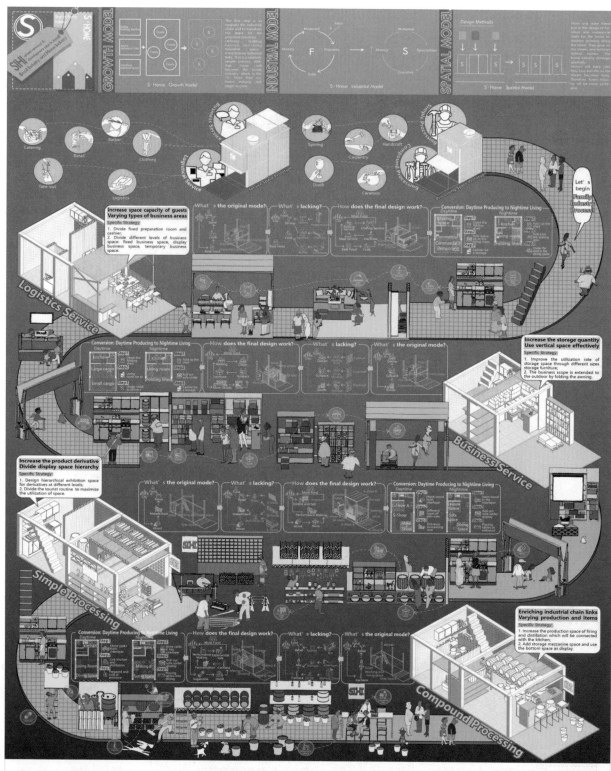

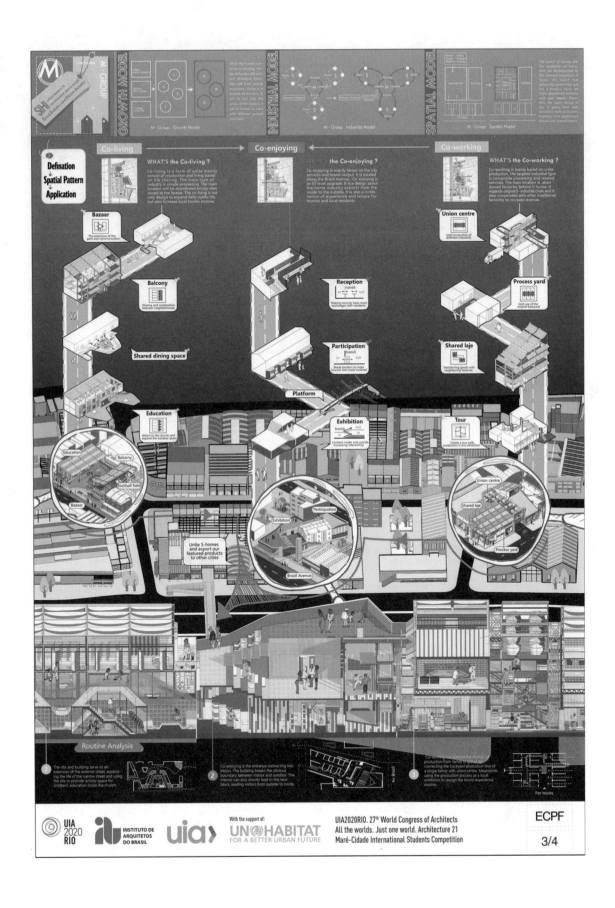

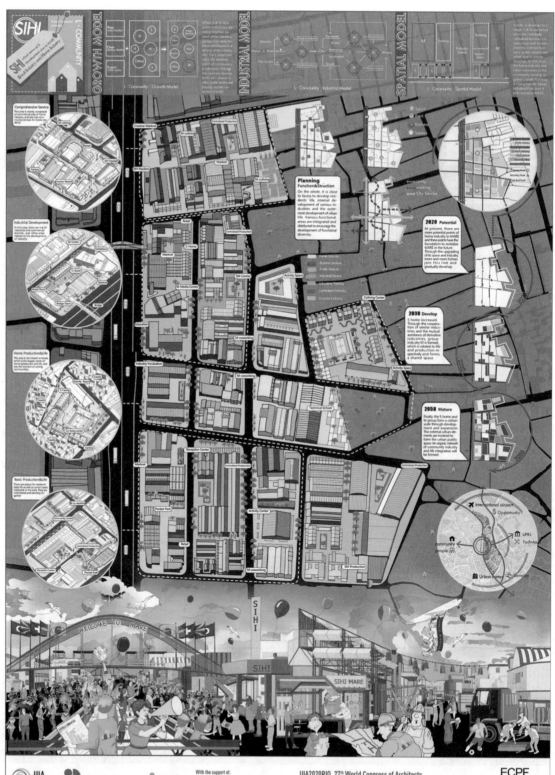

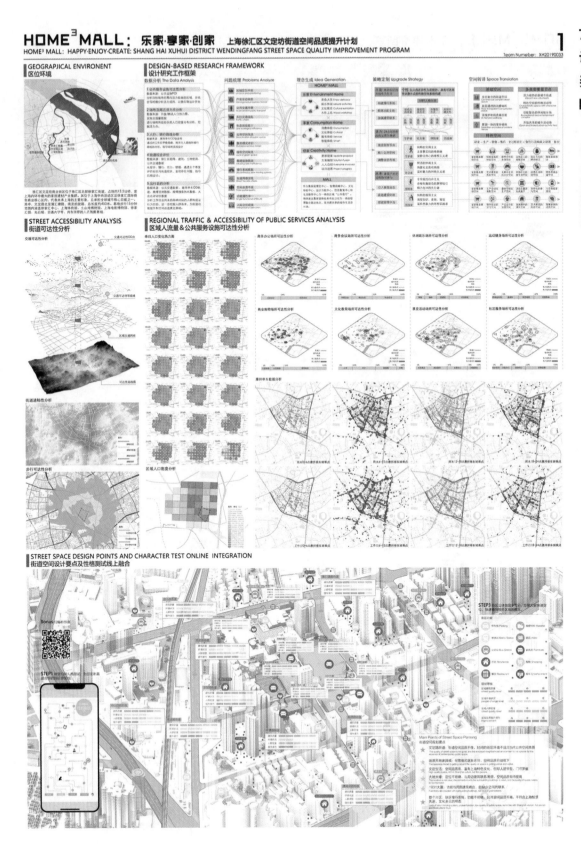

7.2.6　上海城市设计挑战赛优秀奖作品 HOME³ MALL

成　员：高　晗
王宇轩　李滨洋
高　健
指导老师：李　昊
完成时间：2019 年

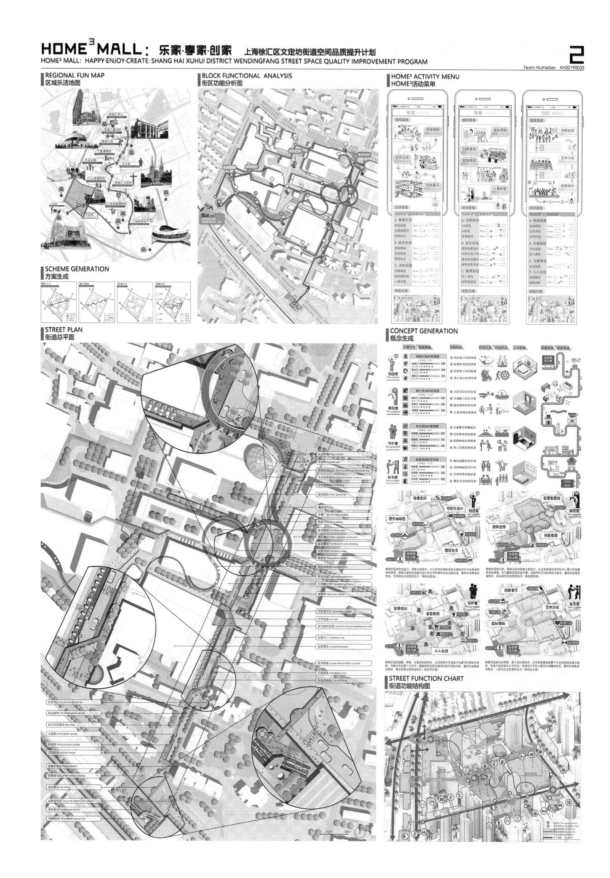

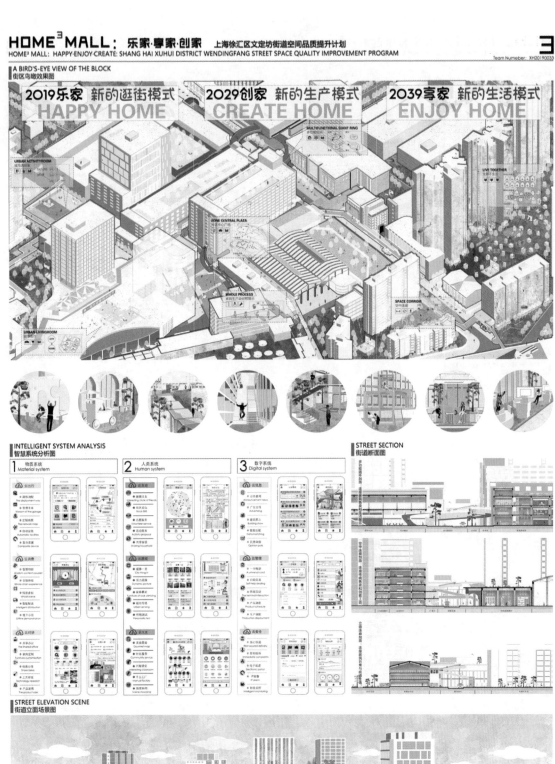

HOME³ MALL：乐家·享家·创家

上海徐汇区文定坊街道空间品质提升计划

HOME³ MALL: HAPPY·ENJOY·CREATE: SHANG HAI XUHUI DISTRICT WENDINGFANG STREET SPACE QUALITY IMPROVEMENT PROGRAM

4

Team Numeber: XH20190033

STREET PROFILE PERSPECTIVE SCENE
街道剖透场景图

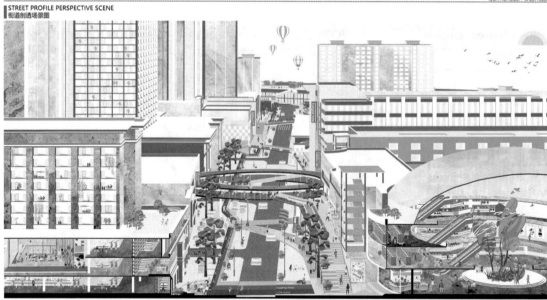

STREET FURNITURE DESIGN DETAILS
街道家具设计详图

乐家：HAPPY HOME　　创家：CREATE HOME　　享家：ENJOY HOME

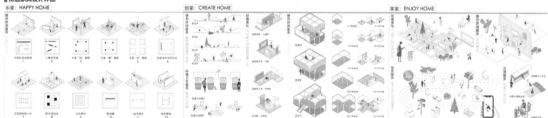

DESIGN-BASED RESEARCH FRAMEWORK
街道节点设计图

STREET ACTIVITY SCENE
街道活动场景图

图表来源

第1章

图1.《环境心理学》；图2.自摄；图3.自摄；图4.自绘；图5.自摄；图6.自绘；图7.《城市建筑学》；图8.《城市意象》；图9.《城市景观艺术》；图10.《城市设计的维度》；图11.自摄；图12.《城和市的语言》；图13.《论建筑》；图14、图15.花瓣网；图16、图18.《深圳前海新城概念性城市设计》；图17.自绘；图19.Pinterest；图20. Pinterest；图21.自绘；图22. Pinterest；图23.《莘庄城市规划与设计》；表1.自绘；表2.自绘；表3.《城市设计的维度》；表4.自绘

第2章

图1~18.Pintrest网站；图19.孔子旧书网；图20.梁思成手绘；图21~图23.花瓣网；图24~图25.《北京核心区城市肌理与空间形态研究》；图26. Pintrest网站；图27~30.《城市与形态》；图31~33.自绘；图34~36.《历史街区建筑肌理的原型与类型研究》；图37.自绘；图38~39. 莫里茨·科内利斯·埃舍尔；图40~42.来源于Pintrest网站；图43.自绘；图44.改绘《城和市的语言》；图45.自绘；图46~51.规划云网站；图52~54.规划云网站；图55~56.《基于城市设计的大尺度城市空间形态研究》；图57.维基百科网站；图58~60.自绘；图61~62.规划云网站；图63.自绘；表1~2.自绘；

第3章

图1~2.自绘；图3~8.《建筑群体设计》；图9.自绘；图10~14.自摄；图15~18.自绘；图19~29.《城和市的语言》；图21.《城市设计（下）》；图22.《城和市的语言》；图23~25.《城市设计（下）》；图26、图27.《城和市的语言》；图28.《遵循艺术原则的城市设计》；图29.《城市广场》；图30.自绘；图31~32.《城和市的语言》；图33~36.自绘；图37.《城和市的语言》；图38.自绘；图39.《城和市的语言》；

第4章

表1~3.自绘；表4~7.改绘自《建筑设计资料集》.

第5章

图1~15.谷德网；设计案例总平面均来源谷歌，其余图纸均为自绘，案例如下：成都锦里古街商业街；成都远洋太古里；北京三里屯；深圳万象天地；博多水城；台北101商业片区；深圳欢乐海岸；广州天河中央商务区；巴黎德芳斯新区；上海陆家嘴CBD；前海新城核心区；闵行莘庄商务片区；横琴万象世界商务片区；德国波兹坦广场；巴西利亚行政中心片区；华盛顿行政中心片区；堪培拉行政中心

片区；北京市政府片区；绍兴市政府片区；铁路上海站地区；深圳北站商务区；Camp Mare 港口片区；杭州西站枢纽片区；深圳太子湾片区；代代木体育中心；北京奥体中心；东京上野公园；保罗盖蒂艺术中心；表 1~6 改绘自《建筑设计资料集》

第 6 章

图 1.《建筑设计的分析与表达图示》周忠凯，赵继龙；图 2. 自绘；图 3. 西安东南城角更新设计作业；图 4~5. 自绘；图 6~8. 规划云网站；图 9~10. 根据新浪微博图纸改绘；图 11. 花瓣网；表 1. 根据《建筑设计的分析与表达图示》周忠凯，赵继龙改绘；表 2~8. 自绘；本章其他图纸均来自西安建筑科技大学建筑学院城市设计教研室教学研究成果。

参考文献

[1] [英]G·卡伦.城市景观艺术[M].刘杰等,译.天津:天津大学出版社,1992.

[2] [英]Matthew Carmona.城市设计的维度[M].冯江等,译.南京:江苏科学技术出版社,2005.

[3] [美]阿摩斯·拉普卜特.建成环境的意义:非语言表达方式[M].黄兰谷,译.北京:中国建筑工业出版社,2003.

[4] 胡正凡,林玉莲.环境心理学[M].北京:中国建筑工业出版社,2012.

[5] 沈克宁.建筑类型学与城市形态学[M].北京:中国建筑工业出版社,2010.

[6] 徐苏宁.城市设计美学[M].北京:中国建筑工业出版社,2007.

[7] [挪]诺伯舒兹.场所精神:迈向建筑现象学[M].施植明,译.武汉:华中科技大学出版社,2010.

[8] [美]迪鲁·A·塔塔尼.城和市的语言:城市规划图解词典[M].李文杰,译.北京:电子工业出版社,2012.

[9] [美]马克·吉罗德.城市与人——一部社会与建筑的历史[M].郑炘等,译.北京:中国建筑工业出版社,2008.

[10] [美]凯文·林奇.城市形态[M].林庆怡,译.北京:华夏出版社,2001.

[11] 陈治邦,陈宇莹.建筑形态学[M].北京:中国建筑工业出版社,2006.

[12] [美]亚里山大·加文.规划博弈:从四座伟大城市理解城市规划[M].曹海军,译.北京:北京时代华文书局,2015.

[13] [德]克里斯塔·莱歇尔.城市设计:城市营造中的设计方法[M].孙宏斌,译.上海:同济大学出版社,2018.

[14] [法]Serge Salat.城市与形态:关于可持续城市化的研究[M].陆阳,译.北京:中国建筑工业出版社,2012.

[15] [美]斯皮罗·科斯托夫.城市的形成:历史进程中的城市模式和城市意义[M].单皓,译.北京:中国建筑工业出版社,2005.

[16] [德]格哈德·库德斯.城市结构与城市造型设计[M].秦洛峰,蔡永洁,魏薇,译.北京:中国建筑工业出版社,2007.

[17] [德]格哈德·库德斯.城市形态结构设计[M].杨枫,译.北京:中国建筑工业出版社,2008.

[18] [日]东京大学都市设计研究室.图解都市空间构想力[M].赵春水,译.南京:江苏科学技术出版社,2019.

[19] 王富臣.形态完整——城市设计的意义[M].北京:中国建筑工业出版社,2006.

[20] 庄宇.城市设计实践教程[M].北京:中国建筑工业出版社,2020.

[21] 徐岩,蒋红蕾,杨克伟.建筑群体设计[M].上海:同济大学出版社,2000.

[22] [德]迪特尔·普林茨.城市设计(下)——设计建构[M].吴志强译制组,译.北京:中国建筑工业出版社,2010.

[23] [英]帕特里克·格迪斯.进化中的城市:城市规划与城市研究导论[M].李浩等,译.北京:中国建筑工业出版社,2012.

[24] 刘捷.城市形态的整合[M].南京:东南大学出版社,2004.

[25] 汪丽君.建筑类型学[M].天津:天津大学出版社,2005.

[26] [日]芦原义信.外部空间设计[M].尹培桐,译.北京:中国建筑工业出版社,1985.

[27] [英]克利夫·芒福汀.街道与广场[M].张永刚,陈卫东,译.北京:中国建筑工业出版社,2004.

[28] 蔡永洁.城市广场[M].南京:东南大学出版社,2006.

[29] [奥]卡米洛·西特.遵循艺术原则的城市设计[M].王骞,译.武汉:华中科技大学出版社,2020.

[30] 中国建筑学会.建筑设计资料集[M].北京:中国建筑工业出版社,2017.

[31]   [南非]迈克尔·洛.老建筑改造与更新[M].姜楠,译.桂林:广西师范大学出版社,2019.

[32]   陈易.转型时代的空间治理变革[M].南京:东南大学出版社,2018.

[33]   [美]多宾斯.城市设计与人[M].奚雪松,黄仕伟,李海龙,译.北京:电子工业出版社,2013.

[34]   [英]罗伯茨.城市更新手册[M].叶齐茂,倪晓晖,译.北京:中国建筑工业出版社,2009.

[35]   彭建东.刘凌波,张光辉.城市设计思维与表达[M].北京:中国建筑工业出版社,2016.

[36]   唐燕.城市更新制度建设[M].北京:清华大学出版社,2019.

[37]   李昊,周志菲.城市规划快题考试手册[M].武汉:华中科技大学出版社,2011.

[38]   周忠凯,赵继龙.建筑设计的分析与表达图示[M].南京:江苏凤凰科学技术出版社,2018.

[39]   叶静婕.城市设计图学[D].西安建筑科技大学,2013.

[40]   赵亮.城市规划设计分析的方法与表达[M].南京:江苏人民出版社,2013.

[41]   彭建东,刘凌波,张光辉.城市设计思维与表达[M].北京:中国建筑工业出版社,2016.

[42]   蒂姆·沃特曼.景观设计基础[M].大连:大连理工大学出版社,2010.

[43]   吉尔·德西米妮.土地的表达——展示景观的想象[M].北京:中国建筑工业出版社,2020.

[44]   何依,邓巍.历史街区建筑肌理的原型与类型研究[J].城市规划,2014,38(08):57-62.

[45]   温宗勇,张翼然,陶迎春,左效刚,邢晓娟.北京核心区城市肌理与空间形态研究[J].北京规划建设,2019(04):150-156.

[46]   王建国.基于城市设计的大尺度城市空间形态研究[J].中国科学(E辑:技术科学),2009,39(05):830-839.

[47]   [意]阿尔多·罗西.城市建筑学[M].黄士钧,译.北京:中国建筑工业出版社,2006.

[48]   [美]凯文·林奇.城市意象[M].方益萍,何晓军,译.北京:华夏出版社,2001.

[49]   深圳前海新城概念性城市设计,OMA.

[50]   阿尔巴尼亚地拉那整体城市设计,Cino Zucchi Architetti.

[50]   闵行莘庄商务中心城市设计,上海同济城市规划设计研究院.

[52]   俄罗斯加里宁格勒整体城市设计,OFF the grid工作室.

[53]   [奥]卡米洛·西特.遵循艺术原则的城市设计[M].王骞,译.武汉:华中科技大学出版社,2020.

后记

　　城市设计的意义在于场所营造，设计目标的达成离不开空间操作。空间方案既是对前期分析研究所发现问题的回应，也是实现城市设计价值的重要途径，通过创造性的设计语言持续探索更加适宜的空间环境。因此，空间操作是城市设计师需要掌握的基本技能之一。城市设计语汇涉及不同功能类型和环境特征的单体建筑、建筑群体、外部环境等空间要素，设计语汇的运用需要因地制宜、因人而异、因时而动，选择恰当的设计手法和组织方式开展。如何让建筑学学生建立从单体建筑到群体环境的整体意识和设计方法论，适应城市存量提质时代对专门人才的需求对教学提出了更高的要求。本教材结合人才培养的需求，针对城市设计教学的空间操作阶段，收集大量的城市设计案例，围绕西安建筑科技大学建筑学院城市设计课程教学实践，进行系统的整理和解析，经过两年多的集中编辑绘制而成。

　　本教材作为住房和城乡建设部"十四五"规划教材，东南大学王建国院士领衔本套教材，对本书的撰写给予很大的支持。本教材的出版得到了中国建筑工业出版社教育教材分社高延伟社长和学院领导刘加平院士、雷振东院长的大力支持。教材讨论过程中也得到了东南大学韩冬青教授、南京大学丁沃沃教授、天津大学陈天教授、同济大学庄宇教授、重庆大学褚冬竹教授的诸多建议性意见。东南大学韩冬青教授在百忙之中对全书进行审阅，提出了宝贵的建议，受益匪浅。同时，感谢本教材的编辑陈桦女士和王惠女士在教材立项、书稿讨论、编辑排版、审阅出版等方面付出的辛勤劳动。

　　本教材由李昊负责整体的框架搭建和内容统筹，西安建筑科技大学建筑学院城市设计教研室的老师们参与了编写，本书涉及大量设计案例的收集、整理和语汇解析，西安建筑科技大学建筑学院的研究生和本科生参与了相关案例的建模和制图工作。各章主要执笔人（括号内为相关案例的基础建模和制图人）如下，在此一并感谢。

　　第1章，李昊（马悦）；

　　第2章，叶静婕（张若彤、肖麒郦、赵鑫蕊、马悦、赵逸白）；

第3章，吴珊珊（赵苑辰、赵文豪、高健、陈晓旭、赵逸白、郑智洋、刘振兴、席翰媛、罗军瑞、郝转、马皓宸、肖麒郦、张若彤、潘安平、李孝天、罗政、张亦驰、李郁东、王惠钰、冯筱筱、夏芷叶、张文、张馨仪、白宗锴、张一凡、蒋宏博、李云博、尚春雨、王雨阳、李幸、徐匡泓、赵良、彭玉婷、金洲慧、庞兆同、高燊、衡艺青、蒙佳、郑力涛、王旭东、杨宗熹、胡安达、沈卓、张笑悦、李灵芝、杨悦、苏湘茗、武涛、杨晨越、汤梅杰、崔欣然、董蓉莲、陈玉珂、王嘉威、王俊成、蔡皓明、张煜琦、周泽贤、朱倍莹、何东孺、黄祖荃、杨雪洁、张人予、何文希、成博臻、魏传帅、李鑫瑞）；

第4章，徐诗伟（林雪薇、赵鑫蕊、罗军瑞、杨琨、黄婧、刘凯建、蔡皓明、王心怡、张人予、白宗锴、张文、赵天意、王培儒、王惠钰、杨悦、王俊成、王嘉威、彭玉婷、赵良、夏芷叶、李幸、王星玥、董蓉莲、胡安达、赵士德、刘思梦、张亦驰、李郁东、杨宗熹、罗政、李云博、冯筱筱、李尧、杨若钰、魏传帅）；

第5章，叶静婕（王明敏、马悦、赵鑫蕊、乔文斐、刘振兴、黎培钧、马皓宸、李滨洋、高晗、李孝天、潘安平、金洲慧、彭玉婷、徐匡泓、赵良、李幸、李云博、尚春雨、蒋宏博、白宗锴、张一凡、李郁东、罗政、张亦驰、汤梅杰、武涛、杨晨越、李一成、杨若钰、张昊、董蓉莲、陈玉珂、贺晨静、徐婧婕、胡安达、王旭东、王琛、杨梦、刘怡嘉、张馨仪、刘子帆、黄夏琳、涂奕、杨启帆、熊若彤、郑婷、王培儒、马驰、苏婷婷、张煜琦、周泽贤、朱倍莹、王俊成、洪森、王茜、杨岁影、傀嘉雯、张瑜文、李灵芝、沈卓、李尧、王星玥、王心怡、张心雨、冯筱筱、夏芷叶、蒋宇萱、景怡雯、田昱菲、王梦凯、赵士德、赵天意）；

第6章，李昊、沈葆菊（赵鑫蕊、席翰媛、郝转、乔文斐）；

第7章，吴珊珊（赵文豪）。

限于编者水平有限，书中难免谬误或疏漏之处，恳请广大读者批评指正，以备修正完善。本书参考了大量的图书著作、国内外相关研究成果、设计实践案例、照片图像等，在文中注释和文后参考文献中尽可能予以标识，但部分文字和图片来源无法准确查明出处，在此一并感谢。涉及版权问题请与出版社及作者联系，以备修正。